H. J. Warnecke/R. Hichert/A. Voegele u. a.
Planung in Entwicklung und Konstruktion

Planung in Entwicklung und Konstruktion

Prof. Dr.-Ing. H. J. Warnecke
Dr.-Ing. R. Hichert
Dipl.-Wirtsch.-Ing. A. Voegele

Ing. D. Böhme
Dr.-Ing. habil. H.-J. Bullinger
Dr.-Ing. W. Dangelmaier
Ing. (grad.) E. Eich
Prof. Dr.-Ing. W. Eversheim
Betriebswirt (grad.) W. Flusche
R. W. Gutsch
Ing. (grad.) W. Jurczyk
Ing. (grad.) REFA-Ing. R. Kainz
Dipl.-Math. K. Lay
Ing. (grad.) F. Liebe
Ing. (grad.) W. Miese
Ing. (grad.) R. Moeres
H.-P. Schweimer
Dr.-Ing. J. Paul
Ing. (grad.) H.-W. Reimold
Dr. rer. pol. J. Reinking
Dipl.-Math. K. Schreiner
Betriebswirt (staatl. gepr.) R. Ulenberg
Ing. (grad.) U. Vetter
Dipl.-Ing. N. Wild
Dr.-Ing. K. Wilhelm

Kontakt & Studium
Band 52

Herausgeber:
Prof. Dr.-Ing. Wilfried J. Bartz
Technische Akademie Esslingen
Fort- und Weiterbildungszentrum
Ing. grad. Elmar Wippler

expert verlag 7031 Grafenau 1/Württ.

CIP-Kurztitelaufnahme der Deutschen Bibliothek

Planung in Entwicklung und Konstruktion:
Grundlagen, Systeme, Anwendungen/H. J. Warnecke...
– Grafenau/Württ.: expert verlag, 1980.
(Kontakt & [und] Studium; Bd. 52)
ISBN 3-88508-629-8
NE: Warnecke, Hans-Jürgen [Mitarb.]

Printed in Germany

ISBN 3-88508-629-8

Herausgeber-Vorwort

Aus der ungeheuren Beschleunigung, mit der sich der Wissensstoff in der Welt vermehrt, folgen eine ständige Erweiterung des Grundlagenwissens in den einzelnen Disziplinen, immer neue Aufgaben für die Forschung sowie neue und veränderte Technologien.

Die nationalen Volkswirtschaften und der einzelne Betrieb müssen sich darauf einstellen, wenn sie im Wettbewerb bestehen wollen. Für den Einzelnen resultiert daraus die Notwendigkeit lebenslangen Lernens.

Die Lehr- und Fachbuchreihe Kontakt & Studium versteht sich in diesem Prozeß als ein Hilfsmittel, vor allem für den im Beruf Stehenden. Sie

- ermöglicht den Anschluß an die neuesten wissenschaftlichen Erkenntnisse und Technologien
- bietet klar abgegrenzte Sachgebiete, systematischen Stoffaufbau, verständliche Sprache, viele Abbildungen und Graphiken, zahlreiche praktische Beispiele und Fallstudien
- bewirkt die Vertiefung des in der Berufspraxis erworbenen Fachwissens
- vermittelt durch ein ergänzendes Nachstudium Spezialwissen in einem während der Erstausbildung nicht erlernten Gebiet
- erleichtert das Einarbeiten in ein Fach, das erst in der Gegenwart aktuelle Bedeutung erlangt hat.

Bei der Betreuung der Reihe Kontakt & Studium hat sich die enge Zusammenarbeit zwischen der Technischen Akademie Esslingen und dem expert verlag, Fachverlag für Wirtschaft & Technik, als konstruktiv und erfolgreich erwiesen.

Die Themen der fortlaufend erscheinenden Bände werden systematisch ausgewählt. Sie bilden ein bedeutendes, aktuelles Sammelwerk für die Teilnehmer an den Lehrveranstaltungen der TAE und für die gesamte Fachwelt in Studium und Beruf.

Der vorliegende Band enthält die wesentlichen Teile des in den Lehrveranstaltungen behandelten Stoffes in wissenschaftlich fundierter und praxisnaher Bearbeitung.

Es ist zu wünschen, daß die Vertiefung in den dargebotenen Wissensstoff zu dem von der Technischen Akademie Esslingen und dem Verlag erhofften Nutzen führt.

Technische Akademie Esslingen
Wissenschaftliche Leitung
Prof. Dr. Wilfried J. Bartz

Autoren-Vorwort

Kann die Arbeit im Konstruktions- und Entwicklungsbüro nicht geplant werden? Sind es tatsächlich nur schöpferische Tätigkeiten, die sich einer Planung vollständig entziehen?

Immer mehr setzt sich die Erkenntnis durch, daß diese Ansicht falsch ist. Der überwiegende Teil der „Papierarbeiten" bis zur materiellen Verwirklichung der konstruktiven Ideen hat Routinecharakter und läßt sich durchaus in den Planungsablauf eines Unternehmens einbeziehen.

In einer Zeit erhöhten Termin- und Kostendruckes sichert der durch eine sorgfältigere Ablaufplanung erzielbare Rationalisierungseffekt im Konstruktionsbüro einen Vorteil vor der Konkurrenz.

Im vorliegenden Buch wurde eine Zusammenfassung mehrfach an der Technischen Akademie in Esslingen mit Erfolg gehaltener Referate mit folgender Zielsetzung vorgenommen:

- Allgemeine Information über das Problemfeld Planung in Entwicklung und Konstruktion, deren Bedeutung sich unabhängig vom verwendeten Planungskonzept bzw. der Branche ergibt. Die Schwerpunkte hierbei sind: Rationalisierungsmöglichkeiten, Schwachstellenanalyse, Kennzahlen, Kosten-Nutzen-Betrachtungen zur Planung u. a. m. Diese Beiträge sind im *Teil A* des Buches zusammengefaßt.

- Vorstellung verschiedener EDV-orientierter Systeme zur Zeit-, Kapazitäts- und Kostenplanung für den Entwicklungs- und Konstruktionsbereich, die für den interessierten Anwender sowohl eine Entscheidungshilfe darstellen, als ihm auch alternative Lösungsansätze vergegenwärtigen sollen. Diese Beiträge sind im *Teil B* des Buches enthalten.

- Erfahrungsberichte über praktische Anwendungen von Planungssystemen in verschiedenen Industriebetrieben, um dem Konstruktions- und Organisationspraktiker Anregungen für die Verbesserung der Ablaufplanung im eigenen Betrieb zu geben. Diese Beiträge stellen den *Teil C* des Buches dar.

Wenn auch die hier vorgenommene Form der Informationsübermittlung nicht den im Dialog geführten Erfahrungsaustausch eines Seminars ersetzen kann, sind wir dennoch der Hoffnung, weitere Firmen bei der Lösung ihrer Probleme in diesem Bereich zu unterstützen bzw. Anregungen und Hinweise für die Bewältigung der zukünftigen Planungsaufgaben geben zu können.

Stuttgart, im Mai 1980

H. J. Warnecke
R. Hichert
A. Voegele

Inhaltsverzeichnis

A Grundlagen

Prof. Dr.-Ing. H.-J. Warnecke, Dr.-Ing. R. Hichert

A 1
Abgrenzung des Untersuchungsfeldes Entwicklung und Konstruktion

1.1 Problemstellung

Auf die Bedeutung einer leistungsfähigen Planung im Unternehmensbereich Entwicklung/Konstruktion wird bereits seit längerer Zeit eindringlich hingewiesen, aber erst in den letzten Jahren wurden erste systematische Ansätze zur Lösung dieses Problems bekannt, die zum Teil auch in erfolgreiche praktische Anwendungen umgesetzt werden konnten.

Kurzfristige Umdispositionen, Unsicherheiten bei der Zeitschätzung und fehlende Transparenz des Arbeitsablaufes werden von Entwicklungsingenieuren/Konstrukteuren verschiedener Industrieunternehmen als größte Schwierigkeiten bei der Planung bezeichnet, wobei eine Verbesserung der häufig unbefriedigenden Situation durch aufbau- und ablauforganisatorische Veränderungen, vor allem auch durch den Einsatz geeigneter EDV-orientierter Planungssysteme erwartet wird. Eine Zusammenstellung der wichtigsten Probleme bei der Planung in Entwicklung und Konstruktion ist mit den nachfolgenden Punkten gegeben[1]:

- Kurzfristige Liefertermine:
  Oftmals wird eine Planung von „hinten", von den Möglichkeiten der Fertigung her aufgebaut, ohne Rücksicht auf die Kapazitätssituation in der Konstruktion zu nehmen.

- Unsichere Aufwandschätzungen:
  Untersuchungen haben gezeigt, daß Soll-Ist-Abweichungen bei den Konstruktionsstunden nicht selten 100 % und mehr erreichen.

- Immer kürzere Entwicklungszeiten:
  Der Innovationsdruck und der härtere Konkurrenzkampf zwingt zu kürzeren Durchlaufzeiten im Entwicklungsbereich.

- Unklare Aufgabenstellung:
  Bei Einzelfertigung fehlende kundenseitige Informationen, bei Serienfertigung unvollständige Pflichtenhefte.

- Änderungen an der Aufgabenstellung:
  Kunden- bzw. marktseitige Änderungwünsche führen zu Unsicherheit und Hektik im Entwicklungsbereich.

- Nicht planbare kurzfristige Aufgaben:
  Kurzfristige Aufgaben wie Angebotsarbeiten, Beratungstätigkeiten usw. erreichen in einzelnen Konstruktionsbüros bis zu 50 % der Arbeitszeit.

- Fehlende Terminkoordination mit der Fertigung:
  Die nachgelagerten Arbeitsbereiche Arbeitsvorbereitung und Fertigung erfahren zu spät von Terminänderungen in der Konstruktion.

- Keine schnelle Kapazitätsanpassung:
  Einlernzeiten im Entwicklungsbereich sind unvergleichbar größer als im Fertigungsbereich.

Es soll Aufgabe dieses einleitenden Beitrags sein, eine Klärung der Begriffe Planung, Entwicklung und Konstruktion zu geben, um dann die Aufgaben und Ziele der Entwicklungsplanung näher zu erläutern.

1.2 Zum Begriff Planung

In der Umgangssprache verbindet man ganz allgemein mit Planen (Planung) den Gedanken an zukünftiges Handeln und Entscheiden: „Durch die Planung ist eine Ordnung zu schaffen für zukünftiges Handeln"[2], fehlt dieses ordnende Voraus-denken, liegt Improvisation vor.

Zur Verdeutlichung des Planungsbegriffes, wie er für ein Industrieunternehmen zu fassen ist, soll folgende Unterscheidung der betrieblichen Grundaufgaben Organisieren (Planen, Gestalten, Steuern) und Durchführen (Ausführen) herangezogen werden[3] (vgl. Bild 1.1):

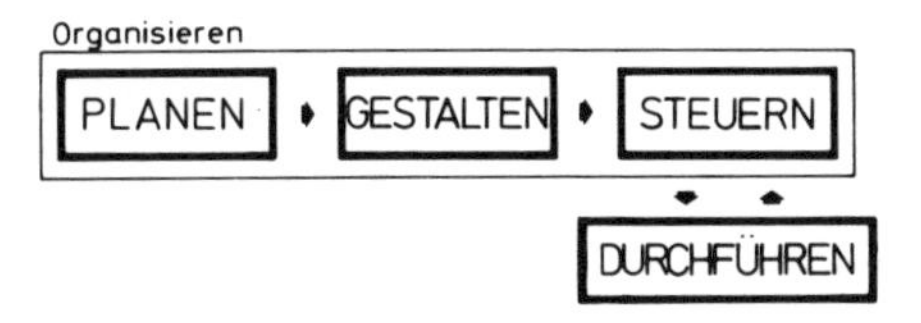

Bild 1.1: Die vier betrieblichen Grundaufgaben Planen, Gestalten, Steuern und Durchführen

Danach besteht Planen im „systematischen Suchen von Zielen, sowie im Vorbereiten von Aufgaben, deren Durchführung zum Erreichen der Ziele erforderlich ist" [3].

Diese Aufteilung in *Zielplanung* – dem Festlegen der angestrebten Unternehmensziele – und *Aufgabenplanung* wird schematisch in Bild 1.2 dargestellt. Hierbei wird die Aufgabenplanung („Planung der Produktionsdurchführung"[4] in Mittelplanung („Bereitstellungsplanung") und Ablaufplanung („Planung des zeitlichen Ablaufes") aufgeteilt.

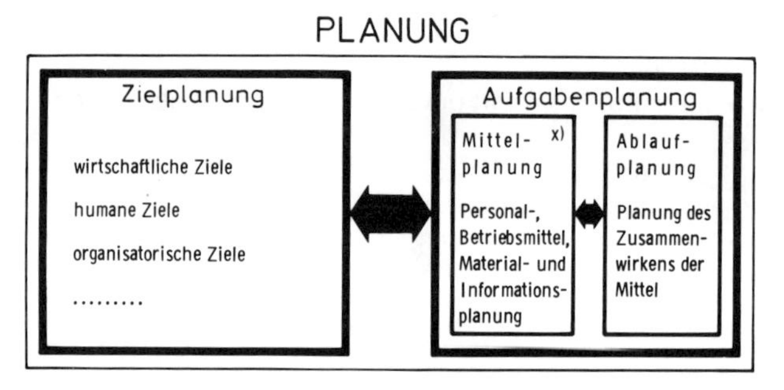

* Personal- und Betriebsmittelplanung = Kapazitätsplanung

Bild 1.2: Abgrenzung von Zielplanung und Aufgabenplanung

Während die Planung auf zukünftiges Handeln gerichtet ist, beschäftigt sich die *Steuerung* mit dem gegenwärtigen Handeln: „Steuern besteht im Veranlassen, Überwachen und Sichern der Aufgabendurchführung hinsichtlich Menge, Termin, Qualität und Kosten"[3].

Gestalten stellt dagegen einen schöpferischen Prozeß dar, der sich auf ein gegenständliches Ergebnis richtet, während sich das Planen und Steuern nur mittelbar auf das gegenständliche Ergebnis richtet; eine besondere Form des Gestaltens stellt das Entwickeln dar (vgl. folgenden Abschnitt).

Da es sich im folgenden schwerpunktmäßig um die Diskussion von Planungs- *und* Steuerungsproblemen gemeinsam handelt, erscheint es gerechtfertigt, aus Gründen sprachlicher Vereinfachung den Planungsbegriff hier als die Summe der Aufgaben von Planung *und* Steuerung in einem umfassenderen Sinne zu verwenden, sofern nicht explizit auf eine andere Abgrenzung hingewiesen wird.

1.3 Zu den Begriffen Entwicklung und Konstruktion

In der Praxis wie auch in der ingenieurwissenschaftlichen und betriebswirtschaftlichen Literatur hat sich noch keine einheitliche Behandlung der Begriffe Entwicklung und Konstruktion durchsetzen können. Unklarheiten bestehen dabei vor allem in den Fragen:

a) ob die Begriffe Entwicklung und Konstruktion als eine *Phase* des Produktkonkretisierungs-Prozesses gesehen werden sollen oder
b) ob mit diesen Begriffen die *Aufgaben* bestimmter Unternehmensbereiche charakterisiert werden sollen.

Zur Frage a) sind in der Literatur verschiedene Gliederungsvorschläge ausgearbeitet worden, die sich aber nicht prinzipiell unterscheiden, wie die nachfolgende Gegenüberstellung zeigt:

a) Funktionsfindung – Konzeptfindung – Konzeptauswahl – Entwerfen – Ausarbeiten (Beitz)
b) Ideenfindung – Prinziperarbeitung – Gestaltung – Detaillierung (Eversheim)
c) Konzeptieren – Entwerfen – Gestalten (Hansen)
d) Produktplanung – Produktentwicklung – Produktgestaltung (Kesselring)
e) Feasibility Study – Preliminary Design – Detailed Design – Review and Revision (Love)
f) Aufgabenstellung – Idee/Vorbild – Funktionspläne – konstruktive Entwürfe – Fertigungszeichnung (Pahl)
g) Aufgabenstellung – Funktionsplan – konstruktiver Entwurf – endgültiger konstruktiver Entwurf – Fertigungszeichnung (Roth)
h) Entwurf – Baugruppengestaltung – Einzelteilgestaltung (Spur)
i) Funktionsfindung – Prinziperarbeitung – Gestaltung – Detaillierung (VDI/ADKI)

Zur Frage b) dagegen muß gesagt werden, daß erst wenig begriffliche Klarheit geschaffen werden konnte. Während bei Firmen mit überwiegend Serienfertigung der Begriff „Entwicklung" (auch: „Technischer Bereich" oder „T-Bereich") überwiegt, in dem dann oft die Funktionen Vorentwicklung/Grundlagen, Konstruktion und Versuch untergeordnet sind, existiert bei Firmen mit überwiegend Einzelfertigung häufig eine andere hierarchische Gliederung: Die „Konstruktion" umfaßt oft den Gesamtbereich, dem dann die „Entwicklung" untergeordnet ist, die für kundenneutrale Aufträge und Grundlagenarbeiten zuständig ist.

In diesem Zusammenhang sollen die beiden Aspekte a) und b) gemeinsam betrachtet werden, was zu den in den Bildern 1.3 und 1.4 gezeigten Begriffsabgrenzungen führt:

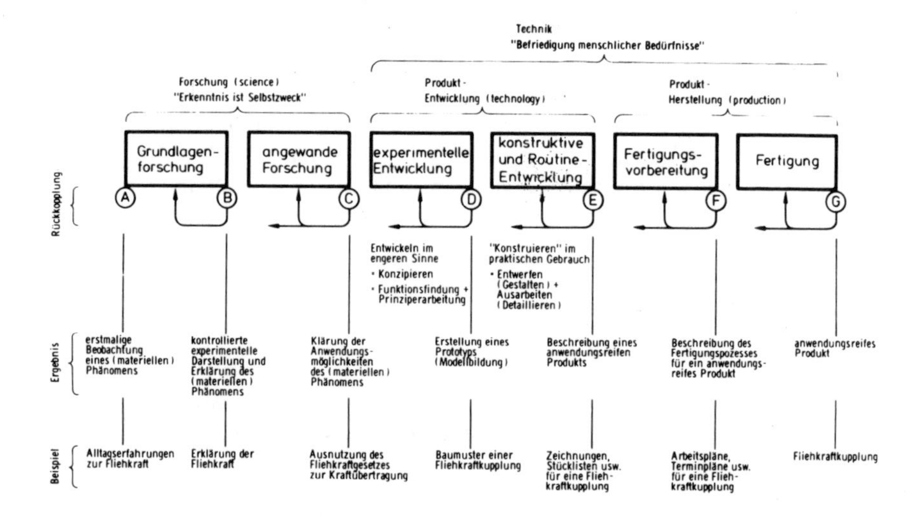

Bild 1.3: Zur Abgrenzung der Begriffe Forschung, Entwicklung und Konstruktion (in Anlehnung an Scholz[5)])

Im Sinne der Produkt- bzw. Ideenkonkretisierung (vgl. Bild 1.3) liegt die Entwicklung zwischen den beiden Funktionen Forschen und Fertigen. Bei Betrachtung der betrieblichen Funktionen werden Entwickeln, Fertigung vorbereiten und Fertigen zur Hauptfunktion Produktion gezählt. In Bild 1.4 sind die einzelnen Aufgaben der Funktion *Entwickeln* zusammengestellt. In beiden Fällen gibt Entwickeln einen Oberbegriff für das Konstruieren ab.

Somit läßt sich der Begriff Entwickeln folgendermaßen definieren: „Entwickeln ist das zweckgerichtete Auswerten und Anwenden von Forschungsergebnissen und methodischem Wissen mit dem Ziel, zu neuen oder verbesserten Werkstoffen, Produkten, Verfahren oder Systemen zu gelangen. Der betriebliche Aufgabenbereich Entwicklung umfaßt vier Hauptaufgaben, nämlich Konzipieren, Konstruieren, Erproben und Entwicklung organisieren. Beim Konzipieren lassen sich dabei die Schritte Funktionsfindung und Prinziperarbeitung, beim Konstruieren die Schritte Entwerfen und Ausarbeiten (bzw. Gestalten und Detaillieren) unterscheiden."

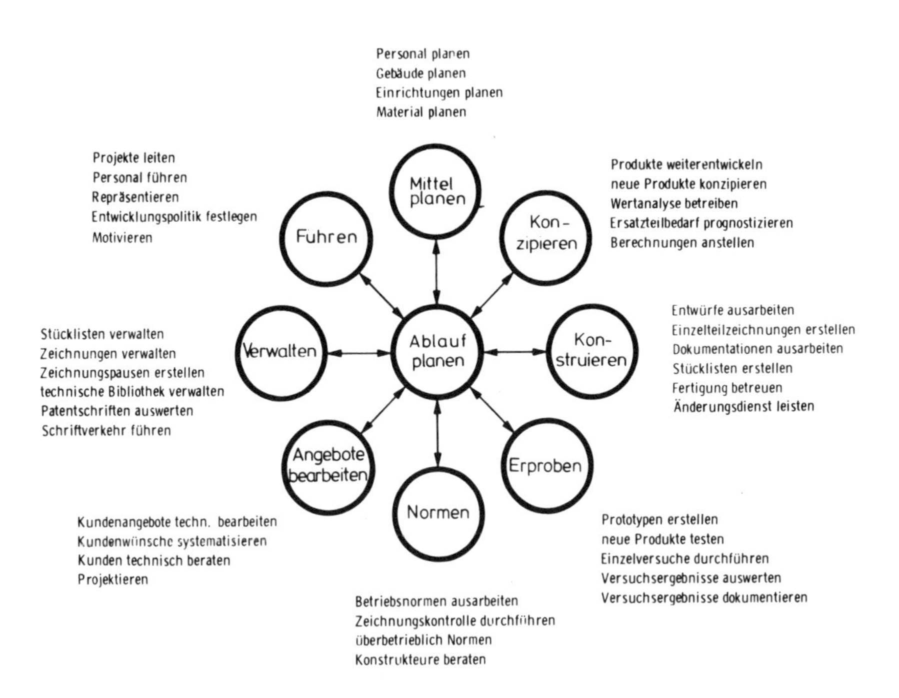

Bild 1.4: Aufgaben des Bereiches Entwicklung

1.4 Zum Begriff Entwicklungsplanung

Der Begriff Entwicklungsplanung soll hier stellvertretend stehen für die Planung und Steuerung von Terminen, Kapazitäten und Kosten im Entwicklungsbereich, wie er im vorausgegangenen Abschnitt definiert wurde.

Die einzelnen im Rahmen der Entwicklungsplanung zu lösenden Aufgaben leiten sich aus folgenden Zielen einer verbesserten Planung im Entwicklungsbereich ab[6]:

- Erkennen von Engpässen
- Erhöhung der Transparenz
- Bildung von Erfahrungswerten
- Reduzierung des Planungsaufwandes
- Verkürzung der Durchlaufzeit
- Bessere Auslastung der Kapazitäten

- Ermittlung realistischer Endtermine
- Verringerung der Konventionalstrafen
- Schnellere Reaktion auf Veränderungen in der Auftrags- bzw. Kapazitätssituation
- Reduzierung von Überstunden und Fremdvergabe.

Bild 1.5 nennt 9 Teilaufgaben der Entwicklungsplanung und gibt zur näheren Erläuterung noch jeweils einzelne dort durchzuführende Tätigkeiten an.

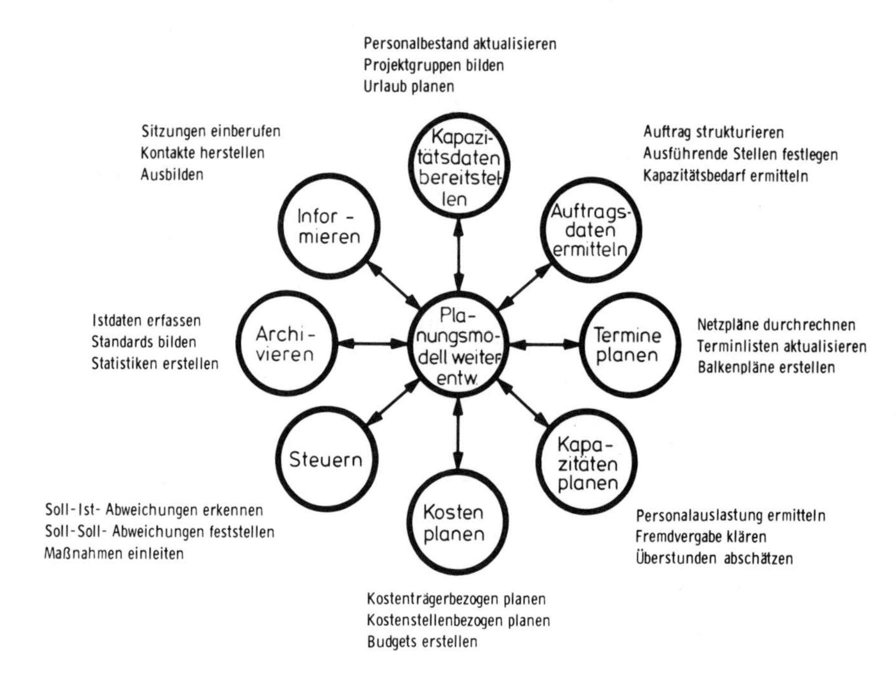

Bild 1.5: Neun Teilaufgaben der Entwicklungsplanung[6)]

Prof. Dr.-Ing. H.-J. Warnecke, Dr.-Ing. R. Hichert

A2 Notwendigkeit der Rationalisierung in Entwicklung und Konstruktion

Dem technischen Unternehmensbereich fällt heute die Aufgabe zu, durch Senkung der Selbstkosten, Erhöhung der Lieferbereitschaft und Verbesserung der Termintreue die Stellung des Unternehmens am Markt zu stärken.

Die Aktivitäten, die sich aus dieser Aufgabenstellung ableiten, müssen vorrangig auf eine Beseitigung der Engpaßstellen im Produktentstehungsprozeß abzielen. Dazu gehört heute in besonderem Maße der Unternehmensbereich Konstruktion und Entwicklung, dessen Bedeutung nicht seinem Rationalisierungsniveau entspricht.

Der exponentielle Anstieg des Wissens führte auch in der Fertigungsindustrie in den letzten Jahrzehnten zu einer laufenden Verkürzung der Innovationszeiten (vgl. Bild 2.1).

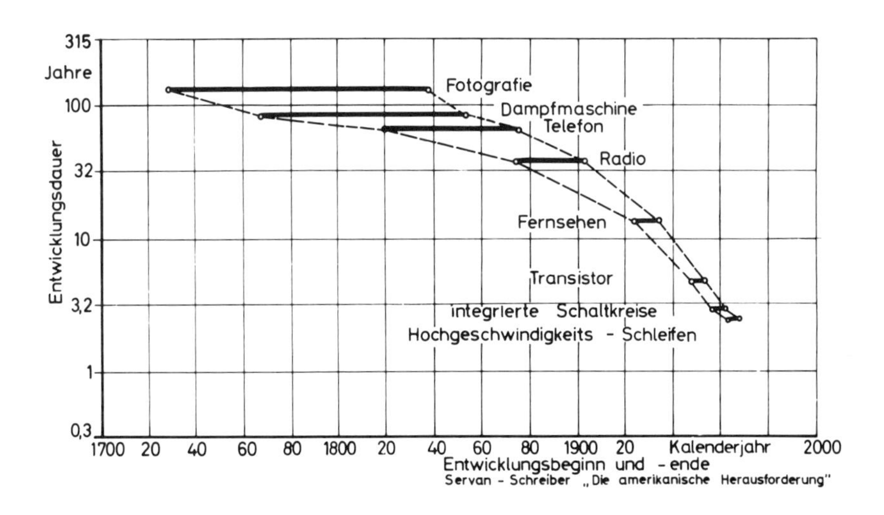

Bild 2.1: Beispiele von Innovationszeiten technischer Produkte[1)]

Der dadurch entstandene *Zeitdruck* für die Entwicklungsarbeiten in den Unternehmen wird durch die deutlich zu beobachtende Verkürzung der Produktlaufzeiten verstärkt. Um den erwarteten Umsatz überhaupt realisieren zu können, geht die Tendenz dahin, im Ablauf des Produktentstehungsprozesses den Zeitpunkt t_1 für den Fertigungsbeginn immer früher zu wählen (vgl. Bild 2.2).

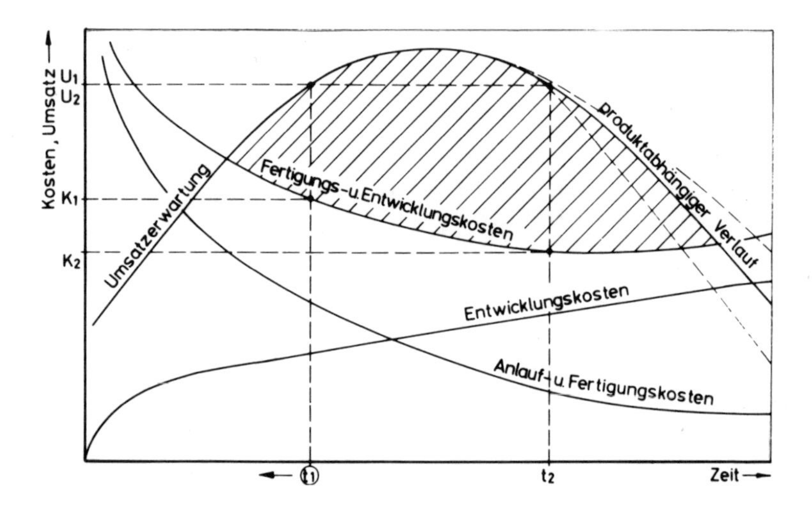

Bild 2.2: Zeitpunkt für den Start der Nullserie[2)]

Dabei müssen häufig höhere Anlaufkosten und „Kinderkrankheiten" in Kauf genommen werden, die oft nachträglich konstruktive Änderungen erfordern. Die durch diese Entwicklungen entstandene Situation führte zu erheblichen Mehrbelastungen im Konstruktionsbereich.

Ein anderer belastender Einflußfaktor sind die *steigenden Artikelzahlen* und die im Maschinenbau zunehmende Verlagerung zu einer vom Kundenwunsch abhängigen Sonderfertigung. Darüber hinaus sind die Produkte zunehmens *komplizierter* geworden. Das gilt gleichermaßen für die Struktur wie für die Funktionen, so sind z. B. aus einfachen Schieberädergetrieben elektromechanische oder hydraulische Getriebe geworden, aus Starrachskonstruktionen Einzelradaufhängungen.

Ferner führte der heute übliche Einsatz von Maschinen mit hohem *Automatisierungsgrad* in der Fertigung zu einer Zunahme von planenden Tätigkeiten in den der Fertigung vorgeschalteten Bereichen Arbeitsvorbereitung und Konstruktion. Hier müssen heute Arbeiten ausgeführt werden, die früher weitgehend im Verantwortungsbereich der Fertigung lagern. Dazu gehören z. B. das genaue Festlegen der Arbeitsgangfolgen, die Art der Wärmebehandlung und Endveredelung oder das NC-gerechte Bemaßen sowie Kollisionsberechnungen und genaue Rohteilbeschreibungen. Die Notwendigkeit für eine detaillierte Beschreibung der Fertigungsunterlagen ergibt sich ferner aus dem Mangel an qualifizierten Facharbeitern. Alle diese Einflußfaktoren müssen berücksichtigt werden, wenn versucht wird, mit den häufig zitierten Werten des NEL-Reports[3)] – Produktionssteigerung im Fertigungsbereich seit der Jahrhundertwende 1000 %, in der Konstruktion 20 % – den Rationalisierungsrückstand der Konstruktion gegenüber der Fertigung richtig zu bewerten. Diese Zahlen haben selbstverständlich keine absolute, sondern nur tendenzielle Aussagekraft. Das gilt auch für die Arbeitsplatzinvestitionen, die durchschnittlich für einen Konstrukteur 10 000 DM und für einen Maschinenarbeiter in der Fertigung 100 000 DM betragen.

Im Gegensatz dazu stehen die Ergebnisse von Untersuchungen über die zunehmende *Bedeutung* des Konstruktionsprozesses. Diese ergibt sich zunächst daraus, daß der Anteil neuer Produkte am Umsatzzuwachs steigt. Amerikanische Untersuchungen zeigen, daß die neuen Produkte, die zum erstenmal in das Produktionsprogramm aufgenommen wurden, einen Anteil von 75 % am Umsatzzuwachs im Verlauf von 4 Jahren haben.

Eine weitere Diskrepanz wird deutlich, wenn man die Kostenverantwortung und -verursachung der verschiedenen Unternehmensbereiche betrachtet (vgl. Bild 2.3). Mit 75 % liegt das Schwergewicht der Kosten*verantwortung* im Konstruktionsbüro.

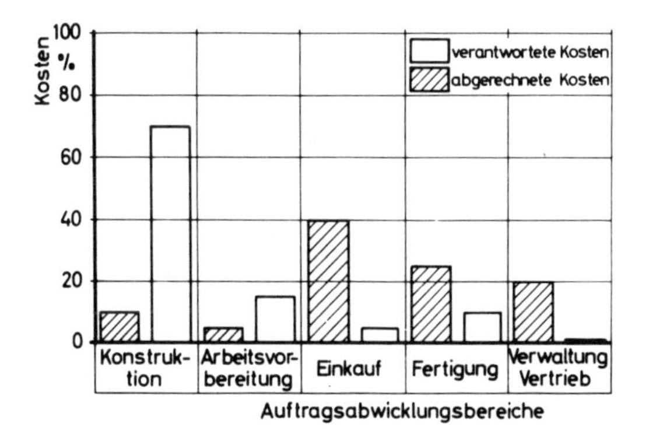

Bild 2.3: Kostenverantwortung und -verursachung verschiedener Unternehmensbereiche[2)]

Die Bedeutung der Konstruktion für eine *termingerechte* Auftragsabwicklung kann z. B. daran erkannt werden, daß die Durchlaufzeit durch die Konstruktion fast die Hälfte der Gesamtdurchlaufzeit eines Auftrages betragen kann (vgl. Bild 2.4).

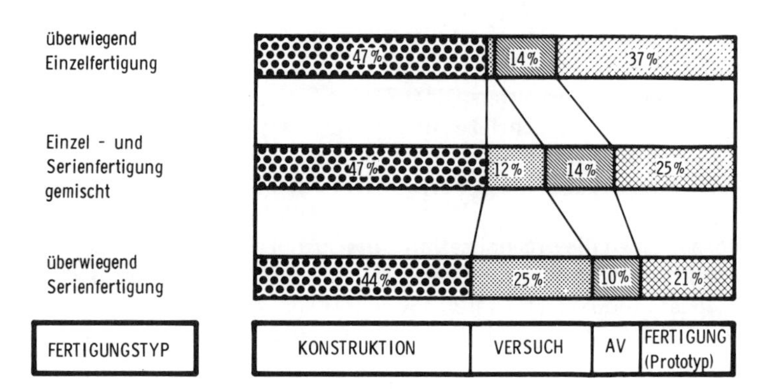

Bild 2.4: Prozentuale Durchlaufzeitanteile verschiedener Unternehmensbereiche an der Gesamtdurchlaufzeit eines Auftrages bis zur Auslieferung bzw. Serienfreigabe[4)].

Die Konstruktion ist zur Engpaßabteilung geworden. Die Erweiterung dieses „Flaschenhalses" ist notwendig und erfolgversprechend. Um Ansatzpunkte aufzeigen zu können, muß man jedoch zunächst die Voraussetzungen zur Durchführung entsprechender Rationalisierungsmaßnahmen aufzeigen.

Dabei handelt es sich einerseits um generelle Rationalisierungsprobleme und zum anderen um spezielle Fragestellungen des Entwicklungs- und Konstruktionsbereichs.

Dr.-Ing. habil. H.-J. Bullinger, Dr.-Ing. R. Hichert

A 3
Rationalisierungsmaßnahmen in Entwicklungs- und Konstruktionsbereichen

3.1 Probleme der Rationalisierung

Die Rationalisierungsproblematik ist sehr vielschichtig und soll hier nur in direktem Bezug zur vorliegenden Fragestellung angesprochen werden. In diesem Zusammenhang erscheint es wesentlich, kurz auf die Rationalisierungsziele und die Notwendigkeit einer Systematik bei der Vorgehensweise hinzuweisen. Bezüglich detaillierterer Ausführungen zu dieser Problematik sei der Hinweis auf das „RKW-Handbuch der Rationalisierung[1]" erlaubt.

Rationalisierung („vernünftig machen") hat zum Ziel, das *ökonomische Prinzip* — mit gegebenem Aufwand eine maximale Leistung oder eine gegebene Leistung mit minimalem Aufwand zu erzielen — zu verwirklichen. Kunze, der sich sehr um eine Systematik bei der Rationalisierung bemüht hat[2], spricht von vier Wirkfeldern der Rationalisierung, wobei die Wirkfelder Technik und Betriebswirtschaft zu den direkten, der Sozialbereich und den indirekten Rationalisierungsbereichen zu zählen wären (vgl. Bild 3.1).

Hervorzuheben ist die Gleichrangigkeit der beiden Teilziele:

- Produktivität und
- Arbeitsqualität,

da der häufig zitierte Rationalisierungsrückstand im Entwicklungs- und Konstruktionsbereich im Vergleich zur Fertigung nicht durch einfache Übertragung der dort angewandten Methoden, etwa der Arbeitsteilung und Arbeitsvereinfachung, wettgemacht werden kann. Vielmehr sind hier von Anfang an die für die technische Büroarbeit vorhandenen arbeitswissenschaftlichen Erkenntnisse über die Gestaltung der Arbeit zu berücksichtigen[3].

Die Durchführung von Rationalisierungsmaßnahmen selbst steht gleichfalls unter der Forderung des ökonomischen Prinzips, das sich am ehesten durch eine systematische Vorgehensweise erreichen läßt.

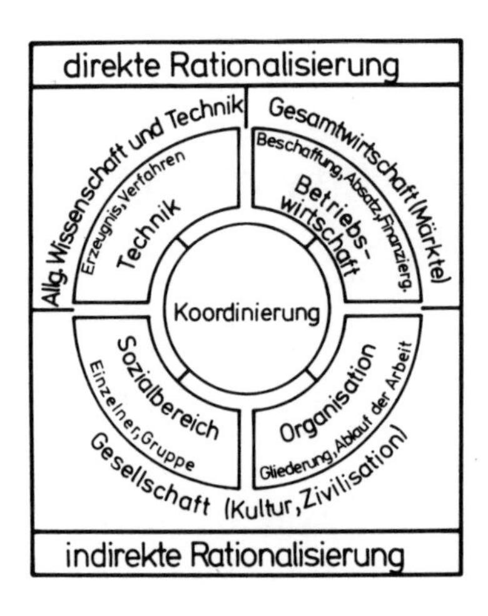

Bild 3.1: Bereiche des Betriebes als Wirkungsfelder der Rationalisierung und ihre überbetrieblichen Abhängigkeiten

Einen Ansatzpunkt dazu stellen die in Bild 3.2 dargestellten Hauptstufen dar, die auch für Rationalisierungsmaßnahmen im Entwicklungs- und Konstruktionbereich Gültigkeit haben.

Hauptstufen	Lösungsschritte
1. Vorbereitung	— Aufgabe klarstellen — Rationalisierungs- bzw. Planungsfeld umfassend sehen
2. Bildung von Lösungsalternativen	— Lösungen entwickeln — Lösungen einordnen — Lösungen prüfen
3. Entscheidung	— Alternativen bewerten — Entscheidung fällen — Optimale Lösung zur Durchführung vorbereiten
4. Durchführung	— Zeitlichen Ablauf festlegen — Optimale Lösung durchführen
5. Kontrolle	— Erfolg kontrollieren — Rückmeldung an Entscheider bzw. Entscheidungsgruppe sicherstellen

Bild 3.2: Hauptstufen der systematischen Rationalisierung[2)]

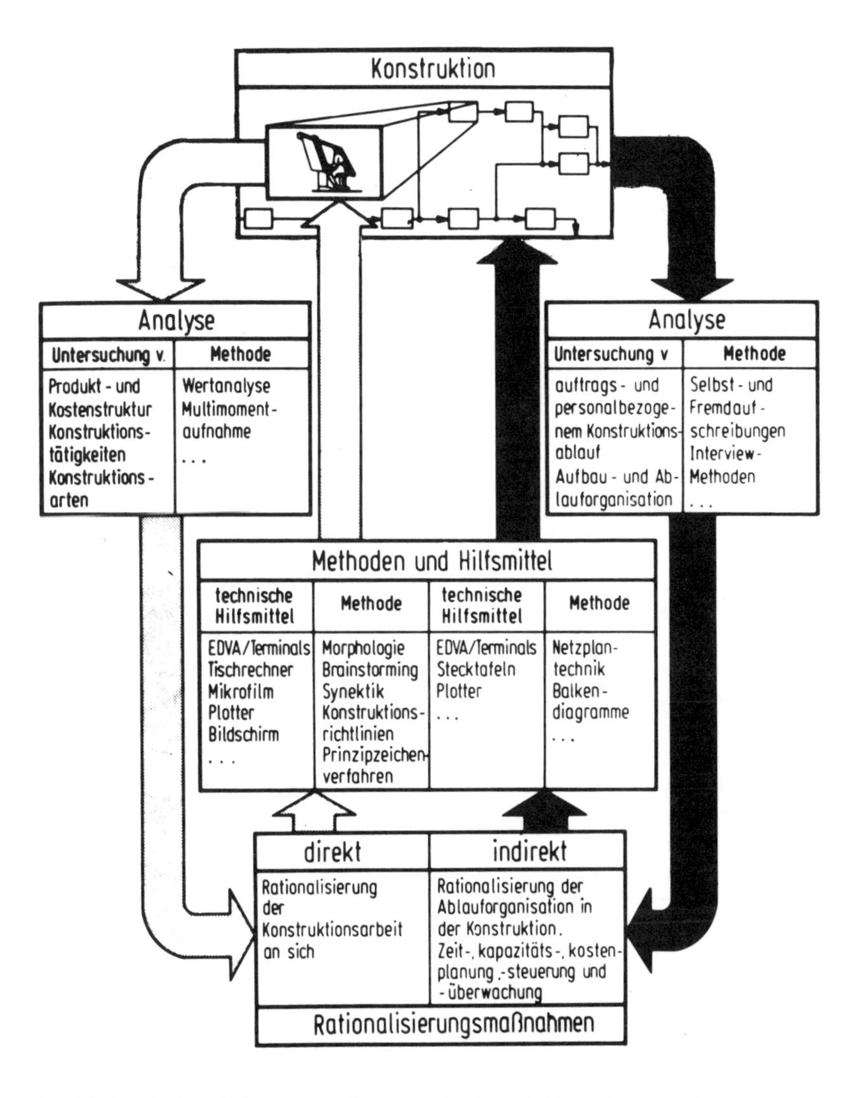

Bild 3.3: Rationalisierungsmaßnahmen in Entwicklung/Konstruktion

Eine Übersicht über die im Entwicklungs- und Konstruktionsbereich möglichen Rationalisierungsmaßnahmen gibt Bild 3.3. Die bereits im Zusammenhang mit Bild 3.1 angedeutete Unterscheidung zwischen direkten und indirekten Maßnahmen soll dabei so vorgenommen werden, daß die *direkten* Maßnahmen eine

Rationalisierung des Entwicklungs- und Konstruktionsprozesses selbst bedeuten, während die *indirekten* Maßnahmen einer Verbesserung der Ablauforganisation dienen.

3.2 Direkte Rationalisierungsmaßnahmen

3.2.1 Analyse

Systematische Rationalisierung im Konstruktions- und Entwicklungsbereich setzen sorgfältige Analysen zum Erkennen der Schwerpunkte voraus. Diese Analysen sind nicht nur erforderlich, um Scheinrationalisierungen zu vermeiden, sondern sind auch darin begründet, daß die Durchführung umfassender Rationalisierungsmaßnahmen in diesem Unternehmensbereich mehrere Jahre in Anspruch nehmen kann. Deshalb müssen aufeinander abgestimmte Aufgaben ausgewählt werden, die zweckmäßigerweise in einem Netzplan dargestellt werden können.

3.2.1.1 Analyseobjekte

Eine Analyse mit dem Ziel den Konstruktionsprozeß selbst zu verbessern, muß sich zunächst auf folgende Objekte konzentrieren:

- Produktstruktur,
- Kostenaufbau,
- Konstruktionstätigkeiten,
- Konstruktionsarten,

und anstreben, mengenmäßige, statistisch auswertbare Aussagen zu machen.

Die Untersuchung der *Produktstruktur* dient der Ermittlung von Tiefe und Breite der Produktionspalette im Hinblick auf Abgrenzungen des Produktionsprogramms. Dabei spielt auch der Altersaufbau der Erzeugnisse und ihre Lebenszykluslage eine Rolle. Gleichzeitig ist die Möglichkeit der Standardisierung durch Baugruppen zu prüfen.

Parallel dazu muß der *Kostenaufbau* der Erzeugnisse untersucht werden, der unter Berücksichtigung der bei der Erfassung der Produktstruktur ermittelten Mengenangaben Ansatzpunkte dafür gibt, bei welchen Produkten sich Rationalisierungsmaßnahmen am ehesten lohnen. Die Kostensituation muß aber zur Klärung derselben Frage auch im Hinblick auf die verschiedenen *Konstruktions-*

tätigkeiten (Zeichnen, Stücklisten bearbeiten etc.) untersucht werden. Diese lassen, wenn sie in der Häufigkeit ihres Auftretens bekannt sind, Aussagen über die Möglichkeit der Standardisierung des Entwicklungs- und Konstruktionsprozesses zu. Im Zusammenhang damit steht dann auch die Abgrenzung verschiedener *Konstruktionsarten* (Neukonstruktion, Variantenkonstruktion etc.).

3.2.1.2 Analysemethoden

Bei den Analysemethoden ist zunächst die *statistische Auswertung* der vorhandenen Zeichnungen und Stücklisten zu nennen. Bild 3.4 zeigt dazu ein Beispiel als Ergebnis einer solchen Untersuchung.

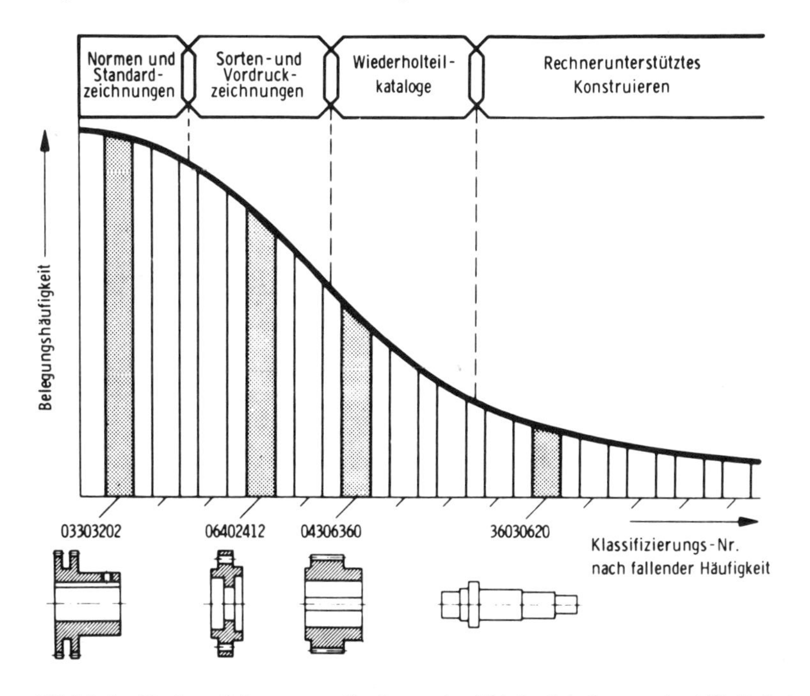

Bild 3.4: Rationalisierungsmaßnahmen in Abhängigkeit von der Häufigkeit unterschiedlicher Teileklassen[4)]

Zur Ermittlung der Kostenschwerpunkte hat sich die *ABC-Analyse* bewährt, die zeigt, daß nur wenige Positionen für den Hauptteil der Kosten verantwortlich sind. Bild 3.5 zeigt dazu ein Beispiel.

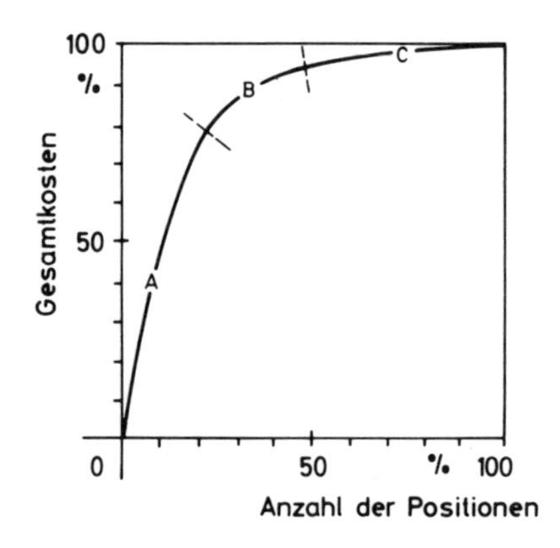

Bild 3.5:
ABC-Analyse (Beispiel)

Die Analyse der Konstruktionstätigkeiten im Hinblick auf ihren Anteil an der gesamten Konstruktionszeit wird am zweckmäßigsten über eine *Multimomentaufnahme* durchgeführt[5)]. Dazu werden Tätigkeitsmerkmale definiert und durch einen Beobachter über eine Strichliste auf die Häufigkeit ihres Auftretens hin untersucht.

Ein Ergebnis einer solchen in der Praxis durchgeführten Multimomentstudie ist in Bild 3.6 dargestellt. Die Darstellung läßt erkennen, daß eine derartige Ist-Analyse eine Voraussetzung für Entscheidungen über Rationalisierungsmaßnahmen sein sollte.

3.2.2 Methoden und Hilfsmittel

3.2.2.1 Konstruktionsmethodik

Bei Überlegungen der direkten Rationalisierung des Konstruktionsprozesses ist zu prüfen, wie durch den Einsatz heute erprobter Methoden Verbesserungen erzielt werden können. Die Vielzahl der bekannten Methoden der Konstruktionsmethodik (oft auch als Konstruktionssystematik bezeichnet) geht von zwei Ansätzen aus:

- Systematisierung („Disziplinierung") des Denkprozesses und
- Nutzung des geistigen Potentials einer Gruppe.

Ein typischer Vertreter der systematischen Methoden ist die *Morphologie.* Sie hat zum Ziel, alle einschlägigen Lösungen zu erfassen. Dazu wird die jeweilige Gesamtfunktion in n Teilfunktionen zerlegt.

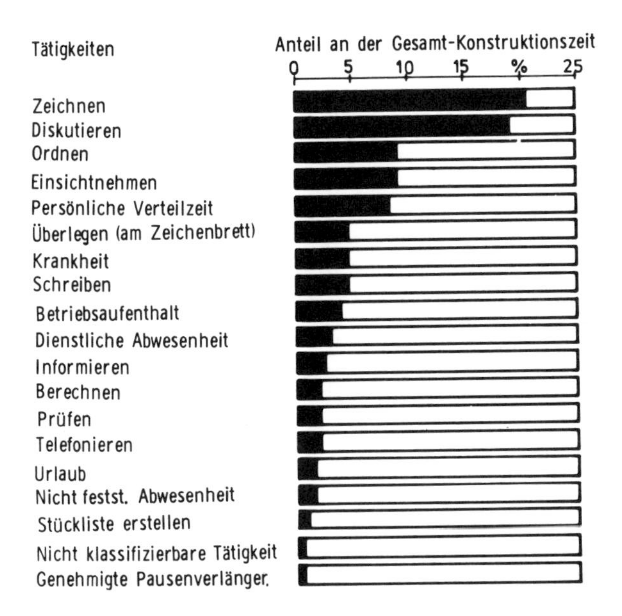

Bild 3.6: Ergebnis einer Multimomentaufnahme im Entwicklungs- und Konstruktionsbüro eines Unternehmens des Werkzeugmaschinenbaus[5)]

Die graphische Darstellung erfolgt mit Hilfe eines sogenannten morphologischen Kastens, der die Form einer Matrix hat. Dabei werden die n Teilfunktionen möglichst in der Reihenfolge ihres Auftretens in die erste Spalte eingetragen. Die Zeilen enthalten dann die jeder Teilfunktion zugehörigen Lösungsprinzipien. Jeder Weg durch den morphologischen Kasten, der so gewählt wird, daß aus jeder Zeile nur ein Element verwendet wird, führt zu einer grundsätzlich denkbaren Lösung für die Gesamtfunktion. Bild 3.7 zeigt dazu ein Demonstrationsbeispiel.

Vor allem folgende weitere Methoden sind darüberhinaus in der Literatur genannt worden und stehen in der praktischen Erprobung:

- Analyse bekannter Konstruktionen[7)]
- Methode der allgemeinen Funktionsstruktur[8)]
- Methode der Darstellung mathematischer Funktionen[9)]
- Gruppenmethoden (Brainstorming, Synektik)
- Befragungsmethoden (Delphi-Methode).

Teilfunktionen		Lösungsprinzipien und -elemente				
		1	2	3	4	5
1	Anschluß ermöglichen	Flach-Anschluß	Rund-Anschluß	Schraub-Anschluß	Steck-Anschluß	Klemm-Anschluß
2	Widerstand erzeugen	Draht	Band	Körper	Elektrolyt	plast. Masse
3	Widerstand kühlen	ruhende Luft	bewegte Luft	Flüssigkeit	Strahlung	Wärme-leitung
4	Widerstand einschalten	Druck-kontakt	Wälz-kontakt	Gleit-kontakt	Roll-kontakt	Elektroden
5	Antriebsenergie speichern	Schrauben-feder	Torsions-feder	elektrische Energie	Druckgas	chemische Energie
6	Bewegung bewirken	Translation	Rotation	Translation u. Rotation	Wälz-bewegung	Schraub-bewegung
7	Bewegung auslösen	magnetisch	elektro-dynamisch	thermisch	mechanisch	chemisch

Bild 3.7: Morphologischer Kasten für veränderliche Widerstände[6]

3.2.2.2 Bewertungsverfahren

Bewertungsverfahren haben zum Ziel, aus mehreren Alternativen die günstigste auszuwählen. Wichtigstes Optimierungskriterium ist dabei neben der Funktionserfüllung die Frage der Kosten. Mit diesen beiden Einflußgrößen setzt sich sowohl die auf Kesselring zurückgehende Methode der technisch-wirtschaftlichen Bewertung von Konzeptvarianten als auch die Wertanalyse auseinander.

Bei der *technisch-wirtschaftlichen Bewertung*[10] wird zunächst eine getrennte technische (x) und wirtschaftliche (y) Bewertung (möglichst schon im Konzeptstadium) vorgenommen. Falls die zu bewertenden technischen Eigenschaften nicht von gleichem Gewicht sind, empfiehlt es sich, anstelle des arithmetischen Mittelwertes einen gewogenen Mittelwert zu verwenden, bei dem die verschiedenen Eigenschaften mit unterschiedlichem Gewicht in die Mittelwertbildung eingehen.

Ein Kriterium für die wirtschaftliche Bewertung sind die Herstellkosten, für die als Meßgröße je Lösungsvariante der Quotient aus idealen (80 % der gerade noch tragbaren Herstellkosten) und anfallenden Herstellkosten errechnet wird.

Zur Veranschaulichung können technische und wirtschaftliche Wertigkeit in einem xy-Koordinatensystem aufgetragen werden, um gegebenenfalls auch die Verbesserung mehrerer Entwürfe mit einer Entwicklungslinie darstellen zu können. Die Ideallösung ist durch x, y = 1 gekennzeichnet. In der Praxis ist hier jedoch mit Kompromißwerten (x, y $\approx$ 0,7) zu arbeiten, deren Festlegung auch vom Markt her beeinflußt wird.

Weitere Bewertungsverfahren existieren im Rahmen der Wertanalyse[11)]. Die Nutzwert-Analyse[12)] strebt allgemein eine Rangfolgebildung bei der Bewertung komplexer Systeme an.

3.2.2.3 *Information und Dokumentation*

Bessere Informationen sichern einen Vorsprung vor der Konkurrenz. Dazu ist zunächst zu klären, welche Informationen benötigt werden und welche Informationsquellen vorhanden sind.

Die Verbesserung der Informationsbeschaffung stellt gleichzeitig einen wesentlichen Rationalisierungsfaktor dar, da die damit verbundenen Tätigkeiten bis zu 25 % an der Gesamtzeit aller Tätigkeiten im Entwicklungs- und Konstruktionsbüro ausmachen. Die Hilfsmittel, die hier dem Entwicklungs- und Konstruktionsmitarbeiter zur Verfügung gestellt werden können, reichen von *Suchkatalogen für Teile und Baugruppen* über *Konstruktionsrichtlinien und Normen* bis hin zu Informationen über *Vordruckzeichnungen für Einzelteile.*

Die Konstruktionspraxis zeigt, daß diese Informationsquellen — und damit die Rationalisierungsmöglichkeiten — um so besser genutzt werden, je weniger sie mit „Papier" verbunden sind. Bei Rationalisierungsmaßnahmen dieser Art ist deshalb die Verwendung von Mikrofilmen und Bildschirmen besonders zu prüfen.

3.2.2.4 *Rechnerunterstütztes Konstruieren*

Der Einsatz der Datenverarbeitung zur direkten Rationalisierung im Entwicklungs- und Konstruktionsbüro kann vor allem folgende Ziele haben:

- Berechnungshilfe,
- Zeichnungserstellung,
- Konzeptionsunterstützung.

Der Nachweis der Wirtschaftlichkeit des EDV-Einsatzes ist bei der Durchführung von *konstruktiven Berechnungen* am einfachsten zu erbringen. Hier kann häufig auch eine Verbesserung der Konstruktionsqualität erzielt werden (z. B. Festig-

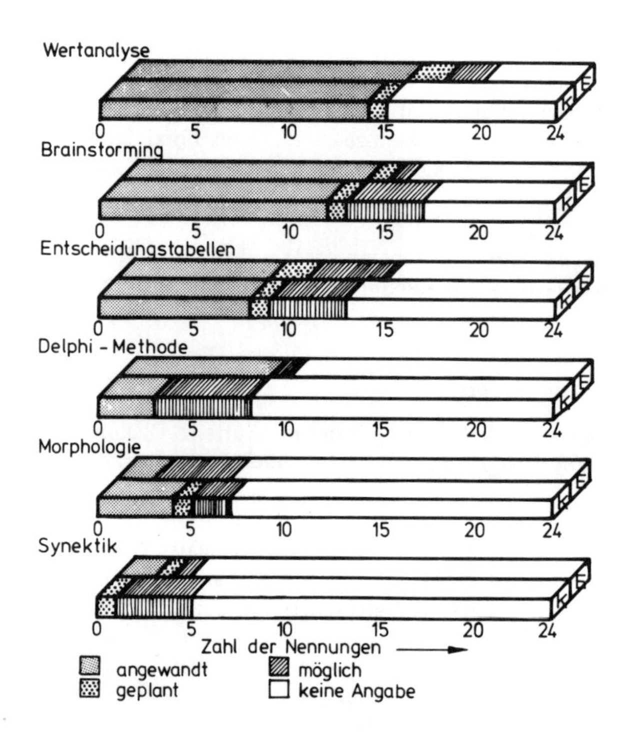

Bild 3.8: Methoden beim Konzipieren (K) und Entwerfen (E)

keitsberechnungen mit finiten Elementen). Voraussetzung ist natürlich, daß die vorliegende Problemstellung mathematisch beschrieben werden kann.

Zur EDV-unterstützten *Zeichnungserstellung* bieten sich vor allem Plotter an. Lösungen mit dem Schnelldrucker sind für die Praxis meist unübersichtlich. Die Plotter liefern dagegen maßstäbliche Zeichnungen und haben die Möglichkeit, Schriftgröße, Schriftbreite sowie die Schriftlage zu variieren. Elektronenplotter sind auch in der Lage, die Rechnerausgabe direkt auf einen Mikrofilm zu bringen. Der Aufwand für den Einsatz solcher Geräte lohnt sich vor allem bei Erzeugnissen, die nach dem Variantenprinzip konstruiert werden können (z. B. Kesselböden, Rohrleitungen, Zahnräder).

Zur EDV-unterstützten *Konzeption* technischer Produkte bieten sich aktive Bildschirmeinheiten an. Sie gestatten einen direkten Dialog mit dem Rechner. Der Konstrukteur kann z. B. über eine Konsole seine Wünsche dem Rechner mitteilen und die Ergebnisse dokumentieren. Ein spezieller Lichtstift erlaubt ihm, Einzelheiten der Bildschirmdarstellung zu verändern, z. B. Maßänderungen, Verkleinerungen usw. Schließlich gibt eine Funktionstastatur die Möglichkeit zum gezielten Abruf einzelner Teilprogramme.

3.2.3 Stand und Entwicklungstendenzen

Einen Überblick über die heute in der Praxis zur Verbesserung des Konstruktionsprozesses angewandten Methoden gibt Bild 3.8[13].

Hier zeigt sich, daß wertanalytisches Gedankengut weit verbreitet ist und Brainstormingsitzungen in vielen Unternehmen durchgeführt werden. Wenig angewandt wird die Synektik und Morphologie.

Hilfsmittel zur Erleichterung der Konstruktionsarbeit werden in allen Konstruktionsphasen mit etwa gleicher Häufigkeit angewandt. Weit verbreitet ist der Einsatz von Tischrechnern und EDVA für Berechnungen. Große Bedeutung messen die Firmen – auch im Hinblick auf die Zukunft – der Mikroverfilmung und Verwaltungsprogrammen für Baugruppen zu, während der in der Praxis realisierte Bildschirmeinsatz noch nicht den theoretischen Möglichkeiten entspricht. Hierzu sind Erhebungsergebnisse in verschiedenen Forschungsarbeiten enthalten (vgl. z. B.[13],[14],[15]).

3.3 Indirekte Rationalisierungsmaßnahmen

3.3.1 Analyse

Eine rationelle Gestaltung der Auftragsabwicklung im Entwicklungs- und Konstruktionsbereich erfordert neben produkspezifischem Wissen vor allem Klarheit über den organisatorischen Ausgangszustand. Hierzu sind sorgfältige Analysen erforderlich, die um so aufwendiger sind, je größer das Konstruktionsbüro ist und je differenzierter das Erzeugnisprogramm aufgebaut ist.

3.3.1.1 Analyseobjekt

Gegenstand einer Analyse zur Verbesserung der Ablauforganisation sind zunächst folgende auf den Ist-Zustand bezogene Objekte:

- Aufbau- und Ablauforganisation des Entwicklungs- und Konstruktionsbereichs

– Planungsmodell zur Auftragsabwicklung
– Nahtstellen zu anderen Unternehmensbereichen.

3.3.1.2 Analysemethoden

Aus der Vielzahl der in der Organisationspraxis angewandten Ist-Aufnahmetechnik sollen hier kurz diejenigen erwähnt werden, die für eine Ablaufplanung in der Konstruktion Bedeutung haben:

– Auswertung vorhandener Unterlagen
– Interviewmethode
– Selbstaufschreibung
– Fremdaufschreibung.

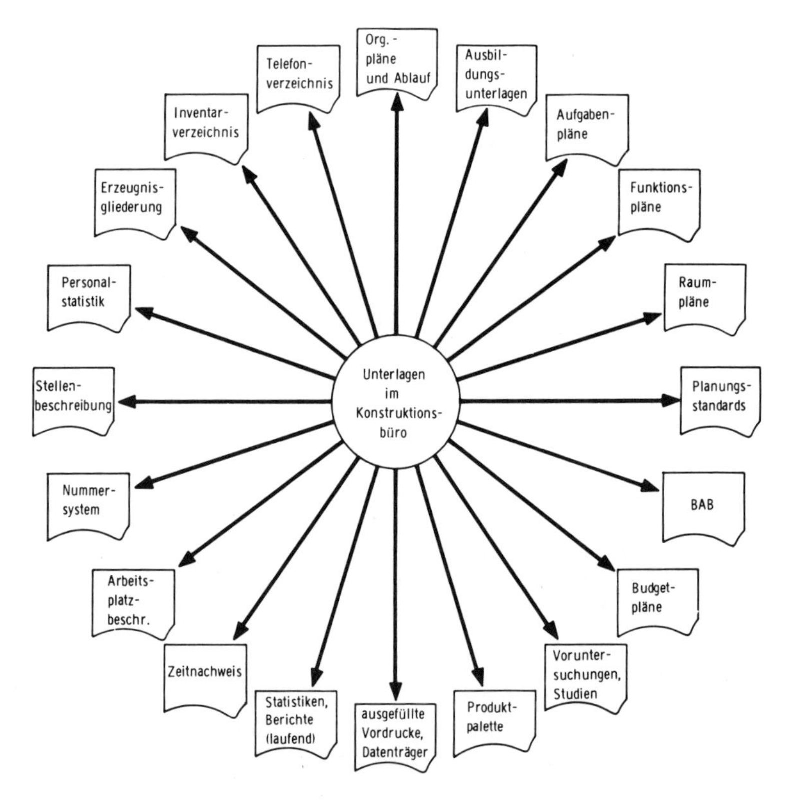

Bild 3.9: Auszuwertende Unterlagen für die Ist-Analyse im Konstruktionsbereich (Übersicht)

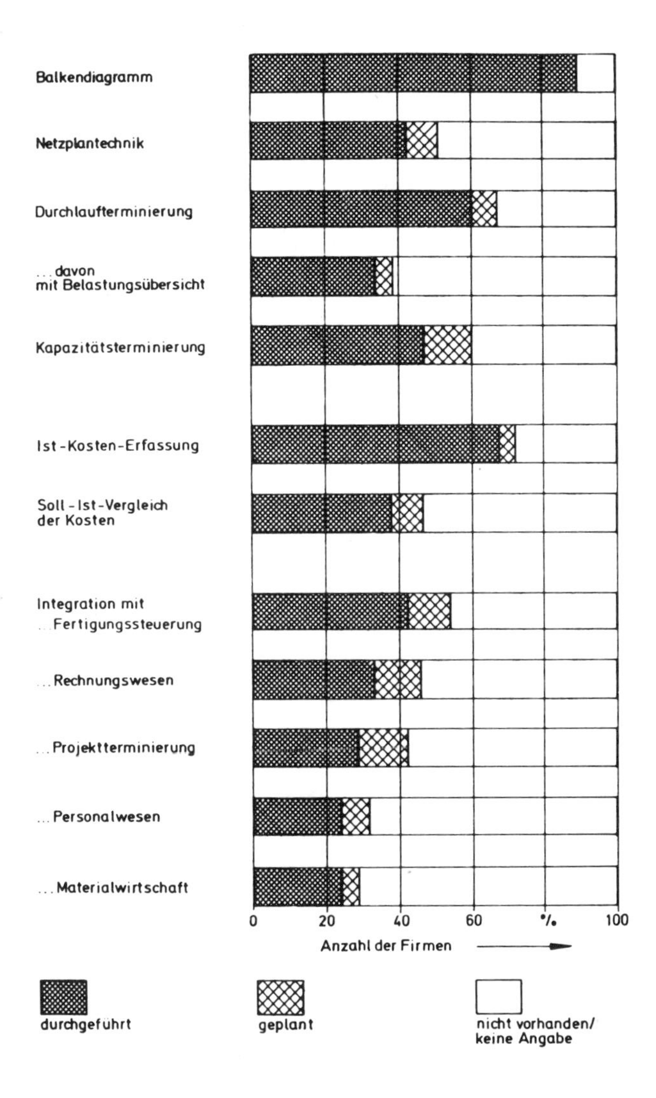

Bild 3.10: Zeit-, Kapazitäts- und Kostenplanung im Konstruktionsbereich (Ergebnis einer Befragung in 24 ausgewählten VDMA-Mitgliedsfirmen[16)])

Vor dem Erstellen neuer aufwendiger Analysen sollten in jedem Fall zunächst die *vorhandenen Unterlagen ausgewertet* werden. Bild 3.9 gibt einen Überblick, um welche Unterlagen es sich dabei handeln kann.

3.3.2 Methoden und Hilfsmittel

Eine rationelle Ablauforganisation setzt ein gut funktionierendes Planungssystem in bezug auf Zeiten, Kapazitäten und Kosten voraus. Wesentliches Unterscheidungskriterium der dazu vorhandenen Methoden und Hilfsmittel ist die Frage, ob bei der Kapazitätsplanung nur die Kapazitätsnachfrage aus *einem* Projekt oder aber – unter Berücksichtigung der Kapazitätsgrenzen – die Nachfrage aus *mehreren* Projekten beachtet wird. Entsprechend spricht man von Einprojektplanungssystemen oder von Multiprojektplanungssystemen.

3.3.3 Stand- und Entwicklungstendenzen

Ablaufplanungen werden heute bereits in den meisten Entwicklungs- und Konstruktionsbüros in irgendeiner Form durchgeführt. Dabei stehen jedoch einfache Planungen ohne Berücksichtigung der Kapazitätsgrenzen im Vordergrund (vgl. Bild 3.10).

Die Kostenplanung wird in der Praxis als wesentlicher Bestandteil eines Systems zur Kapazitätsplanung im Entwicklungsbereich betrachtet. Kosten-Soll-Ist-Vergleiche können zum einen auftragsspezifisch und zum anderen kapazitätsspezifisch (z. B. Kostenstellen, Abteilungen) durchgeführt werden. Sie setzen aber entsprechende Vorkalkulationen bzw. Budgetierungen voraus. Heute schon vorhandene Integrationen mit anderen Planungssystemen beziehen sich vor allem auf die Fertigungssteuerung und das Rechnungswesen.

Prof. Dr.-Ing. W. Eversheim

A 4
Systematische Ermittlung von Rationalisierungsschwerpunkten im Konstruktionsbereich

Die Notwendigkeit zur Rationalisierung der Konstruktionsabwicklung einerseits und die Vielzahl der Rationalisierungsmöglichkeiten andererseits stellen viele Unternehmen vor das Problem, die für ihren Konstruktionsbereich geeigneten Maßnahmen zu bestimmen. Hierzu ist die Ermittlung der quantitativen Ausprägung der verschiedenen Konstruktionskenngrößen notwendig (Bild 4.1), die Aufschluß über Problemschwerpunkte bei der Konstruktion geben[1].

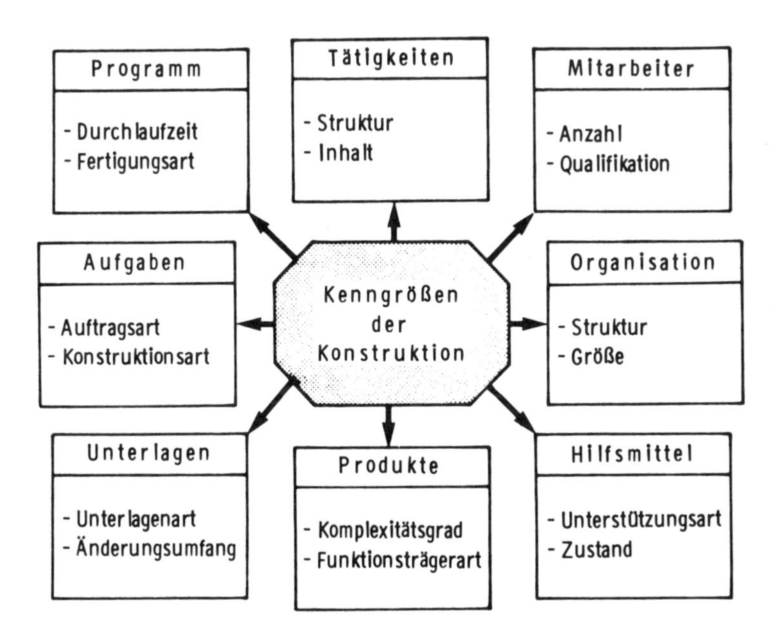

Bild 4.1: Kenngrößen des Konstruktionsbereiches

Weitgehend wird der Ist-Zustand eines Konstruktionsbereiches durch die Tätigkeitsstruktur widergespiegelt. Deshalb ist im Rahmen einer systematischen Rationalisierung zunächst eine Tätigkeitsanalyse durchzuführen (Bild 4.2).

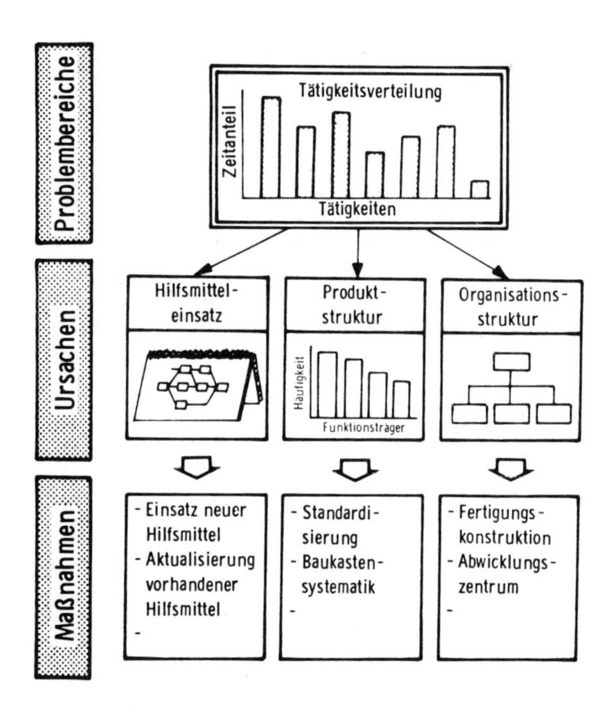

Bild 4.2: Hierarchie der Analysemethoden

Die Ursachen für diese Problembereiche und damit die Ansatzpunkte für Rationalisierungsmaßnahmen können aus dem Hilfsmitteleinsatz, der Produktstruktur und der Organisationsstruktur abgeleitet werden.

Die Analyse der Tätigkeitsstruktur muß in Abhängigkeit von der Zielsetzung der Rationalisierung nach unterschiedlichen Methoden durchgeführt werden. Sie unterscheiden sich im wesentlichen durch den Umfang der ermittelten Datenmengen und dem daraus abgeleiteten Grad der Genauigkeit der Aussagen.

Ausreichend genaue Aussagen erhält man durch die Aufschreibung der Konstruktionstätigkeiten mittels sogenannter Erfassungsformulare[2)].

Vergleichsdaten zur Interpretation der erfaßten Daten können nur in geringem Maße hinzugezogen werden, da die Tätigkeitsverteilungen in unterschiedlichen

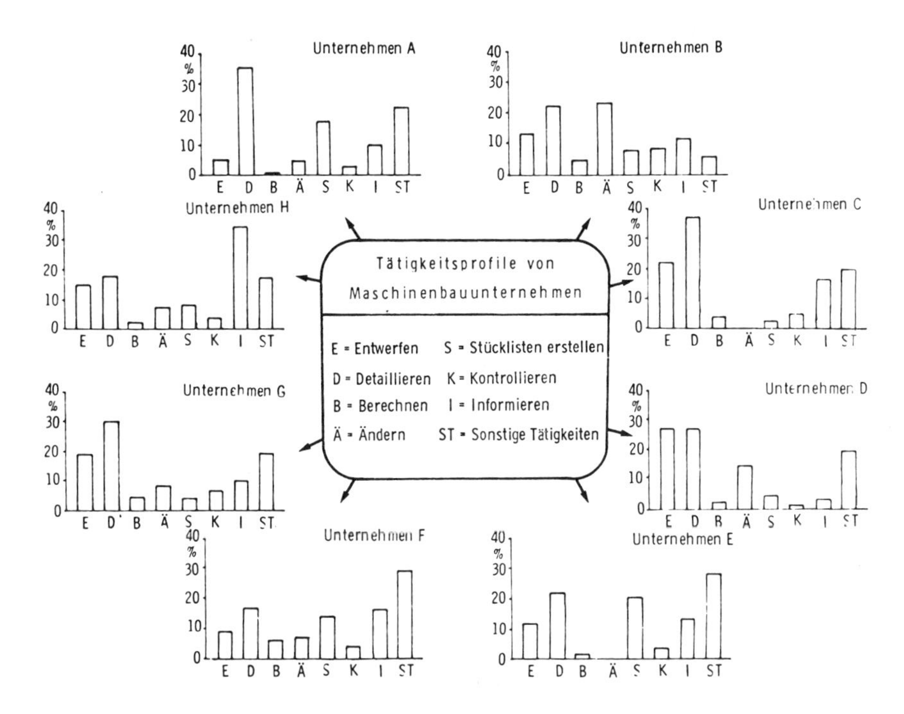

Bild 4.3: Auswertungen von Tätigkeitsanalysen

Unternehmen einer Branche stark differieren (Bild 4.3). Dementsprechend lassen sich keine Aussagen treffen, ob bestimmte Tätigkeiten in einem Konstruktionsbereich als zu hoch bzw. zu niedrig angesehen werden müssen. Eine unternehmensspezifische Interpretation der ermittelten Tätigkeitsverteilungen ist deshalb in jedem Fall erforderlich.

Hierzu ist es zweckmäßig, die Kenngröße „Tätigkeit" mit weiteren Konstruktionskenngrößen im Rahmen einer Erfassung zu kombinieren. Aus der Vielzahl der Möglichkeiten wird eine Vorgehensweise beschrieben, die insbesondere auf die Verbesserung des Hilfsmitteleinsatzes zielt[1)].

Die schematische Darstellung der Analysedaten zeigt Bild 4.4. Aufgenommen wird bei einer derartigen Form der Analyse der Unterlagenfluß zwischen den Organisationseinheiten (z. B. Abteilungen, Gruppen) und zwischen den Mitarbeitern einer Gruppe. Ferner wird erfaßt, bei welchen Tätigkeiten die Mitarbeiter Hilfsmittel einsetzen bzw. Zusatzinformationen bei anderen Stellen im Unternehmen einholen.

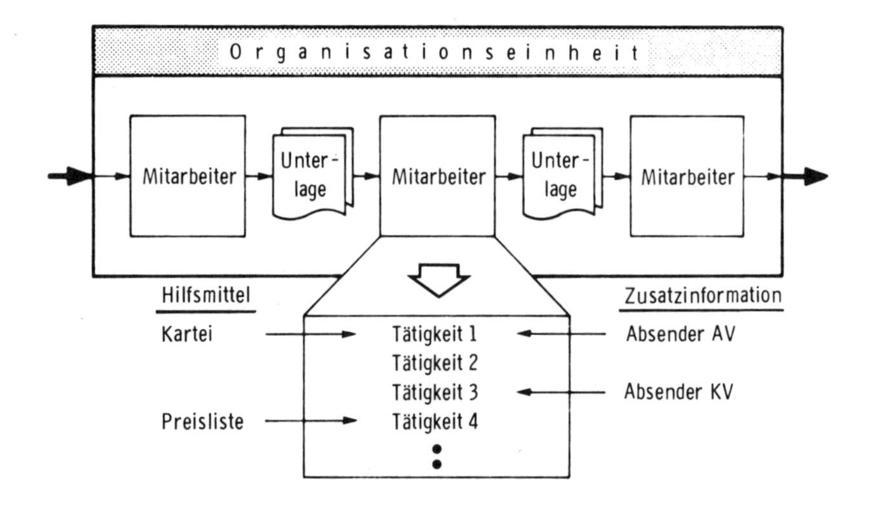

Bild 4.4: Schematische Darstellung der Analysedaten

Die Auswertung dieser Analysedaten ermöglicht z. B. Aussagen über Art und Häufigkeit der eingesetzten Hilfsmittel und stellt somit die Basis für eine detaillierte Hilfsmittelanalyse dar.

Ziel der Hilfsmittelanalyse ist es, Ansätze für die Verbesserung vorhandener Hilfsmittel zu gewinnen und Möglichkeiten für den Einsatz neuer Hilfsmittel aufzuzeigen.

In Abhängigkeit von der ermittelten Nutzungshäufigkeit der Hilfsmittel müssen unterschiedliche Rationalisierungsstrategien eingeschlagen werden. Hilfsmittel mit einer hohen Einsatzhäufigkeit müssen vorrangig hinsichtlich eines verbesserten Aufbaus (z. B. Zugriff) analysiert werden. Demgegenüber sind Hilfsmittel, die nur selten eingesetzt werden, zu untersuchen, inwieweit eine stärkere Nutzung durch einen geänderten Inhalt (z. B. Aktualität) erreicht werden kann.

Die bisher beschriebene Vorgehensweise gewährleistet eine gezielte Festlegung derjenigen Hilfsmittel, deren Verbesserung einen Rationalisierungserfolg erwarten lassen. Für die detaillierte Auslegung einzelner Hilfsmittel ist jedoch eine Analyse des Produktspektrums erforderlich. Darüber hinaus ist diese Analyse immer dann durchzuführen, wenn Standardisierungsmaßnahmen ergriffen werden sollen.

Die Wiederverwendung von vorhandenen Lösungen, d. h. Zeichnungen, Stücklisten usw., führt zu Kosten- und Durchlaufzeitreduzierungen sowohl in der

Konstruktion als auch in nachgelagerten Unternehmensbereichen wie Arbeitsvorbereitung, Fertigung und Montage. Dabei sind die Kosteneinsparungen in den nachgelagerten Unternehmensbereichen durch Wiederverwendung von Arbeitsplänen, Werkzeugen, Vorrichtungen usw. erfahrungsgemäß etwa doppelt so hoch wie die Kostenreduzierung in der Konstruktion. Bestimmend für die Höhe der Wiederverwendung ist der Standardisierungsgrad des Produktspektrums in einem Unternehmen[3)].

Zielsetzung einer Produktanalyse ist es daher, Möglichkeiten einer verstärkten Standardisierung und damit Wiederverwendung von konstruktiven Lösungen zu ermitteln. Eine Vorgehensweise, die systematisch zu den technischen Lösungen führt, bei denen durch Standardisierungsmaßnahmen und den Einsatz entsprechender Hilfsmittel die stärksten Rationalisierungserfolge erzielt werden können, wird im folgenden erläutert.

Die Ermittlung der Häufigkeitsverteilungen für einzelne Funktionsträgerarten setzt ein Erfassungssystem voraus, das die Zusammenfassung funktional bzw. geometrisch gleicher und ähnlicher Lösungen ermöglicht (Bild 4.5).

Ist ein derartiges System nicht vorhanden, müssen die Häufigkeitsverteilungen aufgrund der Benennungen erstellt werden (Grobanalyse). Anschließend muß im Rahmen einer Feinanalyse untersucht werden, inwieweit innerhalb der einzelnen Benennungsgruppen gleiche und ähnliche Lösungen vorliegen.

Auf der Basis dieser Häufigkeitsverteilungen lassen sich die Möglichkeiten zur Standardisierung und zum Hilfsmitteleinsatz abschätzen. Mit den beschriebenen Analyseverfahren (Tätigkeits-, Hilfsmittel- und Produktanalyse) können gezielt Rationalisierungsschwerpunkte aufgezeigt und Maßnahmen abgeleitet werden. Der Rationalisierungseffekt dieser Maßnahmen kann dabei durch die Schaffung eines entsprechenden organisatorischen Rahmens erhöht werden. Dies gilt in starkem Maße für den Rechnereinsatz, durch den besondere Anforderungen an die Aufbauorganisation gestellt werden[4)].

Ziele der Organisationsanalyse sind daher:

1. ablauforganisatorische Schwachstellen zu ermitteln und Maßnahmen zu ihrer Beseitigung abzuleiten,
2. Vorschläge für eine Aufbauorganisation zu entwickeln, die sowohl den spezifischen Aufgabenstellungen eines Konstruktionsbereiches als ggf. auch den Anforderungen des Rechners entsprechen.

In vielen Unternehmen ist die Aufbauorganisation im Konstruktionsbereich historisch gewachsen. Sie entspricht daher in vielen Fällen nicht mehr den Anforderungen des Marktes und den derzeitigen Erkenntnissen der Organisationstheorie[5)].

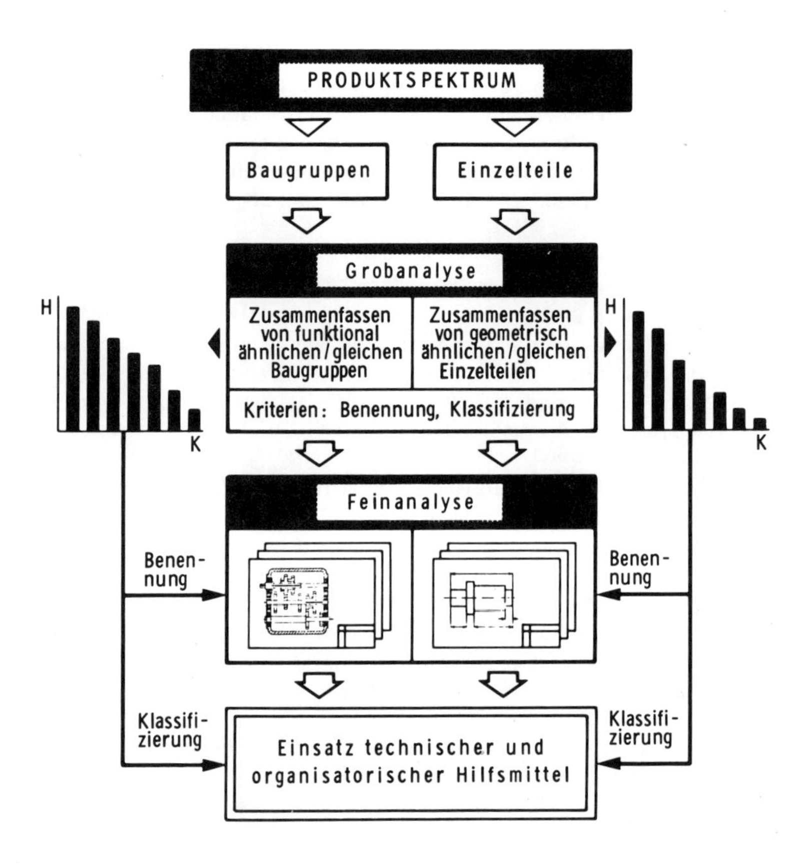

Bild 4.5: Analyse des Produktspektrums

Um die Festlegung auf eine geeignete Aufbauorganisation aufgrund unternehmensspezifischer Anforderungen zu ermöglichen, ist in Bild 4.6 eine entsprechende Bewertung der unterschiedlichen Organisationsformen vorgenommen worden[1].

Am weitesten verbreitet, insbesondere im Maschinenbau, ist eine produktorientierte Gliederung des Konstruktionsbereiches.

Ferner wurde festgestellt, daß die Detaillierungstätigkeiten häufig den Engpaß im Konstruktionsablauf bilden, der durch einen hohen Detaillierungsaufwand für Einzelteile hervorgerufen wird.

ANFORDERUNGEN	ORGANISATIONSFORMEN: Funktionsbezogene Organisation	Objektbezogene Organisation	Ablaufbezogene Organisation	Matrix-Organisation
Problemorientierte Hilfsmittelauslegung	●	●	●	◑
Steigerung der Wiederverwendung	●	○	●	○
Qualifikationsorientierter Mitarbeitereinsatz	◑	○	●	◑
Steigerung der Flexibilität	◑	◑	○	○
Reduzierung der Bearbeitungszeiten	◑	○	●	●
Abgleich von Belastungsschwankungen	○	◑	●	○
Klare Abgrenzung der Kompetenzen	◑	●	◑	○

Legende:
○ nicht erfüllt
◑ teilweise erfüllt
● erfüllt

Bild 4.6: Bewertung von Organisationsformen

Eine wirksame Maßnahme zur Beseitigung dieser Engpaßsituation ist die vollständige oder teilweise Konzentration der Detaillierungsaktivitäten in einer Organisationseinheit. Hierzu sind in Bild 4.7 Möglichkeiten der organisatorischen Eingliederung dargestellt[5)].

Vorteile, die sich mit einer derartigen Maßnahme erzielen lassen, sind z. B.

- eine bessere Ausgleichsmöglichkeit von Belastungsschwankungen,
- ein höheres Maß an Standardisierung und Wiederverwendung über einzelne Produktgruppen hinaus,
- eine höhere Wirtschaftlichkeit kostenintensiver technischer Hilfsmittel (Rechner) durch ein breiteres Einsatzgebiet.

Aus den genannten Gründen sollte prinzipiell die vollständige Ausgliederung der Detaillierungstätigkeiten angestrebt werden. In den Fällen aber, wo stark

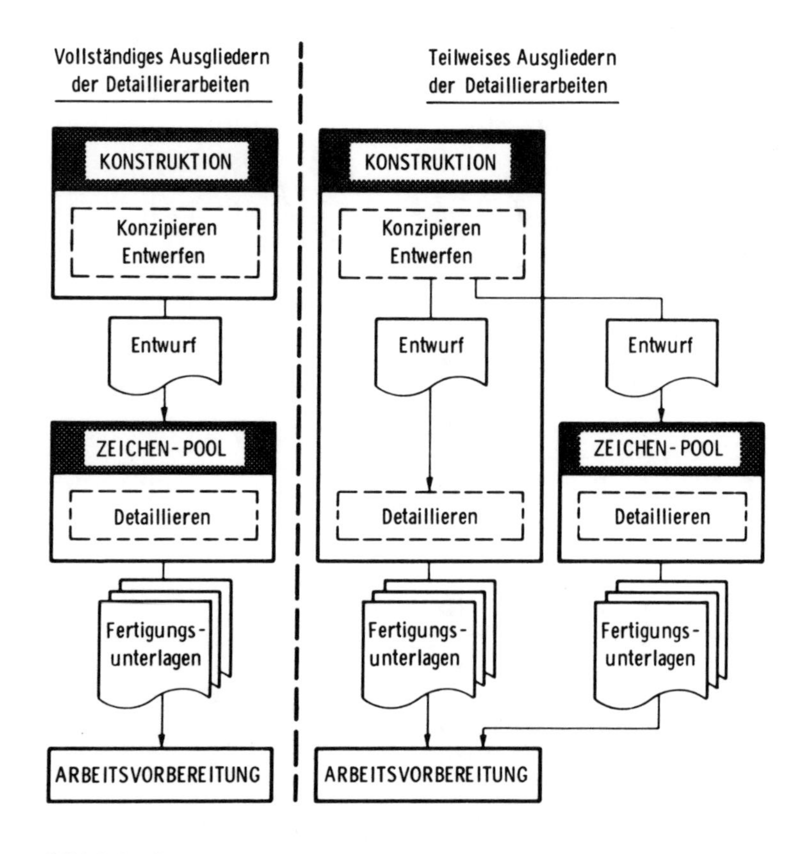

Bild 4.7: Organisatorische Eingliederung eines Zeichenpools

produktspezifische Detaillierungsaufgaben vorliegen, ist es zweckmäßig, die produktorientierte Gliederung beizuhalten und nur die produktneutralen Detaillierungsaktivitäten zu einer eigenständigen Organisationseinheit zusammenzufassen.

Ein Beispiel für die Ergebnisse einer kombinierten Tätigkeits-, Hilfsmittel- und Produktanalyse in einem Unternehmen und die hieraus abgeleiteten Rationalisierungsmaßnahmen sind in Bild 4.8 dargestellt[6)].

Dabei wurde festgestellt, daß mit ca. 45 % die sogenannten indirekten Tätigkeiten wie Informieren, Suchen usw. den größten Aufwand verursachten. Weiterhin zeigte sich, daß einerseits geeignete Hilfsmittel fehlten und andererseits vorhandene Hilfsmittel nicht problemorientiert aufgebaut waren.

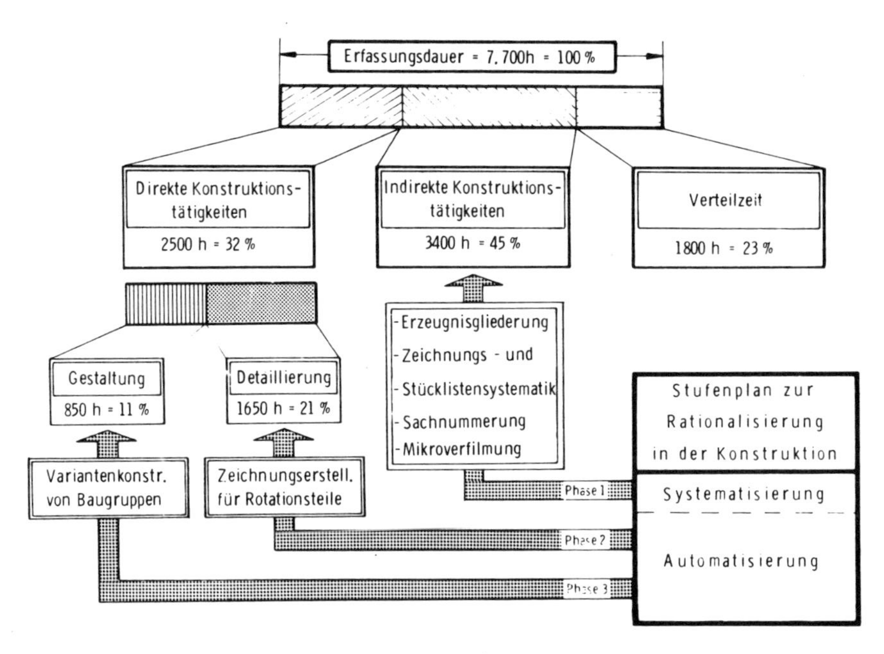

Bild 4.8: Rationalisierungskonzept (Beispiel)

Aus diesen Gründen wurde ein Stufenplan zur Rationalisierung der Konstruktionsabwicklung aufgestellt, dessen 1. Phase die Systematisierung der vorhandenen Hilfsmittel und Unterlagen beinhaltete. Gleichzeitig wurden durch die Systematisierung die Voraussetzungen für die Automatisierung geschaffen, die als 2. und 3. Phase des Rationalisierungskonzeptes geplant wurden. Die Konzentration auf Rotationsteile in der 2. Phase resultierte aus der Produktanalyse, die ca. 70 % der Werkstücke im Unternehmen als Rotationsteile auswies. Heute werden in dem Unternehmen Detailzeichnungen rechnerunterstützt mit sehr gutem wirtschaftlichem Erfolg erstellt.

Aber nicht nur durch den Rechnereinsatz sind Einsparungen zu erzielen, sondern bereits der gezielte Einsatz konventioneller Hilfsmittel bewirkt erhebliche Rationalisierungserfolge (Bild 4.9).

Die Zeiteinsparungen, die durch den Einsatz derartiger konventioneller Hilfsmittel ermöglicht werden, können durchaus bis zu etwa 50 % des ursprünglichen Gesamtaufwandes betragen. Dies zeigen die Auswertungsergebnisse von Tätigkeitsanalysen, die einerseits vor, andererseits nach Einführung solcher Hilfsmittel in einer Konstruktionsabteilung durchgeführt wurden[7)]. Die größten Zeiteinspa-

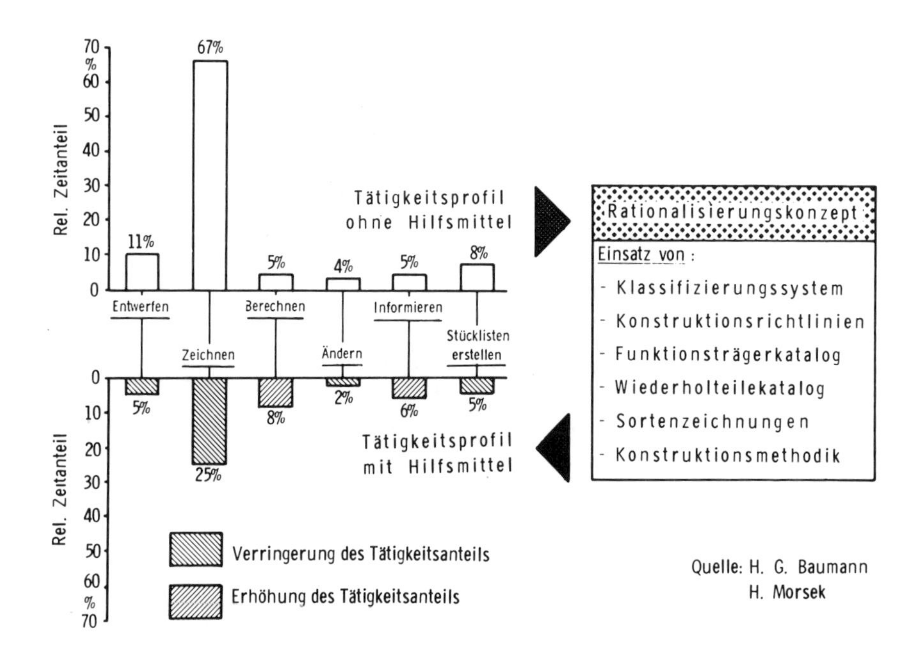

Bild 4.9: Rationalisierungserfolg durch den Einsatz konventioneller Hilfsmittel (Beispiel)

rungen haben sich eindeutig bei der Zeichnungserstellung ergeben; hier konnte der Aufwand von ursprünglich 67 % auf nur 25 %, bezogen auf die gleiche Basis, reduziert werden. Der Gesamtaufwand wurde von ursprünglich 100 % auf 51 % gesenkt.

Wenn solche Einsparungen auch sicherlich von einer Vielzahl von Einflußgrößen abhängig und damit in dieser Größenordnung nicht in jedem Unternehmen realisierbar sind, so zeigen sie doch, daß auch ohne EDV bereits äußerst wirksame Maßnahmen zur Verfügung stehen. Voraussetzung hierzu ist die systematische Planung der Maßnahmen auf der Basis des Ist-Zustandes.

Dr.-Ing. W. Dangelmaier

A 5
Systematische Faktenanalyse zur Erstellung eines Sollkonzeptes

Ziel dieses Beitrages ist es, aufzuzeigen, wie bei der Planung und Einführung eines Ablaufplanungssystems in der Konstruktion vorzugehen ist, und worauf besonders geachtet werden muß. Es soll hierzu eine Vorgehensweise vorgestellt werden, die in mehreren Praxisanwendungen nachweisen konnte, daß mit einer systematischen Arbeitsweise die Einführungskosten für ein Planungssystem wesentlich reduziert werden können.

Die Diskussion dieser Vorgehensweise soll anhand der Gesichtspunkte

- organisatorische Abwicklung der Einführungsarbeiten und
- methodische Durchführung der Einführungskosten

vorgenommen werden.

5.1 Einführung des Planungssystems im Projektmanagement

Organisatorische Abwicklung bedeutet die Installation einer geeigneten Aufbau- und Ablauforganisation. Die organisatorische Abwicklung umfaßt also alle die Aufgaben, die für die zielgerichtete methodische Durchführung der Einführungsarbeiten die Basis schaffen.

Die Teilaufgabe Aufbauorganisation umfaßt die Auswahl und die Installierung der geeigneten Organisationsform, die für die Einführungsarbeiten sinnvollerweise als Projektmanagement aufgebaut wird. Die Projektorganisation umfaßt dabei einen Projektleiter, einen Benutzerausschuß, der die Interessen der Linienstellen vertritt, sowie Arbeitsgruppen, die die eigentliche Projektarbeit leisten (vgl. Bild 5.1). Um sicherzustellen, daß die Erfordernisse des Konstruktionsbereiches in vollem Umfang berücksichtigt werden, sollte der Projektleiter der Konstruktionsleitung unterstellt und die Arbeitsgruppe aus Mitarbeitern des Konstruktionsbereiches aufgebaut werden, während die Organisationsabteilung auf beratende Funktionen beschränkt bleiben sollte.

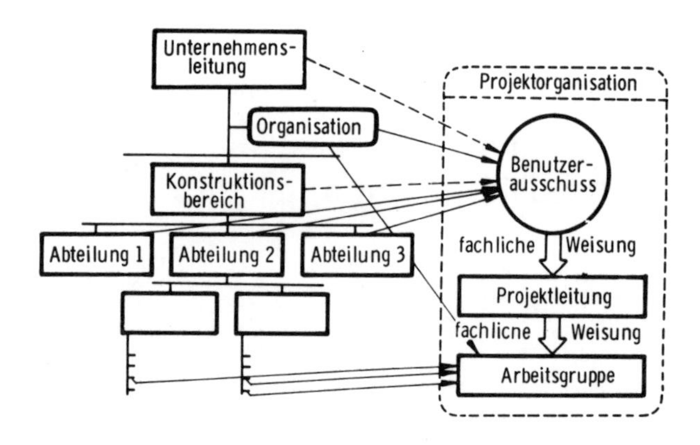

Bild 5.1: Projektorganisation für die Einführung eines Konstruktionsplanungssystems

Je nach bisherigem Organisationsstand, Größe des Unternehmens, Art des Produktspektrums usw. gestaltet sich die Einführungsaufgabe unterschiedlich umfangreich und kompliziert. Dadurch werden entsprechende Organisationsformen wie z. B. die des Einfluß-Projektmanagements oder des Matrix-Managements mit einer geeigneten Strukturierung in Arbeitsgruppen und einer detaillierten Kompetenzregelung erforderlich.

Aus ablauforganisatorischer Sicht bietet sich zur Realisierung des Konstruktionsplanungssystems eine gestufte Vorgehensweise an, wobei sich folgende Phaseneinteilung bewährt hat[1]:

- Konzeptphase (Vorstudie)
- Entwurfsphase (Detailstudie)
- Realisierungsphase
- Betrieb.

Ziel der Konzeptphase ist die Erstellung eines Planungsmodells, das die erforderlichen Planungsfunktionen, wie z. B. die Kapazitätsterminierung und den Soll-Ist-Vergleich, und die organisatorische Gestaltung des Planungsablaufes zeigt. Die aus dieser Zielsetzung resultierende Aufgabenstellung umfaßt die Abgrenzung des Einsatzbereiches und die Definition typischer Anwendungsfälle. Diese Anwendungsfälle – wie z. B. die jährliche Programmerstellung oder die Überwachung des Programmfortschrittes – werden erfaßt und auf Gemeinsamkeiten untersucht. Erst nach diesen Vorarbeiten ist es möglich, in einem ersten Entwurf die einzelnen Funktionen des Planungsmodells sowie die Planungsobjekte Projekte, Kapazitäten und Kosten zu beschreiben.

Die Entwurfsphase hat die Erstellung eines Organisationskonzeptes zum Ziel, das die von einem bestimmten Mitarbeiter in einer definierten Situation auszulösenden Planungsfunktionen mit den entsprechenden Eingabedaten aufzeigt. Außerdem werden die Funktionen und Ausgaben des Planungssystems detailliert beschrieben. In dieser Phase erfolgt auch die unbedingt erforderliche Abklärung der Schnittstellen zu anderen Systemen, wie z. B. zum Rechnungswesen oder zur Fertigungssteuerung. Die endgültige Festlegung der Projekt- und Kapazitätsstruktur ermöglicht bereits in dieser Phase die Bildung von Standardabläufen für typische Konstruktionsaufgaben, die Zeiten, Kapazitäten und Kosten enthalten, während parallel dazu die Stellenbeschreibung für die Planungs- und Überwachungstätigkeiten auf der Basis der in der Vorstudie definierten Anwendungsfälle erstellt werden kann.

In der Realisierungsphase wird das System im Konstruktionsbereich eingeführt. Dazu sind insbesondere umfangreiche Schulungen sowie die psychologische Vorbereitung der einzelnen Mitarbeiter erforderlich. Bereits in dieser Phase sollte die Verantwortung von der Projektgruppe an die ausführenden Linienstellen übergeben werden.

5.2 Durchführung der Ziel- und Faktenanalyse mit standardisierten Fragebogen

Es bietet sich an, sämtliche Projektphasen in eine Ziel- und eine Faktenanalyse zu zerlegen. Ziel- und Faktenanalyse lassen sich wirkungsvoll durch den Einsatz standardisierter Fragebogen unterstützen[2)].

Dabei umfassen die Fragebogen für die Zielanalysen bereits ein repräsentatives Spektrum möglicher Ziele, die mit der Einführung eines solchen Systems verfolgt werden können. Damit wird einerseits nur eine subjektive Gewichtung zur Zielfestlegung erforderlich und damit Zeit gespart, andererseits aber sichergestellt, daß realistische Ziele angestrebt werden.

Die Faktenanalyse gliedert sich in eine Ist- und Sollanalyse, die inhaltlich gleich strukturiert sind und deren Hauptgliederungspunkte in Bild 5.2 dargestellt sind. Die dort gezeigte Gliederung wird über sämtliche Phasen beibehalten.

Die Istanalyse wird nach dem Top-down-Prinzip durchgeführt, wobei zunächst die Aufbau- und Ablauforganisation des Konstruktionsbereiches erfaßt und dokumentiert werden. Eine systematische Aufbereitung und Klassifizierung der Planungsunterlagen nach Sortier- und Selektionsbegriffen sowie Planungsdaten schließt sich an. Die verschiedenen Möglichkeiten, Konstruktionsaufgaben und

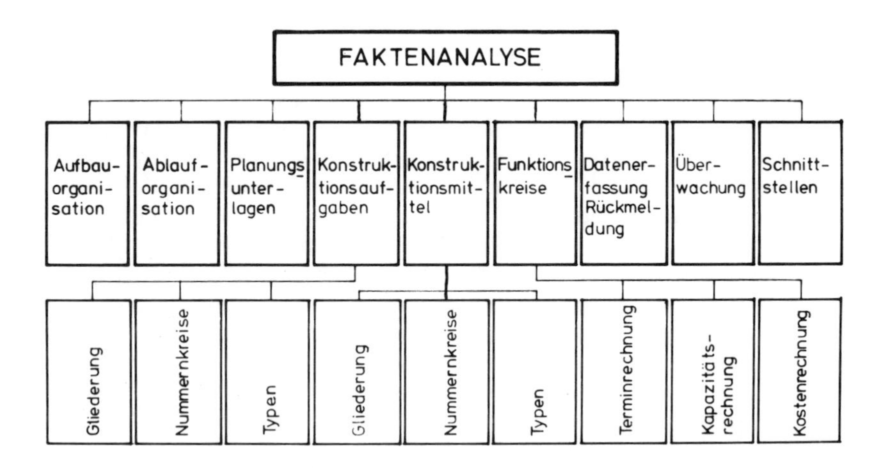

Bild 5.2: Aufbau der Faktenanalyse

-mittel zu gliedern, zu identifizieren und zu klassifizieren, werden in den beiden nächsten Teilaufgaben festgehalten. Die Verarbeitung der Eingabedaten für Konstruktionsaufgaben und -mittel in der Termin-, Kapazitäts- und Kostenplanung, die Art und Weise der Datenerfassung und die zur Überwachung angewendeten Funktionen behandeln die Planungsfunktionen, während die Nahtstellen das Planungssystem zu seinen Umbereichen abgrenzen.

Ein Beispiel aus dem Fragebogen der Faktenanalyse zeigt Bild 5.3. Mit diesem Frageblatt wird der Istzustand der Aufbau- und Ablauforganisation festgehalten. Die Beantwortung der Fragen ergibt ein in diesem Zusammenhang vollständiges Bild der bestehenden Organisation.

Selbstverständlich ist, daß die Ergebnisse der Faktenanalyse in geeigneter Form dokumentiert werden müssen. Wichtige Unterlagen sind unter anderem der Organisationsplan, die bereits verwendeten Auftragspapiere, (falls vorhanden) das Planungshandbuch und der Planungsablauf, für den Bild 5.4 ein Beispiel zeigt.

Eine Bewertung oder Gewichtung der Bedeutung, der Dauer und der Schwierigkeiten der im Rahmen der Istanalyse anfallenden Teilaufgaben ist natürlich allgemeingültig nicht möglich, da diese Arbeiten stark vom jeweiligen Anwendungsfall abhängen. Es ist jedoch sicher, daß die Vernachlässigung einer der Teilaufgaben sowohl bei der Ist- als auch bei der Sollanalyse schwerwiegende Beeinträchtigungen der Funktionstüchtigkeit des Planungssystems nach sich ziehen werden.

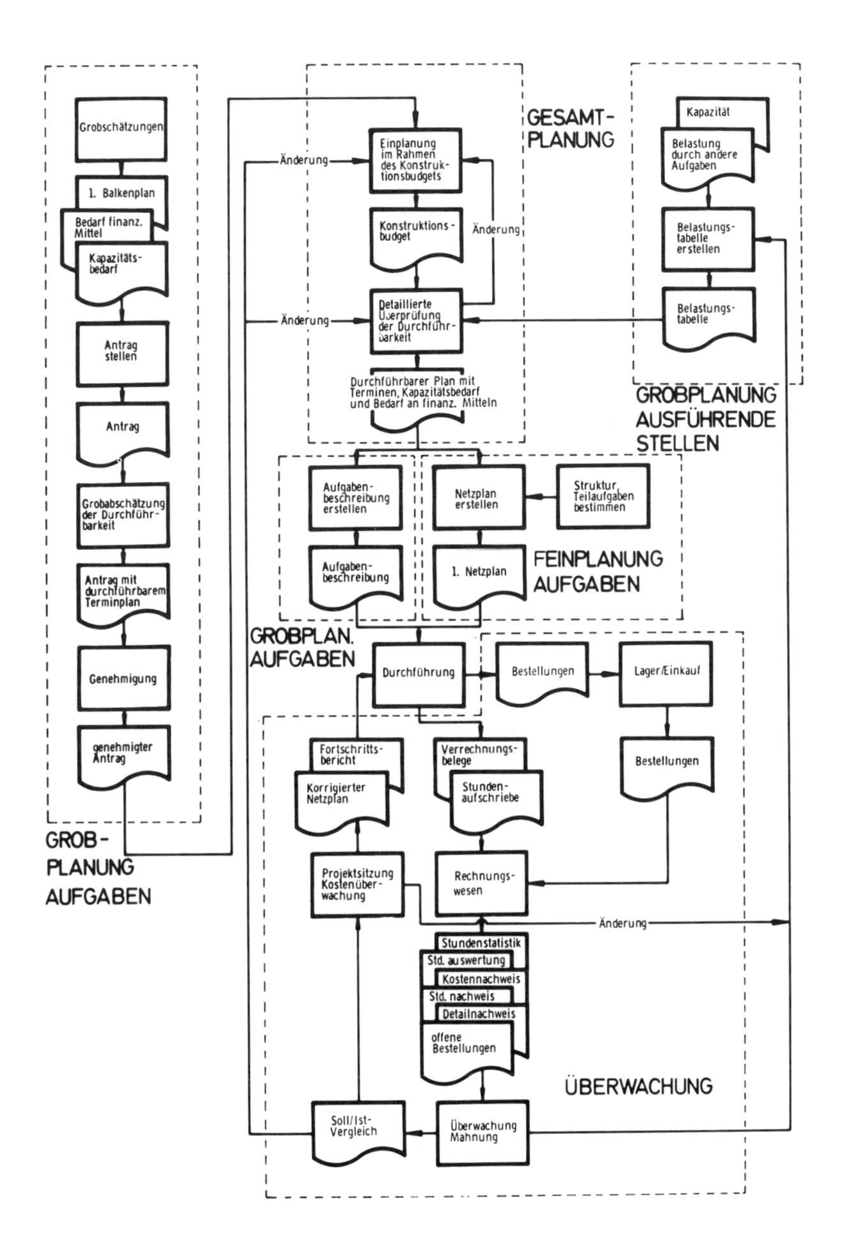

Bild 5.4: Beispiel für einen Planungsablauf

4.3.1 Aufbau- und
4.3.2 Ablauforganisation

- Existiert ein Organisationsplan?
- Wie ist der Durchlauf eines Projektes?
- Welche Stellen planen das Projekt?
- Werden alle Projekte gleich geplant?
- Welche Bereiche sind in die Planung einbezogen?
- Wer entscheidet über den Abbruch eines Projektes?
- Existiert ein Planungshandbuch?
- Welche Abläufe sind fest vorgeschrieben?
- Wer erstellt die Auftragspapiere?
- Wer genehmigt den Kapazitätsbedarf?
- Wer vergibt Auftragsprioritäten?
- .....
- .....

Bild 5.3: Beispiel aus dem Fragenkatalog

Die Entwicklung der Sollkonzeption basiert auf einer genauen Definition des Einsatzbereiches, wozu sämtliche Bereiche und Auftragsarten erfaßt werden. Das Planungssystem wird aber weitaus mehr durch die Festlegung der Planungsfälle geprägt, also aller der Fälle, in denen eine planerische und überwachende Handlung notwendig wird, da ihre Anzahl und Verschiedenheit die Komplexität und notwendige Flexibilität des Systems bestimmen[3)]. Insofern kann die Aufzählung der in den einzelnen Planungssituationen anzuwendenden Teilfunktionen als ein Verwendungsnachweis für die Programmbausteine des Planungssystems[4)] angesehen werden, wobei selbstverständlich ist, daß derselbe Programmbaustein in verschiedenen Planungsfällen Verwendung finden kann. Nach der anschließenden Beschreibung aller Programmbausteine liegt der funktionelle Aufbau des Planungssystems fest.

Die detaillierte Ausarbeitung des Planungssystems erfolgt dann nach derselben Gliederung wie die Durchführung der Istanalyse. Die Entwicklung des Sollkonzeptes ist ein kreativer Prozeß, in dem der Fragekatalog nur auf die zu lösenden Aufgaben aufmerksam machen kann. Richtlinien zur inhaltlichen Festlegung sind jedoch ebenfalls möglich und notwendig, um für sämtliche fachlichen Fragen bereits die erforderlichen Informationen und das methodische Werkzeug zu liefern.

5.3 Erfahrungen

Die Vorgehensweise wurde bereits in mehreren Firmen erprobt. Es zeigte sich, daß durch die straffe Organisation der Projektarbeit die Zeit für die Durchführung bei gleichem Arbeitsgruppenumfang um ca. 50 % gesenkt werden konnte. Dies resultiert aber auch aus der Tatsache, daß eine sinnvolle Kombination der einzelnen Teilaufgaben ermöglicht wird.

Dr.-Ing. R. Hichert

A 6 Kennzahlen des Entwicklungs- und Konstruktionsbereiches

6.1 Problemstellung

Betrachtet man die für den Techniker besonders interessanten Bereiche eines Unternehmens, so kann man feststellen, daß die Fertigung in Bezug auf rationellen Einsatz der Produktionsfaktoren ständig kontrolliert wurde und deshalb den bekannten Rationalisierungsfortschritt verzeichnen kann. Dies wurde u. a. durch die Anschaffung leistungsstarker Maschinen, die Teilung der Arbeitsgänge und den hohen Entwicklungsstand der Fertigungsorganisation möglich. Dem gegenüber ist im Unternehmensbereich Entwicklung und Konstruktion der Problemkreis der Produktivitätssteigerung wesentlich komplexer. Die Arbeitsgänge sind kaum teilbar, Maschinen können z. Zt. den Menschen nur selten entlasten und kaum ersetzen, der Organisationsgrad der kreativ schöpferischen Arbeit ist in der Regel gering, und schließlich ist der Erfolg der Rationalisierungsmaßnahmen in der Entwicklung und Konstruktion schlecht oder gar nicht meßbar.

Dieser Sachverhalt hat sicher dazu beigetragen, daß erst in neuerer Zeit die systematische Untersuchung dieses Bereiches vorgenommen wurde, und daß die dabei gewonnenen Erkenntnisse in der Praxis nur langsam Anwendung finden.

Gründe für die Skepsis der Praktiker gegenüber den Maßnahmen zur Effizienzsteigerung des Entwicklungs- und Konstruktionsbereiches sind in der mangelnden Zuordnung von Maßnahmen und Schwachstellen – sofern diese überhaupt bekannt sind – und in der fehlenden Systematik der Rationalisierungsmöglichkeiten zu suchen.

Ein geeigneter Ansatzpunkt für eine beschleunigte Realisierung der denkbaren Möglichkeiten zur Effizienzsteigerung wird in der Entwicklung eines Systems zur Erfassung und Beurteilung der in diesem Bereich vorhandenen Kenngrößen gesehen.

In Bild 6.1 sind diese Kenngrößen dargestellt, die in den folgenden Abschnitten etwas näher betrachtet werden sollen[1)].

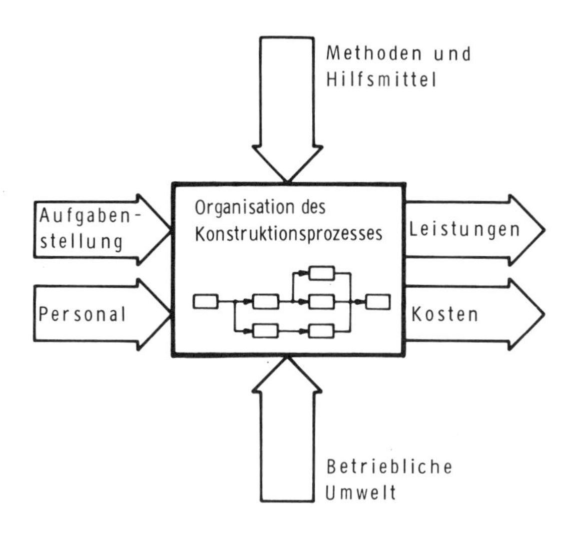

Bild 6.1: Kenngrößen des Entwicklungs- und Konstruktionsprozesses

6.2 Kennzahlen

Die Vielzahl von Informationen, die bei betrieblichen Entscheidungen verarbeitet werden müssen, führen zwangsläufig zu der Forderung, den Informationsinhalt zu verdichten. Hierzu sind Kennzahlen besonders geeignet, da man sie einfach handhaben und umfassend gebrauchen kann[2)].

Bei der Gliederung von Kennzahlen lassen sich absolute Zahlen (Einzelzahlen, Summen, Differenzen, Mittelwerte) und Verhältniszahlen (Gliederungszahlen, Beziehungszahlen, Indexzahlen) unterscheiden.

Es ist dabei eine Gliederung in folgende Aufgaben für Kennzahlen möglich[2)]:

- Analyse des Betriebs
- Planung des Betriebsgeschehens
- Steuerung des Betriebsablaufs
- Kontrolle des Betriebsergebnisses.

Bei der erstgenannten Analyseaufgabe sind vor allem die verschiedenen Arten der Vergleiche von Bedeutung, die in Bild 6.2 zusammengestellt sind.

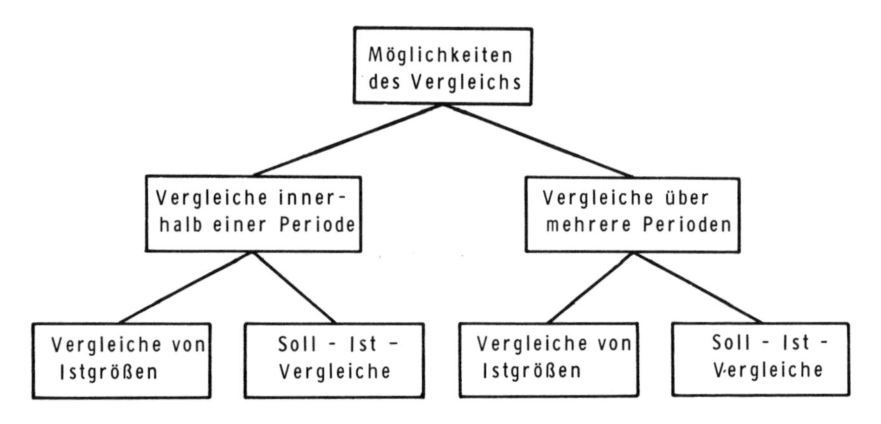

Bild 6.2: Möglichkeiten des Vergleichs mit Hilfe von Kennzahlen

Um die ursächlichen Zusammenhänge und Wirkungen von Kennzahlen deutlicher erkennen zu lassen, versucht man, *Kennzahlensysteme* zu erstellen. Sie zeichnen sich gegenüber einzelnen Kennzahlen dadurch aus, daß die einzelnen Aspekte durch mehr oder weniger definierte Beziehungen verknüpft sind[3].
Für die Darstellung der mathematischen Beziehungen innerhalb eines Kennzahlensystems wurde die in Bild 6.3 abgebildete Form gewählt.

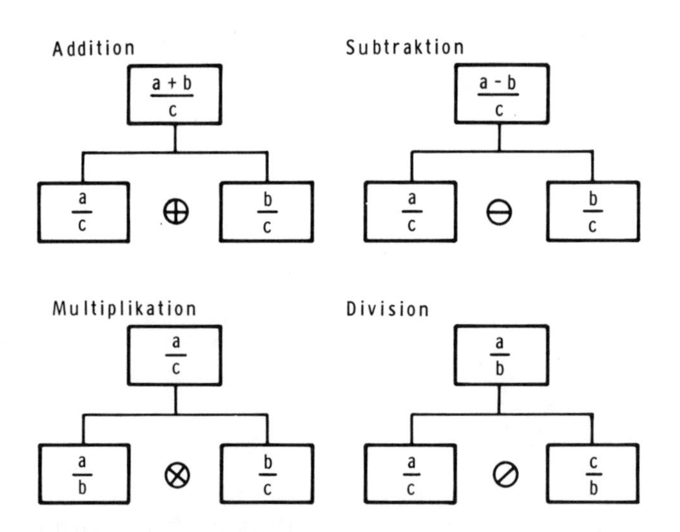

Bild 6.3: Darstellung der Elemente eines Kennzahlensystems und ihren mathematischen Verknüpfungen

6.3 Kosten- und Zeitkennzahlen

Es wurde am IPA ein System für Kosten- und Zeitkennzahlen des Konstruktionsbereiches entwickelt (vgl. [1],[5]), das folgende Kennzahlenblöcke unterscheidet (vgl. Bild 6.4):

- Kostenstellen
- Kostenarten
- Personalkosten
- Materialkosten
- Fremdleistungskosten
- Kapazitäten
- Gehälter
- Fehlzeiten
- Arbeitszeiten.

Die obere Kennzahl 101 läßt sich dabei nahtlos in das übergeordnete ZVEI-Kennzahlensystem[4] einfügen. Hauptkennzahlen sind durch eine Markierung an den oberen Ecken gekennzeichnet.

Selbstverständlich ist das so definierte Kennzahlensystem ohne ausführliche Begriffsdefinitionen nicht anwendbar, auf deren Wiedergabe aber hier aus Platzgründen verzichtet werden muß.

Um die Anwendung des Kennzahlensystems zu erläutern, werden zwei Beispiele mit Daten einer vom VDMA durchgeführten Erhebung wiedergegeben[5]. Bild 6.5 zeigt eine Möglichkeit der Kostenartengliederung (Kennzahlen 116 – 121), Bild 6.6 stellt den Entwicklungskostenanteil an den Gesamtkosten eines Unternehmens dar (entspricht Kennzahl 101).

Fertigungsart	Anzahl Firmen	Personal	Material	Raum	Fremdvergabe, Leihkräfte	Reisen	EDV	Sonstiges
Einzelfertigung	113	73,6	6,5	4,6	3,3	1,7	0,8	9,5
Gemischte Fertigung	135	76,3	6,7	5,5	2,4	1,2	0,9	7,0
Serienfertigung	63	74,4	8,4	5,9	1,6	1,1	0,9	7,7
Engineering	7	70,0	6,5	7,0	5,8	2,3	0,4	8,0
Gesamt	319	74,9	6,9	5,3	2,6	1,4	0,9	8,0

Bild 6.5: Kostenstruktur im Entwicklungsbereich in 319 befragten Maschinenbauunternehmen (Angaben in % der Entwicklungsgesamtkosten)[5]

KENNZAHLENSYSTEM FÜR KOSTEN- UND ZEITGRÖSSEN IN DER ENTWICKLUNG

Zeichenerklärung:

- ⊕ Addition
- ⊖ Subtraktion
- ⊗ Multiplikation
- ⊘ Division
- ⭳ Entsprechende Kennzahlengliederung möglich

Kennzahlennummer
Hauptkennzahl
Kennzahlenbezeichnung
Größen zur Kennzahlenbildung

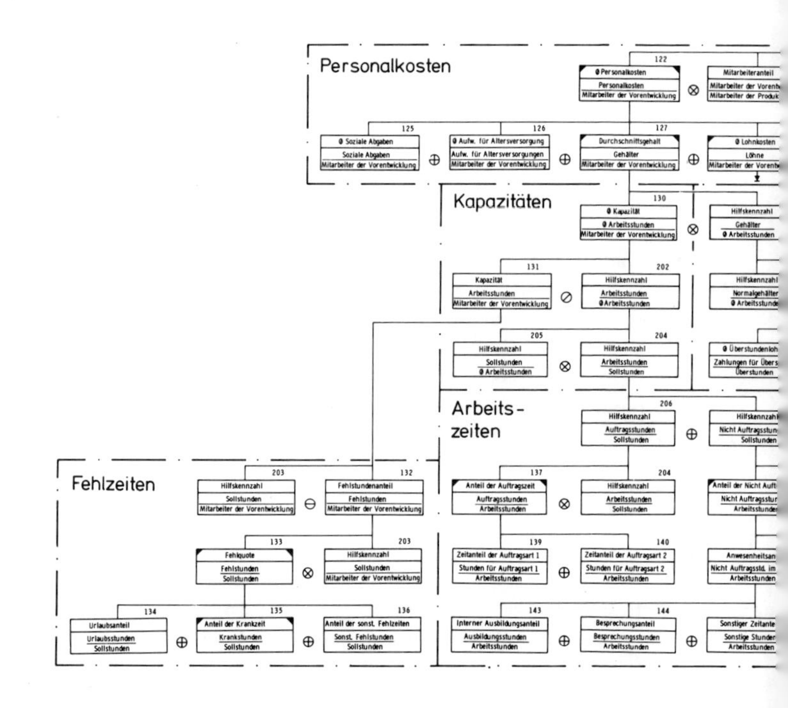

Bild 6.4: Kennzahlensystem für Kosten- und Zeitkennzahlen (Auszug) (vgl. [1], [5])

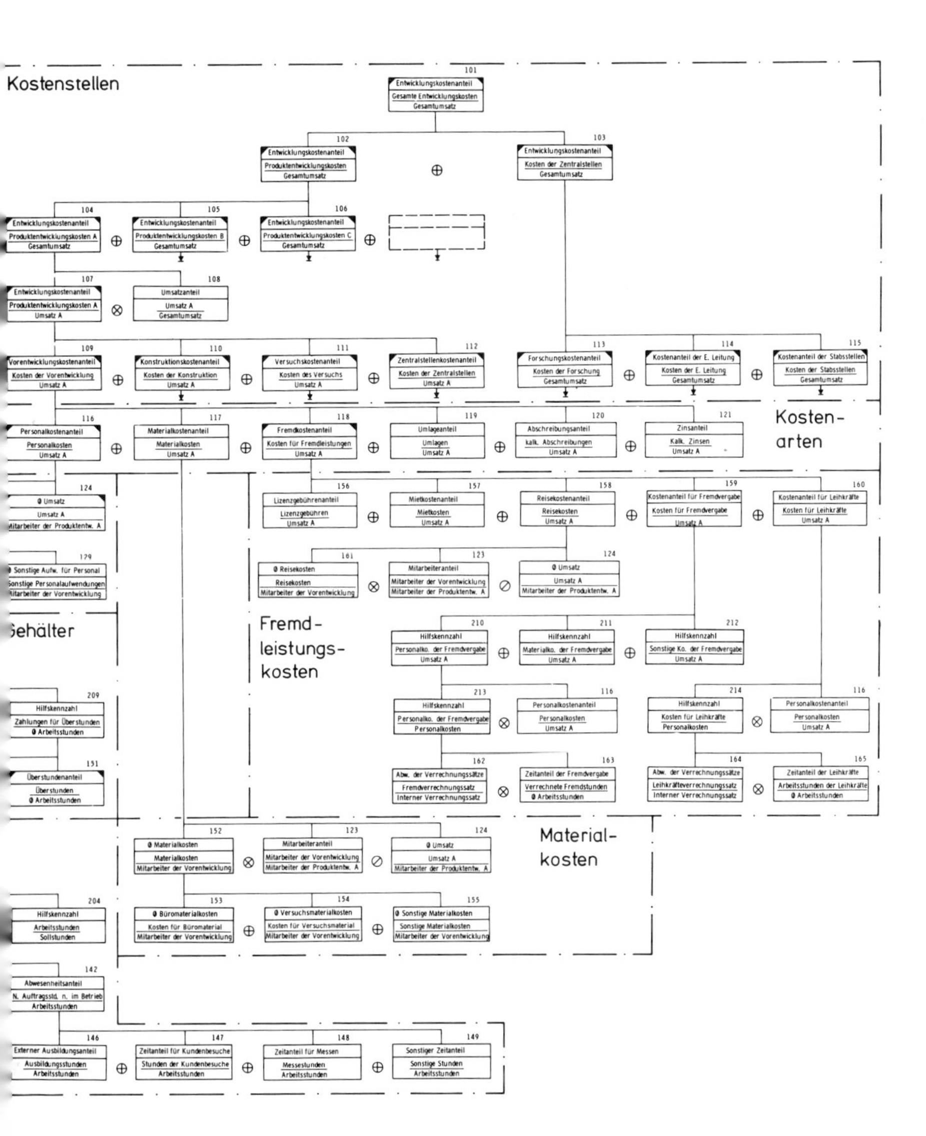

Kostenstellen
101 Entwicklungskostenanteil
Gesamte Entwicklungskosten
Gesamtumsatz
102 Entwicklungskostenanteil
Produktentwicklungskosten
Gesamtumsatz
103 Entwicklungskostenanteil
Kosten der Zentralstellen
Gesamtumsatz
104 Entwicklungskostenanteil
Produktentwicklungskosten A
Gesamtumsatz
105 Entwicklungskostenanteil
Produktentwicklungskosten B
Gesamtumsatz
106 Entwicklungskostenanteil
Produktentwicklungskosten C
Gesamtumsatz
107 Entwicklungskostenanteil
Produktentwicklungskosten A
Umsatz A
108 Umsatzanteil
Umsatz A
Gesamtumsatz
109 Vorentwicklungskostenanteil
Kosten der Vorentwicklung
Umsatz A
110 Konstruktionskostenanteil
Kosten der Konstruktion
Umsatz A
111 Versuchskostenanteil
Kosten des Versuchs
Umsatz A
112 Zentralstellenkostenanteil
Kosten der Zentralstellen
Umsatz A
113 Forschungskostenanteil
Kosten der Forschung
Gesamtumsatz
114 Kostenanteil der E. Leitung
Kosten der E. Leitung
Gesamtumsatz
115 Kostenanteil der Stabsstellen
Kosten der Stabsstellen
Gesamtumsatz
Kosten-
arten
116 Personalkostenanteil
Personalkosten
Umsatz A
117 Materialkostenanteil
Materialkosten
Umsatz A
118 Fremdkostenanteil
Kosten für Fremdleistungen
Umsatz A
119 Umlageanteil
Umlagen
Umsatz A
120 Abschreibungsanteil
kalk. Abschreibungen
Umsatz A
121 Zinsanteil
Kalk. Zinsen
Umsatz A
124 Ø Umsatz
Umsatz A
Mitarbeiter der Produktentw. A
129 Ø Sonstige Aufw. für Personal
Sonstige Personalaufwendungen
Mitarbeiter der Vorentwicklung
Gehälter
209 Hilfskennzahl
Zahlungen für Überstunden
Ø Arbeitsstunden
151 Überstundenanteil
Überstunden
Ø Arbeitsstunden
156 Lizenzgebührenanteil
Lizenzgebühren
Umsatz A
157 Mietkostenanteil
Mietkosten
Umsatz A
158 Reisekostenanteil
Reisekosten
Umsatz A
159 Kostenanteil für Fremdvergabe
Kosten für Fremdvergabe
Umsatz A
160 Kostenanteil für Leihkräfte
Kosten für Leihkräfte
Umsatz A
161 Ø Reisekosten
Reisekosten
Mitarbeiter der Vorentwicklung
123 Mitarbeiteranteil
Mitarbeiter der Vorentwicklung
Mitarbeiter der Produktentw. A
124 Ø Umsatz
Umsatz A
Mitarbeiter der Produktentw. A
Fremd-
leistungs-
kosten
210 Hilfskennzahl
Personalko. der Fremdvergabe
Umsatz A
211 Hilfskennzahl
Materialko. der Fremdvergabe
Umsatz A
212 Hilfskennzahl
Sonstige Ko. der Fremdvergabe
Umsatz A
213 Hilfskennzahl
Personalko. der Fremdvergabe
Personalkosten
116 Personalkostenanteil
Personalkosten
Umsatz A
214 Hilfskennzahl
Kosten für Leihkräfte
Personalkosten
116 Personalkostenanteil
Personalkosten
Umsatz A
162 Abw. der Verrechnungssätze
Fremdverrechnungssatz
Interner Verrechnungssatz
163 Zeitanteil der Fremdvergabe
Verrechnete Fremdstunden
Ø Arbeitsstunden
164 Abw. der Verrechnungssätze
Leihkräfteverrechnungssatz
Interner Verrechnungssatz
165 Zeitanteil der Leihkräfte
Arbeitsstunden der Leihkräfte
Ø Arbeitsstunden
152 Ø Materialkosten
Materialkosten
Mitarbeiter der Vorentwicklung
123 Mitarbeiteranteil
Mitarbeiter der Vorentwicklung
Mitarbeiter der Produktentw. A
124 Ø Umsatz
Umsatz A
Mitarbeiter der Produktentw. A
Material-
kosten
204 Hilfskennzahl
Arbeitsstunden
Sollstunden
153 Ø Büromaterialkosten
Kosten für Büromaterial
Mitarbeiter der Vorentwicklung
154 Ø Versuchsmaterialkosten
Kosten für Versuchsmaterial
Mitarbeiter der Vorentwicklung
155 Ø Sonstige Materialkosten
Sonstige Materialkosten
Mitarbeiter der Vorentwicklung
142 Abwesenheitsanteil
N. Auftragsstd. n. im Betrieb
Arbeitsstunden
146 Externer Ausbildungsanteil
Ausbildungsstunden
Arbeitsstunden
147 Zeitanteil für Kundenbesuche
Stunden der Kundenbesuche
Arbeitsstunden
148 Zeitanteil für Messen
Messestunden
Arbeitsstunden
149 Sonstiger Zeitanteil
Sonstige Stunden
Arbeitsstunden

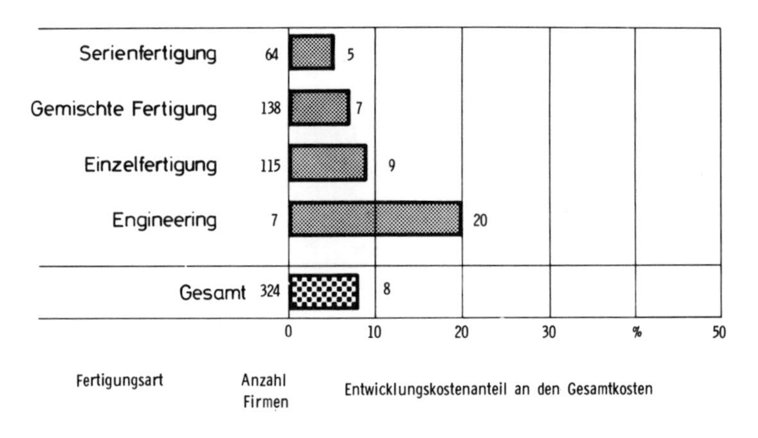

Bild 6.6: Entwicklungskostenanteil an den Gesamtkosten von 324 befragten Maschinenbau-Unternehmen[5)]

6.4 Auftrags- und Leistungskennzahlen

Die weitere Untergliederung der Kennzahlen 139 (Zeitanteil der Auftragsart 1), 140 (Zeitanteil der Auftragsart 2) usw. ergibt die Zeitanteile der einzelnen Aufträge und stellt somit die Verbindung zwischen dem Kennzahlensystem für Kosten- und Zeitgrößen und den Auftragskennzahlen zum Gesamtkennzahlensystem dar.

Die daraus ermittelte Bearbeitungszeit eines Auftrags kann je nach Feinheitsgrad der Kennzahlenbildung nach folgenden Größen strukturiert werden:

- Zeitanteile der am Auftrag mitarbeitenden Personen unter Berücksichtigung ihrer Funktionen (Konstrukteur, Zeichner, Hilfskraft, Planer usw.)
- Zeitanteile der durchgeführten Tätigkeitsarten (Zeichnen, Entwerfen, Berechnen usw.).

Eine mögliche (verdichtete) Erfassung für Aufträge wird mit Bild 6.7 wiedergegeben.

Weitere bedeutende Auftragskennzahlen sind:

- Auftragsbestand
- Anzahl der bearbeiteten Aufträge pro Zeiteinheit
- Umwandlungsrate (Verhältnis von der Anzahl der Kundenaufträge zur der Anzahl der Angebote).

Produktbereich A				Kapazitätsbelastungsliste							
Kapazitäten / Aufträge	Konstruktion				Versuch				Gesamt			
	Soll (h)	Ist (h)	Abweichung (h)	Abweichung (%)	Soll (h)	Ist (h)	Abweichung (h)	Abweichung (%)	Soll (h)	Ist (h)	Abweichung (h)	Abweichung (%)
Kundenaufträge												
Summe												
Entwickl.-aufträge												
Summe												
Angebote												
Summe												
Reparaturaufträge												
Summe												
Summe												

Bild 6.7: Beispiel für ein Erfassungsformular für Aufträge

Für eine Gliederung der *Leistungskennzahlen* eignen sich folgende 5 „Nutzengrößen des Entwicklungsbereiches"[5]:

- Umsatz je Mitarbeiter in der Entwicklung
- Anzahl neuer Zeichnungen pro Jahr und Mitarbeiter in der Entwicklung
- Änderungen pro Jahr und Mitarbeiter in der Entwicklung
- Vergleich von Soll- und Istzeiten
- Termineinhaltung.

Als ein Beispiel hierzu soll mit Bild 6.8 der Jahresumsatz je Mitarbeiter im Entwicklungsbereich (Maschinenbau) wiedergegeben werden (vgl.[5], siehe auch Bild 7.3, Seite 77).

Diese Methoden zur Leistungsermittlung haben ein gemeinsames Merkmal. Sie ermitteln lediglich den Zeitbedarf zur Erstellung einer Zeichnung oder zur Anfertigung eines Entwurfes. Für die Leistungsbeurteilung von Entwicklungs- und Konstruktionstätigkeiten ist aber nicht die Erfassung der erstellten *Mengen* unter eventueller Berücksichtigung von Schwierigkeitsgrad und Komplexität ausreichend, sondern es muß eine zweite Komponente – ebenso wie bei der physikalischen Leistung – ermittelt werden.

Hierfür kommt nur das Merkmal *Qualität* infrage. Die Qualität gibt an, inwieweit die ausgearbeitete Lösung der gestellten Aufgabe gerecht wird.

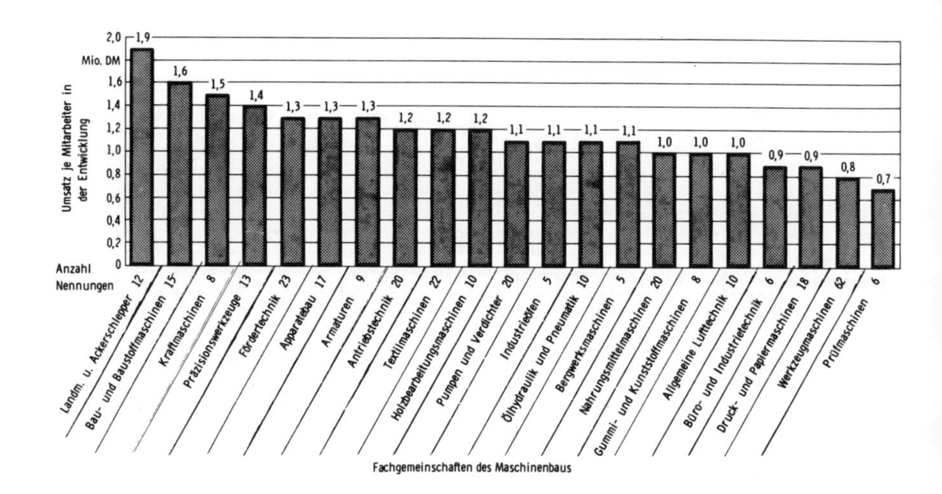

Bild 6.8: Jahresumsatz pro Beschäftigten in der Entwicklung in verschiedenen Fachbereichen des Maschinenbaus (Befragung von 319 Maschinenbau-Unternehmen)[5]

Die Leistung der Entwicklung und Konstruktion kann also folgendermaßen definiert werden:

Leistung = f (Quantität, Qualität, Zeit)

Zur Beurteilung der Qualität von Entwürfen, Fertigungsunterlagen und Produkten sind die folgenden Bewertungsverfahren geeignet:

- Die technisch-wirtschaftliche Wertigkeit nach Kesselring[9],
- The Weighted Specification Reference Scale von McWhorthor[10],
- Die Nutzwertanalyse nach Zangemeister[11].

6.5 Personalkennzahlen

Die Personalkennzahlen verknüpfen die Kennzahlen der Teilsysteme „Kosten- und Zeitkennzahlen", „Auftragskennzahlen" und „Leistungskennzahlen" zu einem geschlossenen Kennzahlensystem. Sie stellen eine wichtige Komponente des Kennzahlensystems dar und können als Stammdaten bezeichnet werden.

Zur Beschreibung der Personaldaten erscheint eine Gliederung in Qualifikations-, Zeit- und Kostengrößen besonders geeignet.

Als ein Beispiel hierzu wird auf die in Bild 6.9 wiedergegebene Aufteilung nach Qualifikationsgruppen verwiesen.

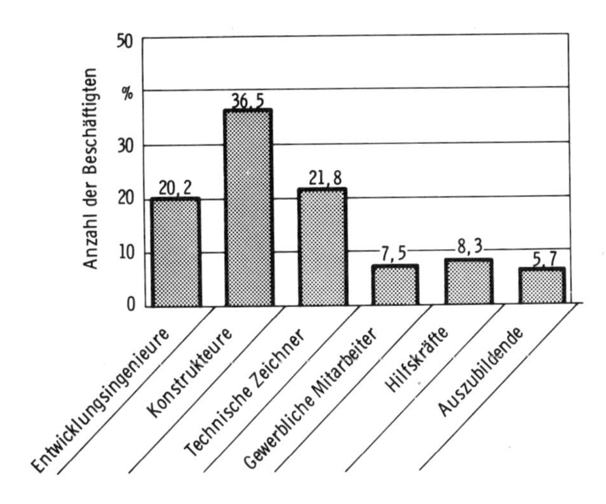

Bild 6.9: Aufteilung der Mitarbeiter im Entwicklungsbereich auf 6 Qualifikationsgruppen (Befragungsergebnis von 334 Maschinenbau-Unternehmen)[5)]

6.6 Nicht quantifizierbare Kenngrößen

Für die nichtquantifizierbaren Kenngrößen der Entwicklungs- und Konstruktionstätigkeiten wird die folgende Gliederung vorgeschlagen[1)] (siehe Bild 6.1):

- Aufgabenstellung
- Methoden und Hilfsmittel
- Organisation
- betriebliche Umwelt.

Die *Aufgabenstellung* wird durch die Angabe der Branchenzugehörigkeit und des Erzeugnisprogramms, sowie durch die Angabe des Fertigungstyps (Einzelfertigung, Massenfertigung) und des Organisationstyps der Fertigung (Werkstattfertigung, Gruppenfertigung, Fließfertigung), ausreichend genau erfaßt. Die konkrete Aufgabenstellung wird meistens in einem Pflichtenheft (Lastenheft) präzisiert.

Die *Methoden und Hilfsmittel* lassen sich nach folgenden Tätigkeiten gliedern:

- Problemformulierung (Pflichtenheft, Leitblätter, heuristische Programme usw.)
- Informationssammlung (Mikroverfilmung, Thesaurus, Klassifizierungssysteme usw.)
- Entwurf und Konzept (Variationstechnik, Systematik physikalischer Effekte, Lösungskataloge usw.)
- Ausarbeitung (Entscheidungstabellen, neue Darstellungsarten, Zeichenautomaten, Klebefolien usw.)
- Bewertung und Auswahl (Bewertungsverfahren, Formulare usw.)
- Berechnung (Taschenrechner, Tischrechner, usw.).

Die *Organisation* der Entwicklungs- und Konstruktionstätigkeiten beinhaltet die direkten Rationalisierungsmöglichkeiten und umfaßt neben der *Aufbau- und Ablauforganisation* auch die *Planung* der Entwicklungs- und Konstruktionsaktivitäten.

Die *betriebliche Umwelt* in Entwicklung und Konstruktion soll im Rahmen dieses Beitrags die Gestaltung der einzelnen Arbeitsplätze, die Anordnung der Arbeitsplätze, die Gestaltung der Räume sowie deren Klima, Lichtverhältnisse und Geräuschpegel beinhalten.

Dr.-Ing. R. Hichert, Dipl.-Wirtsch.-Ing. A. Voegele

A 7
Kosten-Nutzen-Betrachtungen zur Planung in Entwicklung und Konstruktion

Betrachtungen über die Zweckmäßigkeit des gewählten Vorgehens bei der Einführung eines neuen Planungssystems und über Kosten und Nutzen des erwarteten Ergebnisses sollten von Anfang an Bestandteil aller Überlegungen sein. Ziel dieses Beitrages ist es, Möglichkeiten und Wege zur vergleichenden Gegenüberstellung von Kosten und Nutzen eines Systems zur Entwicklungsplanung aufzuzeigen. Diese Überlegungen sind im praktischen Falle die Grundlage für eine rationale Management-Entscheidung.

7.1 Allgemeine Problematik der Wirtschaftlichkeitsuntersuchung von Planungssystemen

Als Wirtschaftlichkeitsrechnung wird eine Rechnung verstanden „bei der anhand bestimmter Wirtschaftlichkeitskriterien einzelne Bereiche des Betriebs im Zeitablauf, im Vergleich zu Vorgabewerten oder zu anderen Betrieben untersucht und miteinander verglichen werden"[1].

Diese Wirtschaftlichkeitskriterien sind dabei *quantifizierbare* Größen wie die Differenz zwischen Ertrag und Aufwand (Erfolg), der Quotient aus Gewinn und Kapital (Rentabilität), der Quotient aus Ertrag und Aufwand (Wirtschaftlichkeit) und der Quotient aus Ist-Aufwand und Soll-Aufwand (Effektivität).

Während beispielsweise die Wirtschaftlichkeit von Produktionsinvestitionen relativ problemlos mit den konventionellen statischen und dynamischen Verfahren ermittelt werden kann, da sowohl Aufwands- als auch meist Ertragsdaten dem zu beurteilenden Objekt zugeordnet werden können, ist dies bei der Wirtschaftlichkeitsuntersuchung von Planungssystemen ungleich schwieriger. Es müßte möglich sein, eine Relation von Aufwänden und Erträgen des immateriellen Wirtschaftsgutes „Planungsinformation" herzustellen, was in der betrieblichen Praxis so gut wie unmöglich ist.

Während der Aufwand für die Planung – ausgedrückt z. B. in Personalstunden oder Rechenzeit – noch am ehesten einer Quantifizierung zugänglich ist (Anm. 1 s. S. 92), scheitert die Quantifizierung der Erträge an den fehlenden Meßgrößen. Daher soll auf die Formulierung einer „Planungs-Wirtschaftlichkeit" verzichtet werden und stattdessen eine allgemeine *Kosten-Nutzen*-Betrachtung angestellt werden, die neben den quantifizierbaren Kriterien der Wirtschaftlichkeitsrechnung auch *nicht quantifizierbare* Kriterien verwendet (vgl. die schematische Darstellung in Bild 7.1).

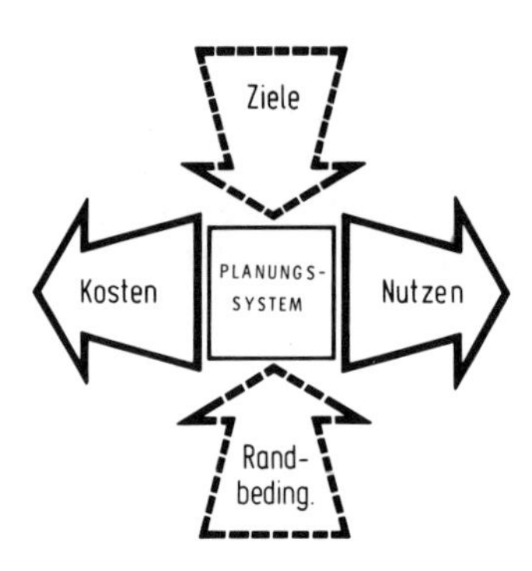

Bild 7.1:
Zur Problematik der Kosten-Nutzen-Analyse von Planungssystemen[2)]

Dazu ist zunächst die Klärung folgender Begriffe wichtig:

(Planungs-)Kosten stellen eine monetäre Bewertung des im Zusammenhang mit einem Planungssystem stehenden Leistungsverzehrs (Anm. 2 s. S. 92) dar, Kosten sind demnach immer quantifizierbare Größen. Es ist dabei ein Vergleich zwischen einem (vorhandenen) Zustand A und einem (angestrebten) Zustand B durchzuführen, wodurch nur *Unterschiede* in der Kostenstruktur der beiden Zustände A und B von Interesse sind.

Der Begriff *(Planungs-)Nutzen* umfaßt a) alle meßbaren Vorteile im Zusammenhang mit einem Planungssystem sowie b) alle anderen nicht meßbaren Größen, die für die Wirtschaftlichkeitsbetrachtung von Bedeutung sind. Nutzen kann nach dieser Definition sowohl eine positive als auch eine negative Ausprägung besitzen (positiver Nutzen = Vorteil, negativer Nutzen = Nachteil). Wie bei den Kosten ist nur die Nutzen*differenz* der Zustände A und B relevant.

Bevor Überlegungen zu einer zusammenfassenden Kosten-Nutzen-Betrachtung angestellt werden, sollen zunächst die beiden Aspekte Kosten und Nutzen separat untersucht werden.

7.2 Kostenaspekte im Zusammenhang mit der Entwicklungsplanung

Vorgehensschritte für jede praktische Kostenuntersuchung zur Entwicklungsplanung sind

1. Überlegungen dazu, welche Kostengrößen im Entwicklungsbereich überhaupt von der Planung beeinflußt werden und
2. der Versuch einer Quantifizierung dieser von der Planung beeinflußten Kosten.

Zu 1:
Bei der Untersuchung der Kosten, die von der Entwicklungsplanung beeinflußbar sind bzw. beeinflußt werden, ist eine Unterscheidung in kostenverursachende einmalige und laufende Planungsaktivitäten zweckmäßig. Bild 7.2 zeigt eine Zusammenstellung allgemeiner Art für die wichtigsten dieser Aktivitäten, die sich aus der praktischen Erfahrung heraus ergeben hat (die Reihenfolge der Nennung entspricht keiner allgemeingültigen Rangfolge).

einmalige Kosten	laufende Kosten
● Aufbauorganisatorische Änderungen	● Durchführen regelmäßiger Auftragsbesprechungen
● Besprechungen mit betroffenen Mitarbeitern	● Zeitaufschreibungen aller Mitarbeiter
● Information und Schulung für alle Betroffenen	● Arbeitsfortschrittsmeldungen
● Untersuchung der Erzeugnisstruktur	● Überwachen und Warten des EDV-Systems
● Überprüfen ggf. Überarbeiten der Nummernsysteme	● Erfassen der neuen Aufträge im Planungssystem
● Erfassen von Standardabläufen	● Koordinierung durch eine zentrale Planungsstelle
● Erfassen von kapazitätsbezogenen Stammdaten	● Laufende Weiterentwicklung des Planungssystems
● Gestalten der Formulare und Listenbilder	● Arbeiten mit einem entwicklungsinternen Auftragswesen
● Einmaliges Erfassen sämtlicher Auftragsdaten	● Abstimmungen mit anderen Bereichen
● Unterstützung durch externe Berater	● Rechenzeit für ein EDV-System
● Kauf eines EDV-Programms	● Weiterentwicklung des EDV-Systems

Bild 7.2: Kostenverursachende Aktivitäten bei der Einführung und beim Betrieb eines Planungssystems in der Entwicklung[2)]

Diese einmaligen und laufenden Planungsaufgaben verursachen zusätzliche Kosten im Entwicklungsbereich, die definitionsgemäß quantifizierbare Größen darstellen.

Zu 2:
Die Bestimmung dieser Kosten hängt natürlich unmittelbar von den im Einzelfall geltenden Randbedingungen wie Organisationsstand, Mitarbeiterzahl, vorhandene Hilfsmittel usw. ab, weshalb hierzu keine allgemeingültigen Angaben gemacht

werden können. Der gangbarste Weg besteht darin, zu jedem Aspekt Mengenschätzungen vorzunehmen, deren Bewertung dann mit den geltenden Kostenfaktoren zu erfolgen hat. (So kann beispielsweise die Bestimmung der *Schulungskosten* über die Anzahl Seminarstunden, multipliziert mit der Teilnehmerzahl und den gültigen Personalstundenverrechnungssätzen erfolgen – siehe hierzu das Praxisbeispiel in Abschnitt 4).
Hinsichtlich ihrer Quantifizierung gibt es bei den Kostenfaktoren noch die Unsicherheit, welcher Anteil der entstehenden Kosten einem neu einzuführenden bzw. zu ändernden Planungssystem angelastet werden sollte und welcher Anteil als Bestandteil *allgemeiner Rationalisierungsbemühungen* bzw. allgemeiner organisatorischer Tätigkeiten aufzufassen ist, die unabhängig von der Planung zu sehen sind. Diese Frage muß bei jedem einzelnen Gesichtspunkt beantwortet werden und führt im praktischen Anwendungsfall oft zu Unsicherheiten bei der Beantwortung.

7.3 Nutzenaspekte im Zusammenhang mit der Entwicklungsplanung

Wie auch für die vorausgegangenen Kostenüberlegungen sollte für eine Nutzenanalyse zur Entwicklungsplanung folgendes geklärt werden:

1. Was heißt Nutzen der Planung?
2. Isolierung der quantifizierbaren Nutzenfaktoren, um sie einem geeigneten Meßverfahren zu unterwerfen.
3. Verbale Formulierung des verbleibenden nicht quantifizierbaren Nutzenanteils, der die Gesamtbetrachtung entscheidend beeinflussen kann.

Zu 1:
Wie bereits erwähnt, kann der Nutzen nur als Differenzbetrachtung zweier Zustände interpretiert werden. Für den Nutzen der Entwicklung bedeutet dies, daß es sich entweder nur um eine Leistungs*erhöhung* oder um eine Kosten*verringerung* handeln kann.

Die praktische Messung der *Leistungsfähigkeit* einer Entwicklungsabteilung ist sehr schwierig. Der beste Weg besteht wohl darin, über geeignete Kennzahlen im Zeitvergleich oder überbetrieblichen Vergleich Trends zu erkennen. Neben anderen Kennzahlen zur Leistungsmessung (Anm. 3 s. S. 92) kann beispielsweise der Quotient von Umsatzerlös und Gesamtmitarbeiterzahl in der Entwicklung herangezogen werden.

Bild 7.3 zeigt hierzu die praktischen Auswirkungen auf die Pro-Kopf-Umsatzzahlen im Entwicklungsbereich eines Maschinenbauunternehmens mit Auftragsfertigung für 5 unterschiedliche Produktgruppen: Während ein Produktbereich eine reale Umsatzsteigerung von fast 40 % je Mitarbeiter erreichen kann, kommt es bei einem anderen Produktbereich zu einem realen Absinken in der gleichen Größenordnung. Selbstverständlich können diese Zahlen allein kein Maßstab für die Leistungsfähigkeit dieser Konstruktionsbüros sein, sie geben allerdings wesentliche Ansatzpunkte zur Beurteilung längerfristiger Trends in der Kostenstruktur des Unternehmens.

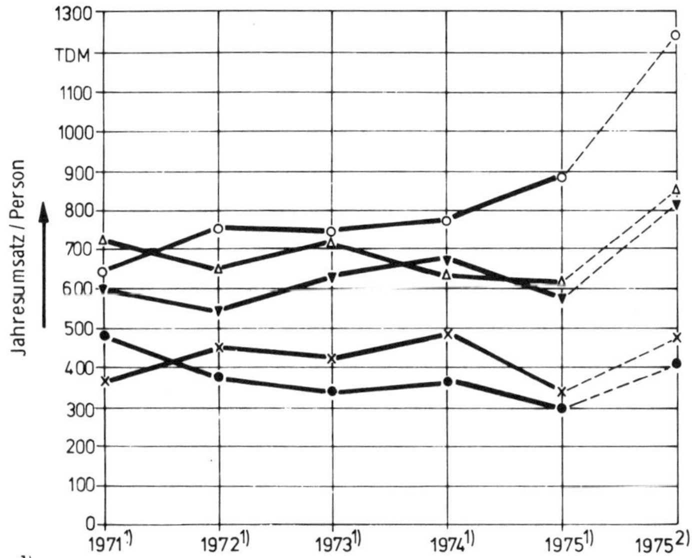

[1] mit Umsätzen bezogen auf 1970 mit Erzeugerpreisindex
[2] mit Realumsätzen 1975

Bild 7.3: Jahresumsatz pro Beschäftigtem in der Entwicklung in fünf Produktbereichen eines Maschinenbauunternehmens[3]

Die praktische Messung der *Kosteneinsparung* als zweitem Nutzenfaktor ist erheblich einfacher, da das betriebliche Rechnungswesen hier eine wesentliche Unterstützung bietet. Wichtige Kostenkennzahlen (Anm. 3 s. S. 92) sind dabei die auf den Umsatz bezogenen Gesamtkosten, die Entwicklungskosten pro Mitarbeiter bzw. pro „produktiver" Stunde usw.

Bild 7.4 zeigt hierzu als anderen Gesichtspunkt zur Leistungsmessung eine Untersuchung über die je Mitarbeiter und Jahr erzeugten Fertigteilzeichnungen, umgerechnet auf die Größe DIN A 4.

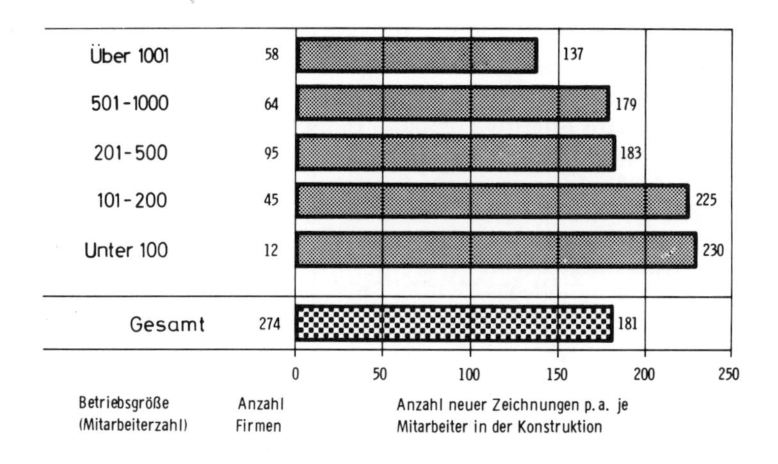

Bild 7.4: Neue Zeichnungen (DIN A 4) pro Jahr je Mitarbeiter in Abhängigkeit von der Betriebsgröße (vgl. dazu[4),2)]) (Anm. 4 s. S. 92)

Bei derartigen Untersuchungen ist aber vor allem der Anteil Neukonstruktionen, der Anteil Mitarbeiter im Prototypbau und im Versuch, sowie die Fertigungsart von entscheidender Bedeutung und muß in einem Vergleich Berücksichtigung finden.

Zu 2:

Bei der sich stellenden Frage nach der Nutzenbeeinflußbarkeit durch die Planung wird eine Unterscheidung in prinzipiell quantifizierbaren Nutzen, teilweise quantifizierbaren Nutzen und nicht quantifizierbaren Nutzen vorgenommen.
In Bild 7.5 werden hierzu diese Nutzenfaktoren und ihre Beeinflußbarkeit von der Planung aufgezeigt, wenngleich sich auch im Einzelfall andere Rangfolgen ergeben mögen.

Zu 3:

Die Relevanz und Quantifizierbarkeit der in Bild 7.5 genannten Faktoren verschiebt sich in Abhängigkeit vom im Einzelfall vorhandenen Istzustand der Planung und den dort geltenden Zielen und kann deshalb hier nicht allgemeingültig geklärt werden. Wenn auch eine exakte Quantifizierung dieser Nutzenfaktoren schwierig ist, so lassen sich doch zumindest Größenordnungen abschätzen, die die möglichen Vorteile eines verbesserten Planungssystems erkennen lassen (vgl. Praxisbeispiel im folgenden Abschnitt).

quantifizierbarer Nutzen	teilweise quantifizierbarer Nutzen	nicht quantifizierbarer Nutzen
• Reduzierung von Konventionalstrafen	• Verbesserung der Termineinhaltung	• aktuelle Übersicht über die Kapazitätsauslastung
• keine manuelle Zeichenarbeit für Balken- und Netzpläne	• Einhalten der geplanten Stundenvorgaben	• größere Sicherheit in der Terminabgabe
• Reduzieren der Fremdvergabe durch bessere Vorausschau	• laufend aktueller Planungsstand	• frühzeitiges Erkennen von Engpässen
• Reduzierung der notwendigen Änderungen während der Fertigung	• weniger ad hoc - Pläne für die Geschäftleitung	• erhöhte Transparenz des Auftragsdurchlaufs
• weniger Überstunden durch gleichmäßigere Arbeitsbelastung	• objektivere Belastung der einzelnen Arbeitsgruppen	• weniger Hektik bei der Entwicklungsarbeit
• höhere Produktivität (z. B. mehr Zeichnungen pro Zeitperiode)	• Verkürzung der Auftragsdurchlaufzeit	• Reduzierung der nicht auftragsbezogenen Arbeitszeit
• weniger Abstimmaufwand in Form von Terminsitzungen	• ausgereiftere Entwicklungsergebnisse	• Verbesserung der Vor- und Nachkalkulation
• höherer Pro-Kopf-Umsatz in der Entwicklung	• Einhalten des Entwicklungsbudgets	• erhöhte Motivation der Mitarbeiter

Bild 7.5: Von der Planung beeinflußbare Nutzenfaktoren[2)]

7.4 Beispiel zur Kosten-Nutzen-Analyse einer neu einzuführenden Entwicklungsplanung

Nachfolgend wird eine Kosten-Nutzen-Betrachtung für die Einführung eines EDV-orientierten Planungssystems anhand der Daten eines Entwicklungsbereiches mit ca. 150 Mitarbeitern angegeben, wie sie im konkreten Anwendungsfall durchgeführt wurde. Bild 7.6 zeigt die personelle Gliederung des betrachteten Entwicklungsbereiches mit jährlichen Personalkosten in Höhe von ca. 6 Mio DM.

In Bild 7.7 ist der anhand von Multimomentstudien und durch Befragen festgestellte Anteil an den Personalkosten für Planungstätigkeiten dargestellt. Unter „Planungstätigkeit" werden dabei alle Tätigkeiten verstanden, die zur Vorbereitung und zeitlichen Abstimmung der Entwicklungsarbeiten, sowie zur Abstimmung mit anderen Unternehmensbereichen dienen.

Obwohl ca. 15 % der gesamten Personalkosten auf Planungstätigkeiten entfallen, waren die Ergebnisse der Planung unbefriedigend. Von einer EDV-orientierten Planung versprach sich die Entwicklungsleitung eine bessere Bewältigung des

Mitarbeiter-kategorie	Stellung	Anzahl Mitarbeiter	Mitarbeiter insgesamt	durchschnittlicher Personalkostensatz	Personalkosten
A Führungskräfte	A1 Konstruktionschef A2 Abteilungsleiter A3 Gruppenleiter	1 3 15	19	70 000 DM/Jahr	1,33 Mio DM/Jahr
B Ausführende	B1 Diplom-Ingenieure B2 Ingenieure B3 Techniker	5 20 30	55	50 000 DM/Jahr	2,75 Mio DM/Jahr
C Hilfskräfte	C1 Zeichner C2 Lehrlinge C3 Übrige	50 5 15	70	30 000 DM/Jahr	2,1 Mio DM/Jahr
		Summe:	144	Summe:	6,18 Mio DM/Jahr

Bild 7.6: Personelle Gliederung und Personalkosten des Entwicklungsbereiches

Planungsprozesses. Vor Einführung des Projektes „Entwicklungsplanung" wurde die hier beschriebene Kosten-Nutzen-Betrachtung durchgeführt, die sich in fogende Teilbetrachtungen untergliedert:

- voraussichtliche Kosten
- voraussichtlicher Nutzen
- Wirtschaftlichkeitsanalyse
- abschließende Beurteilung.

Mitarbeiterkategorie	Aufwand für Planungstätigkeiten je Kategorie	Durchschnitt	Personalkosten	geschätzte Planungskosten
A1 Konstruktionschef A2 Abteilungsleiter A3 Gruppenleiter	25% 30% 25%	ca. 25%	1,33 Mio DM	332,5 TDM/Jahr
B1 Diplom-Ingenieure B2 Ingenieure B3 Techniker	14% 16% 13%	ca. 15%	2,75 Mio DM	412,5 TDM/Jahr
C1 Zeichner C2 Lehrlinge C3 Übrige	10% 5% 15%	ca. 10%	2,1 Mio DM	210,0 TDM/Jahr
			Summe:	955,0 TDM/Jahr

Bild 7.7: Aufschlüsselung der Planungskosten

7.4.1 Voraussichtliche Kosten einer verbesserten Entwicklungsplanung

Bei der Abschätzung der voraussichtlich entstehenden Kosten eines neuen Planungssystems muß zwischen einmaligen Kosten (Einführungskosten) und laufenden Kosten (Anwendungskosten) unterschieden werden (vgl. Bild 7.2).

7.4.1.1 Einmalige Kosten

Der einmalige Aufwand als Voraussetzung für eine erfolgreiche Einführung eines Planungssystems im Entwicklungsbereich hängt natürlich stark von den vorhandenen Vorleistungen (Erfahrungen, Aufbau- und Ablauforganisation usw.) ab.

Folgende Positionen konnten dabei quantitativ berücksichtigt werden:

○ *Systemkonzeption*		
– Externe Beratung für Überprüfung und Festlegung der Aufbau- und Ablauforganisation, Erzeugnisgliederung, Baugruppenklassifikation, Nummernschlüssel, Auftrags- und Projektstrukturierung, Auftragswesen, Anforderungen an das Planungssystem, Auswahl eines geeigneten EDV-Systems usw. (4 Mannmonate)	65 000,– DM	
– für die Systemkonzeption abgestellter Mitarbeiter der Konstruktion (6 Mannmonate)	25 000,– DM	
– Absprachen mit Abteilungs-/Gruppenleitern (etwa 10 Gespräche mit jeweils 4 Teilnehmern à 3 Stunden)	5 000,– DM	
○ *Testläufe mit dem ausgewählten EDV-System*		
– 5 Testläufe mit repräsentativen Daten à 1 000,– DM	5 000,– DM	
○ *Information und Schulung der Mitarbeiter*		
– 140 Mitarbeiter à 2,5 Stunden	8 000,– DM	
Zwischensumme:		108 000,– DM
○ *Kosten für das EDV-System*		
a) Entwicklung einer eigenen EDV-Lösung (Einfachlösung, 2,5 Mannjahre à 70 000,– DM)	175 000,– DM	
b) Kauf eines EDV-Systems und entsprechende Anpassung	70 000,– DM	

Unter Berücksichtigung von Abweichungen der Schätzwerte in der Größenordnung von ± 15 % ergeben sich die in Bild 7.8 dargestellten Werte.

	KOSTEN		
	geschätzte Werte (100 %) (DM)	pessimistische Werte (115%) (DM)	optimistische Werte (85%) (DM)
Kosten für die Einführungsvorbereitung	108 000	124 200	91 800
Kosten des EDV-Systems			
• eigene Entwicklung (Einfachlösung)	175 000	201 250	148 750
• Kauf eines EDV-Systems	70 000	80 500	59 500

Bild 7.8: Einmalige Kosten

7.4.1.2 Laufende Kosten pro Jahr

Unter den laufenden Kosten sind die Kosten zur Aufrechterhaltung des Planungsprozesses in den einzelnen Jahren der Anwendung zu verstehen. Folgende Positionen wurden quantitativ erfaßt:

○ *Planungsbezogene Auftragsbesprechungen*
 – im Durchschnitt 10 Abteilungs-/Gruppenleiter zweimal im Monat à 4 Std. — 30 000,– DM

○ *Planung, Kontrolle, Koordinierung und Wartung des EDV-Systems*
 – 2 bis 3 Mitarbeiter mit ca. 50 % ihrer Arbeitszeit — 65 000,– DM

○ *Meldungen der Abteilungs-/Gruppenleiter zu den Planungsergebnissen*
 – durchschnittlich 15 Abteilungs-/Gruppenleiter zweimal pro Monat à 1/4 Std. — 3 000,– DM

Übertrag 98 000,– DM

Übertrag 98 000,– DM

○ *Detaillierte Zeitaufschreibung der Mitarbeiter*
  – 140 Mitarbeiter, 200 Arbeitstage, durchschnittlich 2 Zeitaufschreibungen pro Tag à 1,5 Minuten — 30 000,– DM

○ *Datenerfassungs- und Rechenkosten*
  – pro Monat 2 Planungsläufe à 1 000 DM — 24 000,– DM

Summe: 152 000,– DM

Randbedingungen:
- Die Anwendungszeit wird auf fünf Jahre geschätzt, danach ist eine neue Planungskonzeption erforderlich (Anm. 5 s. S.92).
- Die jährlichen Personalkostensteigerungen sollen mit 5 % p. a. berücksichtigt werden.

Unter Berücksichtigung der Unsicherheit der Schätzwerte (± 15 %) ergeben sich die in Bild 7.9 dargestellten Werte.

JAHR	KOSTEN		
	geschätzte Werte (100 %) (DM/Jahr)	pessimistische Werte (115%) (DM/Jahr)	optimistische Werte (85%) (DM/Jahr)
1.	152 000	174 800	129 200
2.	159 600	183 540	135 660
3.	167 580	192 717	142 443
4.	175 959	202 353	149 565
5.	184 757	212 470	157 043
Σ	839 896 DM	965 880 DM	713 911 DM

Bild 7.9: Laufende Kosten pro Jahr

7.4.2 Voraussichtlicher quantifizierbarer Nutzen einer verbesserten Entwicklungsplanung

Bei der Ermittlung des quantifizierbaren Nutzens ist eine Schätzung unumgänglich, die aber bei präzisen Vorstellungen über den zukünftigen Planungsablauf nicht unmöglich ist. Die folgende Schätzung der Kosteneinsparungen soll in die beiden Aspekte

- personelle Entlastung von Planungsaufgaben und
- Produktivitätssteigerungen durch verbesserte Planung

aufgeteilt werden und bezieht sich jeweils auf das erste Jahr der Anwendung.

○ *Entlastung von personellen Planungsaufgaben*		
– Reduzierung kurzfristiger Termingespräche um 50 % infolge übersichtlicherer Planungsunterlagen (15 Abteilungs-/Gruppenleiter à 2 Std. pro Woche)	22 000,– DM	
– keine manuelle Erstellung von Balkenplänen und Belastungsübersichten (3 Abteilungen, 15 Arbeitsgruppen, 25 Stunden pro Monat)	9 000,– DM	
– Reduzierung des Aufwandes bei der Neuplanung von Aufträgen um 40 % aufgrund von EDV-gespeicherten Erfahrungswerten (Planzeitwerte) (ca. 200 Entwicklungsaufträge, durchschnittlicher Planungsaufwand pro Auftrag 4 Stunden über alle Arbeitsgruppen)	10 000,– DM	
Zwischensumme:		41 000,– DM
○ *Produktivitätssteigerung durch eine verbesserte Planung*		
– Reduzierung der Konventionalstrafen in Höhe von 100 000,– DM um 30 %	30 000,– DM	
– Reduzierung der kurzfristigen Fremdvergaben um 50 % infolge besserer Transparenz (Fremdvergaben: 2 % der Personalkosten von 6 Mio. DM; durchschnittlich 3 zusätzliche ständige Fremdarbeitskräfte)	60 000,– DM	
– Reduzierung der Überstunden um 50 % (Überstunden: 1,5 % der Personalkosten von 6 Mio. DM)	45 000,– DM	
Übertrag	176 000,– DM	

Übertrag 176 000,– DM

- Reduzierung der notwendigen Änderungen aufgrund von Reklamationen der Fertigung um 30 % (Änderungsaufwand 120 000,– DM pro Jahr) 36 000,– DM
- Reduzierung der Durchlaufzeit um 10 %; dadurch bei 100 Mio. Jahresumsatz 3 % Umsatzrendite und 10 % Fremdkapitalzinsen → Zinskostenersparnis 30 000,– DM

Zwischensumme: 201 000,– DM

Unter Berücksichtigung der oben genannten Kostensteigerung von 5 % p. a. und einer Unsicherheit der Schätzwerte (± 15 %) ergeben sich die in Bild 7.10 angegebenen Werte.

	quantifizierbarer Nutzen		
JAHR	geschätzte Werte (100 %) (DM/Jahr)	pessimistische Werte (85%) (DM/Jahr)	optimistische Werte (115%) (DM/Jahr)
1.	242 000	205 700	278 300
2.	254 100	215 985	292 215
3.	266 805	226 784	306 825
4.	280 145	238 123	322 166
5.	294 152	250 029	338 275
Σ	1 337 202 DM	1 136 621 DM	1 537 781 DM

Bild 7.10: Quantifizierbarer Nutzen

7.4.3 Wirtschaftlichkeitsanalyse

Auf die Problematik der Formulierung einer „Planungswirtschaftlichkeit" wurde bereits in Abschnitt 7.1 hingewiesen.

Zur Untersuchung der Wirtschaftlichkeit der Einführung eines Entwicklungsplanungssystems sollen die in der Praxis häufig benutzten Verfahren zur Berechnung der

– Amortisationszeit
  (Abschätzung des mit einer Investition verbundenen Risikos) und der
– Rentabilität
  (durchschnittliche jährliche Verzinsung des eingesetzten Kapitals)

angewendet werden. Bei der Beurteilung der mit diesen Verfahren gewonnenen Ergebnisse ist zu berücksichtigen, daß wesentliche Beurteilungskriterien (nicht quantifizierbare Nutzenaspekte) unberücksichtigt bleiben.

7.4.3.1 Amortisationsrechnung

Die Errechnung der Amortisationszeit erfolgt nach der Formel (vgl. z. B.[7]):

$$\text{Amortisationszeit (Jahre)} = \frac{\text{Kapitaleinsatz (DM)}}{\text{jährliche Wiedergewinnung (DM/Jahr)}}$$

Als Kapitaleinsatz werden die einmaligen Kosten bezeichnet. Die jährliche Wiedergewinnung ergibt sich aus der jährlichen Betriebskostenersparnis (zusätzlicher quantifizierbarer Nutzen, vgl. Bild 7.10 – zusätzliche laufende Kosten, vgl. Bild 7.9) des neuen Verfahrens und der jährlichen kalkulatorischen Abschreibung. Es ergeben sich nach Bild 7.11 bei *Kauf* eines EDV-Systems – je nach optimistischer oder pessimistischer Betrachtungsweise – Amortisationszeiten zwischen ca. 0,8 und 2,8 Jahren.

	geschätzte Werte	pessimistische Werte	optimistische Werte
• Kapitaleinsatz (DM)			
– Einführungsvorbereitung	108 000	124 200	91 800
– Kauf EDV-System	70 000	80 500	59 500
	178 000	204 700	151 300
• Abschreibung (DM/Jahr)	35 600	40 940	30 260
• Wiedergewinnung (DM/Jahr)			
1. Jahr	125 600	71 840	179 360 179 360
2. Jahr	130 100 255 700	73 385	186 815
3. Jahr	134 828	75 007 220 232	194 642
4. Jahr	139 786	76 710	202 861
5. Jahr	144 995	78 499	211 492
• Amortisationszeit (Jahre)	ca. 1,5	ca. 2,8	ca. 0,8

Bild 7.11: Amortisationszeit eines neuen Systems zur Entwicklungsplanung (bei *Kauf* eines EDV-Systems)

Wird die *eigene Entwicklung* eines EDV-Systems (Einfachlösung) in Erwägung gezogen, ergeben sich folgende Amortisationszeiten:

- geschätzte Werte: 1,9 Jahre
- pessimistische Betrachtung: 3,4 Jahre
- optimistische Betrachtung: 1,3 Jahre

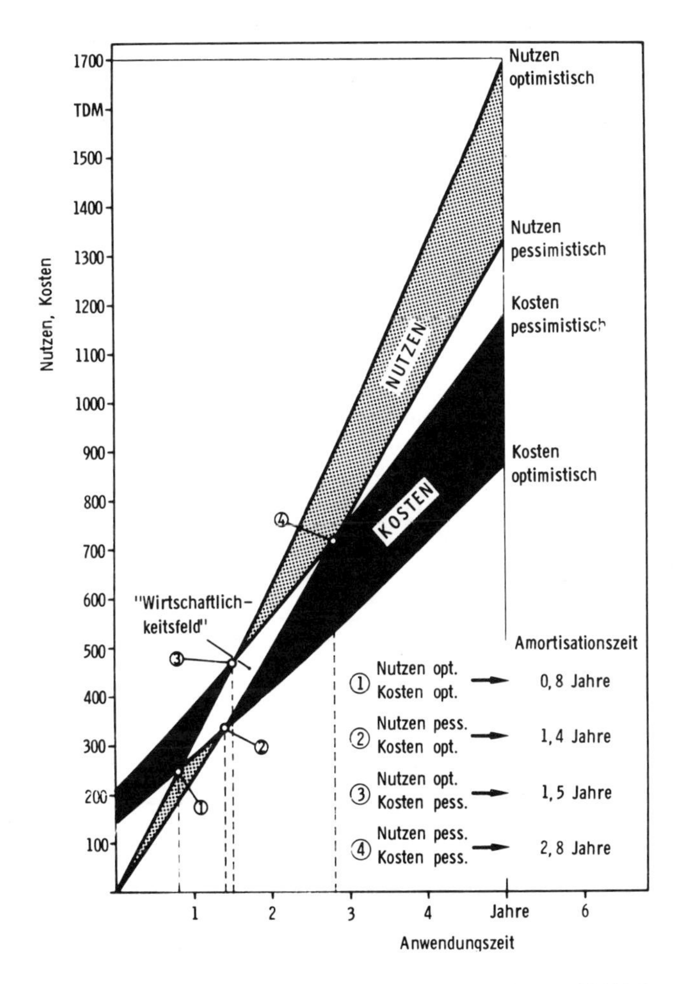

Bild 7.12: Amortisationsrechnungen bei *Kauf* eines EDV-Systems (graphische Darstellung)

Bild 7.12 zeigt diese Amortisationsrechnung in graphischer Form unter Berücksichtigung des *Kaufs* eines am Markt vorhandenen EDV-Systems. Aufgrund der unterschiedlichen Betrachtungsweise – pessimistische und optimistische Werte – ergibt sich ein „Wirtschaftlichkeitsfeld", in dem bei Variation der einzelnen Parameter Gleichheit zwischen quantifizierbarem Nutzen und entstehenden Kosten besteht (Wirtschaftlichkeitsschwelle). Aus den Eckpunkten ① bis ④ lassen sich je nach vorliegender Betrachtungsweise die Amortisationszeiten ableiten. Obwohl die Spanne der Amortisationszeiten zwischen 0,8 Jahren und 2,8 Jahren liegt, kann dennoch in diesem Beispiel mit großer Wahrscheinlichkeit von einer voraussichtlichen Amortisationszeit von ca. 1,5 Jahren ausgegangen werden.

7.4.3.2 Rentabilitätsrechnung

Für die Rentabilität R soll hier folgende Definition gelten (vgl. z. B.[7]) (Anm. 6 s. S. 92):

$$R\ (\%/\text{Jahr}) = \frac{\phi\ \text{Anwendungsersparnis (DM/Jahr)} - \text{kalkul. Abschreibung (DM/Jahr)}}{\phi\ \text{Kapitaleinsatz (DM)}} \cdot 100\ \%$$

Unter Berücksichtigung einer pessimistischen bzw. optimistischen Betrachtungsweise ergeben sich für die Einführung der Entwicklungsplanung die in Bild 7.13 dargestellten Rentabilitätsziffern. Die Anwendungsersparnis (Betriebskostenersparnis) errechnet sich als Differenz zwischen quantifizierbarem Nutzen (vgl. Bild 7.10) und jährlichen Anwendungskosten (vgl. Bild 7.9).

	geschätzte Werte	pessimistische Werte	optimistische Werte
gesamter quantifizierbarer Nutzen (DM)	1 337 202	1 136 621	1 537 781
– Summe der jährlichen Kosten (DM)	839 896	965 880	713 911
gesamte Anwendungsersparnisse (DM)	497 306	170 741	823 870
• Ø Anwendungsersparnisse (DM/Jahr)	99 461	34 148	164 774
Kapitaleinsatz insgesamt (DM)	178 000	204 700	151 300
• Ø Kapitaleinsatz (DM)	89 000	102 350	75 650
• kalkulatorische Abschreibungen (DM/Jahr)	35 600	40 940	30 260
• Rentabilität (%)	72	- 7	178

Bild 7.13: Rentabilität eines neuen Systems zur Entwicklungsplanung (bei *Kauf* eines EDV-Systems)

Bei *Eigenentwicklung* des EDV-Systems ergeben sich folgende Rentabilitätswerte:

- geschätzte Werte: 30 %
- pessimistische Betrachtung: – 19 %
- optimistische Betrachtung: 97 %

Die Rentabilitätsrechnung zeigt, daß die zu erwartende jährliche Verzinsung des eingesetzten Kapitals bei Zugrundelegung einer pessimistischen bzw. optimistischen Betrachtungsweise starken Schwankungen unterliegt. Dabei ist zu berücksichtigen, daß die pessimistische (höchste Kosten, geringster Nutzen) und optimistische (geringste Kosten, höchster Nutzen) Betrachtungsweise extreme Fälle darstellen. Eine durchgeführte Sensitivitätsanalyse zeigte, daß bei Einhalten der geschätzten einmaligen Kosten und der laufenden Kosten (Anm. 7 s. S. 93) sowie einer pessimistischen Nutzenerwartung eine Rentabilität von 27 % zu erwarten ist. Im Vergleich zu der betriebsüblich erwarteten Kapitalmindestverzinsung von Investitionen (im allgemeinen ca. 15 %) kann in diesem Beispiel die Einführung eines Planungssystems im Entwicklungs- und Konstruktionsbereich als rentabel bezeichnet werden.

7.4.4 Abschließende Beurteilung

Die Beurteilung eines derartigen Planungssystems kann grundsätzlich nicht allein anhand von Wirtschaftlichkeitskennziffern vorgenommen werden, da wesentliche Nutzenaspekte nicht quantifizierbar sind.

Wenn auch im vorliegenden Fall die Überprüfung des quantifizierbaren Nutzens bereits eine positive wirtschaftliche Aussage brachte, so empfiehlt es sich dennoch, den nicht quantifizierbaren Nutzenanteil anhand der genannten Verfahren zu ermitteln und bei der Gesamtbeurteilung zu berücksichtigen.

Das Ergebnis einer durchgeführten Nutzwertanalyse zeigte im vorliegenden Fall ebenfalls den Vorteil der Einführung eines Entwicklungsplanungssystems. Hierbei wurde sowohl die *Gewichtung der einzelnen Zielkriterien* als auch der *Grad der Zielerfüllung* durch die Zahlen 1 bis 5 ausgedrückt (vgl. Bild 7.14).

Eine zusammenfassende Darstellung dieses Beurteilungsprozesses gibt Bild 7.15 wieder.

Dem nicht quantifizierbaren Nutzen des betrachteten Entwicklungsplanungssystems wurde in diesem praktischen Beispiel die gleiche Bedeutung wie den Ergebnissen aus der Wirtschaftlichkeitsrechnung beigemessen.

ZIELKRITERIEN	Gewichtung	derzeitiges Planungsverfahren		Einführung der Entwicklungsplanung	
		Zielertrag	Nutzwert	Zielertrag	Nutzwert
Schnelle Verfügbarkeit der Planungsergebnisse	4	1	4	5	20
Erhöhte Transparenz des Auftragdurchlaufes	4	2	8	4	16
Frühzeitiges Erkennen von Engpässen	5	1	5	4	20
Objektivere Belastung der Arbeitsgruppen	4	2	8	5	20
Weniger "ad hoc" Pläne für die Geschäftsleitung	2	1	2	4	8
Weniger Hektik bei der Entwicklungsarbeit	4	2	8	4	16
Reduzierung der nicht auftragsbezogenen Arbeitszeit	3	2	6	3	9
Verbesserung der Vor- und Nachkalkulation	4	3	12	4	16
Einhalten des Entwicklungsbudgets	5	2	10	4	20
Summe aller Nutzwerte		63		145	

Bild 7.14: Ergebnis der Nutzwertanalyse

Von der Eigenentwicklung eines EDV-Systems wurde nicht nur aufgrund der ungünstigeren Kennzahlen der Wirtschaftlichkeitsanalyse, sondern auch wegen der langen Entwicklungszeit und der damit verzögerten Einführung abgeraten.

7.5 Zusammenfassung

Die Einführung eines Planungssystems für den Entwicklungsbereich stellt im weiteren Sinne eine *Investition* dar, also ein Überführen von Zahlungsmitteln in Anlagevermögen.
Da es sich bei Investitionen um die Bindung größerer Mittel über einen längeren Zeitraum handelt, werden im Regelfall Wirtschaftlichkeitsnachweise verlangt, die

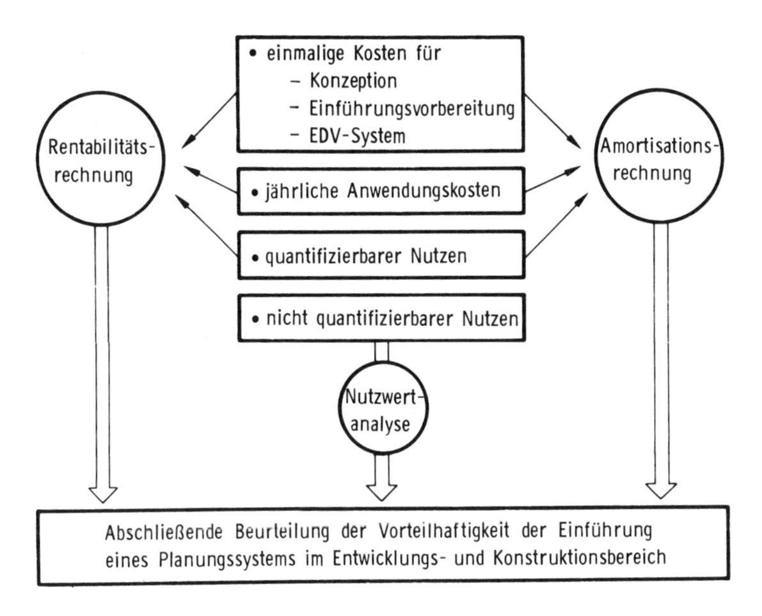

Bild 7.15: Vorgehensweise zur Beurteilung eines Entwicklungsplanungssystems

eine ausreichende Verzinsung des eingesetzten Kapitals erkennen lassen müssen. Auch bei Planungssystemen darf dieser Gedanke nicht halt machen, es handelt sich ja meistens um Beträge, die bei 100 000 DM beginnen und nicht selten 500 000 DM und mehr ausmachen können.

Wenn die Rentabilität folgendermaßen definiert ist

$$R = \frac{G}{Kap} \times 100 \quad \text{bzw.} \quad R = \frac{\Delta K}{Kap}$$

R	Rentabilität
G	Gewinn
Kap	Kapital
ΔK	Kosteneinsparung

so läßt sich der notwendige Kapitaleinsatz wenigstens in der Größenordnung abschätzen, in vielen Fällen kann aber noch nicht einmal mit Sicherheit gesagt werden, ob die Zählergröße (G bzw. ΔK) größer oder kleiner als Null wird. Ausschlaggebend sind dann meistens die *nicht* in G bzw. ΔK erfaßten nicht quantifizierbaren Aspekte.

Die in der Literatur bekannt gewordenen Rechenverfahren und standardisierten Vorgehensweisen zur Bewältigung von Problemen mit – zumindest teilweise – nicht quantifizierbaren Einflußfaktoren besitzen vor allem den Vorteil, den

Beurteilungs- und Entscheidungsprozeß transparenter bzw. nachvollziehbar zu machen (Anm. 8 s. S. 93). Da aber die praktische Problematik bei der Kosten-Nutzen-Betrachtung eines Planungssystems sich fast ausschließlich aus den fehlenden Beurteilungskriterien bzw. deren ungenügender Meßbarkeit ergibt, wurde hier auf die vergleichende Betrachtung und Anwendung dieser Verfahren verzichtet (Anm. 9 s. S. 93). Allein die vorangegangene Zusammenstellung der relevanten Einflußgrößen – ggf. mit einer groben Abschätzung der wichtigsten Faktoren – ist für die praktische Entscheidung oft eine brauchbare Grundlage. Es kann auf jeden Fall nicht das Ziel sein, eine einzige *Wirtschaftlichkeitskennziffer* zur Beurteilung eines Planungssystems zu suchen. Dies entspräche einer groben Vereinfachung der vorliegenden Problemstellung und würde dem komplexen Charakter nicht quantifizierbarer Kriterien nicht gerecht (Anm. 10 s. S.93).

Anmerkungen

1) Relativ einfach sind dabei Untersuchungen über die ***periodische*** Kostenstruktur z. B. Abteilungsbudget bei vorgegebener Personalkapazität, nicht aber über die einzelnen Kostenträger (Projekte).
2) Der Begriff Leistungsverzehr bezeichnet die Inanspruchnahme von Leistungen wie Arbeit und Material.
3) vgl. Beitrag A 6, S. 68 – 70
4) Diese Zahlen können folgendermaßen umgeformt werden:
   mit a (produktive) Arbeitsstunden je DIN A 4-Format
   b Anteil produktiver Stunden an der Entwicklungskapazität
   c Arbeitsstunden je Mitarbeiter und Jahr
   d Anzahl DIN A 4-Formate pro Jahr und Mitarbeiter im Entwicklungsbereich

   gilt: $a = \frac{b \cdot c}{d}$

   Beispiel:
   b = z. B. 60 %
   c = z. B. 230 x 8 = 1840 Stden/Jahr/Mitarbeiter
   d = 181 DIN A 4-Formate/Jahr/Mitarbeiter (Durchschnitt im Maschinenbau, vgl. Bild 7.4)

   $a = \frac{0{,}6 \cdot 1840}{181} = 6{,}1$ Std/A 4-Format

   Diese Kennzahl wird auch häufig verwendet; der Zahlenwert entspricht anderen Praxisuntersuchungen (vgl. z. B. Beitrag C 9, S. 252)
5) Diese recht willkürlich erscheinende Abschätzung ist notwendig, um den einmaligen Aufwand auf die Nutzungszeit verteilen zu können. Eine längere Nutzungsdauer der Planungskonzeption erhöht die Wirtschaftlichkeit.
6) Grundsätzlich wird unter der Rentabilität das Verhältnis von Gewinn aus einer Investition (bzw. Kostenersparnis) und dem durchschnittlich eingesetzten Kapital verstanden. Bei abnutzbaren Investitionsobjekten (z. B. Maschinen) ist der ⌀ Kapitaleinsatz mit 50 % der ursprünglichen Ausgaben anzusetzen. Handelt es sich hingegen um Investitionen, die im Zeitablauf keiner Abnutzung unterliegen, so ist die volle Anschaffungssumme als Kapitaleinsatz anzusetzen. Im vorliegenden Fall wird von einer „Abnutzung" innerhalb von 5 Jahren ausgegangen und deshalb ein ⌀ Kapitaleinsatz von 50 % der Rentabilitätsrechnung zugrundegelegt.

7) Diese Voraussetzung ist realistisch, da die Kosten für eine externe Beratung und abgestellten internen Mitarbeiter hinreichend genau bekannt sind. Die Kosten für am Markt vorhandene und einsatzfähige EDV-Planungssysteme können erfragt werden und liegen bei den einzelnen Systemen in derselben Größenordnung. Für Anpassungskosten können durchschnittlich 10 % der Systemkosten angesetzt werden.

8) Vgl. hierzu die von Zangemeister[5] vorgestellte Nutzwertanalyse und die von Frank[6] gezeigten Verfahren zur Beurteilung von Standard-Software.

9) Leider wird aber oft gerade dann, wenn die Ermittlung der bestimmenden Einflußgrößen schwierig bzw. unlösbar erscheint, auf die Entwicklung und Anwendung komplizierterer Rechenverfahren ausgewichen, was meist nur eine scheinbare Ergebnisverbesserung ergibt.

10) Ergänzend sei hier angemerkt, daß häufig die Forderung nach einer derartigen Wirtschaftlichkeitsziffer geäußert wird, wenn entweder die Komplexität der Fragestellung nicht erkannt wird oder aber starke Ressentiments gegen jede Form der Planung vorliegen.

B Systeme

Dr.-Ing. R. Hichert, Dipl.-Wirtsch.-Ing. A. Voegele

B 1
EDV-Systeme zur Planung und Steuerung in Entwicklung und Konstruktion

1.1 Problematik

Wird die Grenze der manuellen Planung im Entwicklungs- und Konstruktionsbereich erreicht (Anm. 1 s. S. 105), so sind die Verantwortlichen meistens gezwungen, den Planungsprozeß durch ein geeignetes EDV-System zu unterstützen. Dies stellt den Planungsbereich vor das Problem, das ständig wachsende Software-Angebot hierzu überschauen, vergleichen und beurteilen zu müssen. Die allgemein geringe Transparenz des Softwaremarktes erschwert diese Aufgabe sehr. Hinzu kommt eine gewisse Unsicherheit bei der Aufstellung geeigneter Beurteilungskriterien und die umfangreiche Arbeit der Datenbeschaffung und -bewertung.

1.2 Übersicht über EDV-Planungssysteme

In Westeuropa und USA ist bis heute eine verhältnismäßig große Anzahl von EDV-Programmen zur Ablaufplanung, die als „Standardprogramme" angeboten werden, bekannt geworden. Nach einer der umfangreichen Zusammenstellungen von ca. 250 derartiger Programmsysteme[1)] können die Systeme – entsprechend der ursprünglichen Zielrichtung bei der Programmanwendung – den in Bild 1.1 charakterisierten 3 Ansätzen zugeordnet werden.

Wenn diese Programme auch teilweise in „artfremden" Bereichen (Anm. 2 s. S. 105) eingesetzt werden, so ist dies einmal dadurch möglich, daß der Programmaufbau in gewissen Grenzen Anpassungen zuläßt, andererseits gibt es Überschneidungen in den Anforderungen der drei genannten Anwendungsgebiete.

	ANSATZ 1 FERTIGUNGSSTEUERUNG	ANSATZ 2 PROJEKTPLANUNG	ANSATZ 3 PERSONALPLANUNG
überwiegender Einsatzbereich:	Teilefertigung und Montage in Industriebetrieben	(Groß-)Projektplanung im Anlagenbau, bei der Produktentwicklung und im Bauwesen	Planung personalintensiver Abteilungen, wie z.B. Programmierung, Systemanalyse und Konstruktion
Modellvorstellungen über Aufträge:	Vielzahl von Aufträgen (Teilen), die sich in eine lineare Folge von Arbeitsgängen gliedern	Ein oder wenige Projekt(e), die eine relativ tiefe Struktur mit stark vernetztem Aufbau besitzen	Große Anzahl kleinerer Projekte, die eine oft einheitliche Struktur mit geringem Vernetzungsgrad aufweisen
Ziele der Planung:	Optimale Auslastung der vorhandenen Maschinenkapazität durch geeignete Abarbeitungsreihenfolge	Termin- und Kosteneinhaltung der bzw. des Projekte(s) durch geeignete Kapazitätsanpassung	Optimale Kapazitätsplanung und frühzeitiges Erkennen von Terminverschiebungen
Planungshorizont:	Tage und Wochen	Monate und Jahre	Wochen und Monate
Planungszyklus:	täglich bis wöchentlich	moanatlich (und bei Störungen des Plans)	wöchentlich (bis monatlich)
Modellvorstellungen über Kapazitäten:	Maschinen und Maschinengruppen, Handarbeitsplätze	Ressourcen verschiedener Art (Arbeitsgruppen, Maschinen, Entwicklungsabteilungen usw.)	Personen (evtl. auch Personengruppen)
Planungsmodelle und -verfahren:	Splitten und Überlappen von Vorgängen, fixe Höhe des Kapazitätsbedarfes, Vorgabe fixer Bearbeitungsdauern, Übergangszeitenmatrix etc.	Meilensteintermine, Kostenbudgets, graphische Netzplanausgabe, verschiedene Anordnungsbeziehungen, Pufferberechnungen etc.	Vorgabe des Stundenvolumens, umfangreiche Soll-Ist-Vergleiche, personenbezogene Planung, externe und interne Verrechnungssätze etc.
Beispiele:	CAPOSS (IBM)	SINET (SIEMENS)	PAC I (INT. SYSTEMS)

Bild 1.1: Unterschiedliche Ansätze von praktisch realisierten Programmsystemen zur Ablaufplanung[1)]

1.3 Vorauswahl der in Frage kommenden EDV-Planungssysteme

Hat sich ein Unternehmen für den Einsatz eines EDV-Systems im Entwicklungs- und Konstruktionsbereich entschieden, so sehen sich die Verantwortlichen dem Problem gegenübergestellt, aus der Vielzahl der angebotenen Systeme zur Ablaufplanung diejenigen zu selektieren, die für die vorgesehene Anwendung geeignet sind. Dazu empfiehlt es sich, anhand eines detaillierten Fragebogens die Programmleistung einzelner Systeme in Erfahrung zu bringen. Beispielhaft zeigt Bild 1.2 den in einem praktischen Anwendungsfall benutzten Fragebogen, während Bild 1.3 einen auszugsweisen Überblick über die Leistungsmerkmale der damit untersuchten Programmsysteme gibt[1)].

Unter Berücksichtigung der spezifischen Randbedingungen des Entwicklungs- und Konstruktionsbereiches sowie der Anforderungen an ein Planungssystem aus der Sicht der betroffenen Personengruppen (Bild 1.4) kann auf der Grundlage einiger *Ausschließlichkeitskriterien* (Anm. 3 s. S. 105) die Anzahl der in Frage kommenden EDV-Systeme auf eine überschaubare Größe reduziert werden.

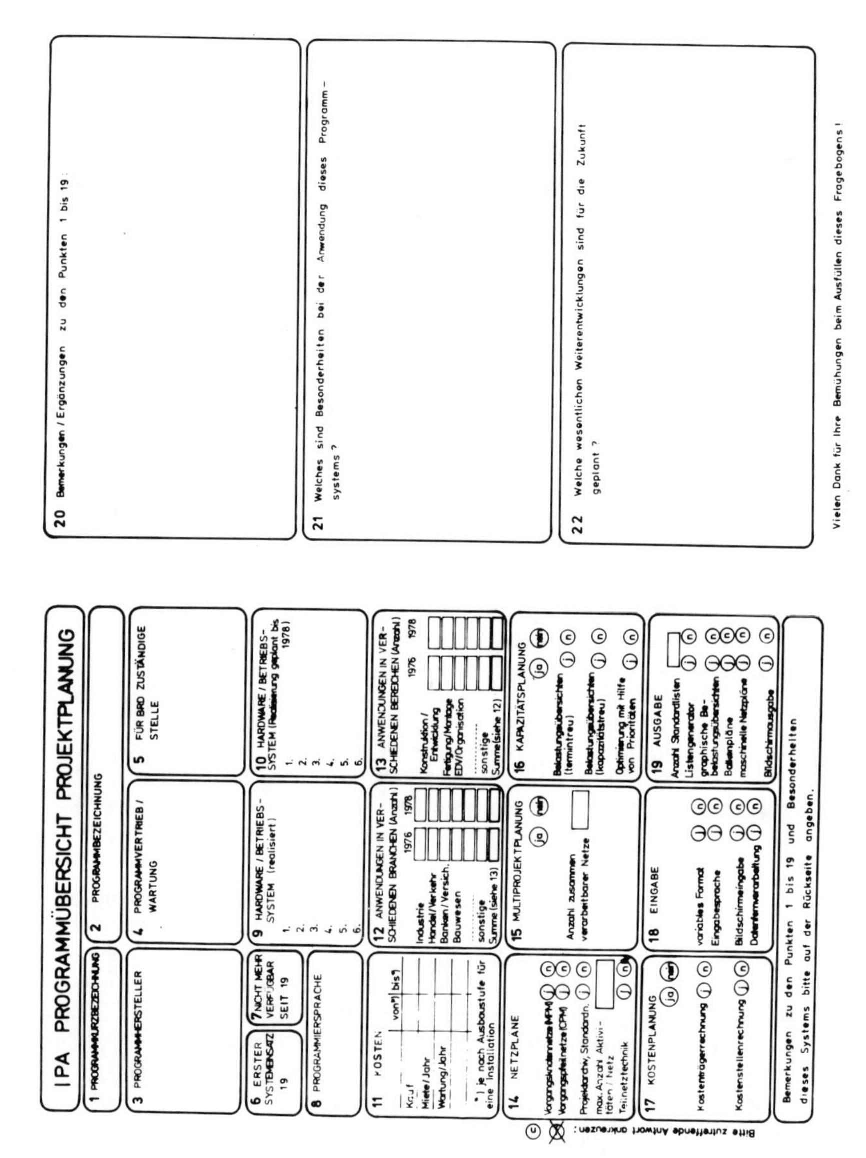

IPA PROGRAMMÜBERSICHT PROJEKTPLANUNG

1 PROGRAMMKURZBEZEICHNUNG

2 PROGRAMMBEZEICHNUNG

3 PROGRAMMHERSTELLER

4 PROGRAMMVERTRIEB / WARTUNG

5 FÜR BRD ZUSTÄNDIGE STELLE

6 ERSTER SYSTEMEINSATZ 19

7 NICHT MEHR VERFÜGBAR SEIT 19

8 PROGRAMMIERSPRACHE

9 HARDWARE / BETRIEBS-SYSTEM (realisiert)
1.
2.
3.
4.
5.
6.

10 HARDWARE / BETRIEBS-SYSTEM (Realisierung geplant bis 1978)
1.
2.
3.
4.
5.
6.

11 KOSTEN

	von*)	bis*)
Kauf		
Miete / Jahr		
Wartung / Jahr		

*) je nach Ausbaustufe für eine Installation

12 ANWENDUNGEN IN VERSCHIEDENEN BRANCHEN (Anzahl)

	1976	1978
Industrie		
Handel / Verkehr		
Banken / Versich.		
Bauwesen		
....		
sonstige		
Summe (siehe 13)		

13 ANWENDUNGEN IN VERSCHIEDENEN BEREICHEN (Anzahl)

	1976	1978
Konstruktion / Entwicklung		
Fertigung / Montage		
EDV / Organisation		
....		
sonstige		
Summe (siehe 12)		

Bitte zutreffende Antwort ankreuzen: ⓒ

14 NETZPLANE
Vorgangsknotennetze (MPM) ⓙ ⓝ
Vorgangspfeilnetze (CPM) ⓙ ⓝ
Projektarchiv, Standardn. ⓙ ⓝ
max. Anzahl Aktivitäten / Netz
Teilnetztechnik ⓙ ⓝ

15 MULTIPROJEKTPLANUNG (ja) (nein)
Anzahl zusammen verarbeitbarer Netze

16 KAPAZITÄTSPLANUNG (ja) (nein)
Belastungsübersichten (termintreu) ⓙ ⓝ
Belastungsübersichten (kapazitätstreu) ⓙ ⓝ
Optimierung mit Hilfe von Prioritäten ⓙ ⓝ

17 KOSTENPLANUNG (ja) (nein)
Kostenträgerrechnung ⓙ ⓝ
Kostenstellenrechnung ⓙ ⓝ

18 EINGABE
variables Format ⓙ ⓝ
Eingabesprache ⓙ ⓝ
Bildschirmeingabe ⓙ ⓝ
Datenfernverarbeitung ⓙ ⓝ

19 AUSGABE
Anzahl Standardlisten
Listengenerator ⓙ ⓝ
graphische Belastungsübersichten ⓙ ⓝ
Balkenpläne ⓙ ⓝ
maschinelle Netzpläne ⓙ ⓝ
Bildschirmausgabe ⓙ ⓝ

Bemerkungen zu den Punkten 1 bis 19 und Besonderheiten dieses Systems bitte auf der Rückseite angeben.

20 Bemerkungen / Ergänzungen zu den Punkten 1 bis 19:

21 Welches sind Besonderheiten bei der Anwendung dieses Programmsystems ?

22 Welche wesentlichen Weiterentwicklungen sind für die Zukunft geplant ?

Vielen Dank für Ihre Bemühungen beim Ausfüllen dieses Fragebogens !

Bild 1.2: Vorder- und Rückseite des in einem Praxisfall verwendeten Fragebogens zur Ermittlung der Programmleistungen

Kriterien \ Programm		ADVOR 620	APS 80	PAC I	BKN	AUTONET	AUTOGANT	PPS IV	ICES 360	CRAM	PDA	PPS	PERT 6	GMO-PPC
Netzpläne	Vorgangsknotennetze	x	x	–	x	–		x		x	–	x	x	–
	Vorgangspfeilnetze	x	–	x	–	x		x		x	–	x	x	x
	Projektarchiv, Standardn.	x	–		–	x		x			:	x		x
	max. Anzahl Aktivitäten/Netz	∞	4000		2000	250		6000		1000	5000	∞	4000	∞
	Teilnetztechnik	x	x	–	–	–		x			x	x	x	x
	Multiprojektplanung	x	x	x	–	–		x		x	x	x	x	x
	Anzahl zusammen verarbeitbarer Netze	∞	∞					1000		∞			18	∞
Kapazitätsplanung	Kapazitätsplanung	x	x	x	x	–		x		x	x	x	x	x
	Belastungsübersichten termintreu	x	x	x	x			x				x	x	x
	Belastungsübersichten kapazitätstreu	x	–	x	–			x		x		–	x	x
	Optimierung mit Hilfe von Prioritäten	x	–	x	–			x		x		–		–
Kostenplanung	Kostenplanung	x	–	x	x	–		–		x	x	x	x	x
	Kostenträgerrechnung	x		x	x					x		x	x	x
	Kostenstellenrechnung	x		x	x					x		x	x	x
Eingabe	variables Format	x	–	x	–	–		–	x	x	–	–	x	x
	Eingabesprache	–	–	–	–	–		–		–	x	–		–
	Bildschirmeingabe	–	x	–	–	–		x	x	x	–	x	x	–
	Datenfernverarbeitung	x	x	–	–	–		–	x	x	–	x	x	–
Ausgabe	Anzahl Standardlisten	22	18	25	5			4		8	20	40	5	
	Listengenerator	x	–	x	–	–		–			x	–	x	–
	graph. Belastungsübersichten	x	x	x	x	–		x		x	x	x	x	–
	Balkenpläne	x	x	x	x	–	x	x	x	x	–	x	x	–
	masch. Netzpläne	x	x	–	–	x		x		x	–	x		–
	Bildschirmausgabe	–	–	–	–	–		–		x	x	x		

Kriterien \ Programm		WASP	PEST	CAPSTAN	SWAP	MANDAS	ASTRA	PROJACS	CAMEL	OPTIMA I, II	PRECED. 1900/3300	PRECED. 360/370	COMPACT 2	I/J 1108
Netzpläne	Vorgangsknotennetze	–	–	–	–	x	x	x		x	x	x	x	–
	Vorgangspfeilnetze	x	x	x	–	–	x	x		x	–	–	–	
	Projektarchiv, Standardn.	–	–	–	–	–	x	x		x	x	x	x	x
	max. Anzahl Aktivitäten/Netz	150×50	150×300	1000		5000	3500	30000		∞	15000	40000	15000	15000
	Teilnetztechnik	–	–		–	x		x		x	x	–	–	x
	Multiprojektplanung	x	x	x	x		x	x		x	x	x	x	x
	Anzahl zusammen verarbeitbarer Netze	600	600				640	50		∞	∞	∞	∞	∞
Kapazitätsplanung	Kapazitätsplanung	x	x	x	x	x	x	x	x	x	x	x	x	x
	Belastungsübersichten termintreu	x	x	x	x	x	x	x	x	x	x	x	x	x
	Belastungsübersichten kapazitätstreu	x	x	x	x	–	x	x		x	x	x	x	x
	Optimierung mit Hilfe von Prioritäten	x	x	x	x	–	x	x	x	x	–	–	–	–
Kostenplanung	Kostenplanung	x	x	x	x	–	–	x		x	x	x	x	x
	Kostenträgerrechnung	x	x	x	x			x		x	x	–	x	x
	Kostenstellenrechnung	–	x		x			x		x	–	x	x	x
Eingabe	variables Format	–	–	x	–	–	–	–	–	–	–	–	–	x
	Eingabesprache		–			x	x	–			–	–	–	x
	Bildschirmeingabe	x	x		x	–	–	x		x	x	x	x	x
	Datenfernverarbeitung	x				–	–	x			x	x	x	x
Ausgabe	Anzahl Standardlisten	12	3	25	3		15	11	4		0	0	5	0
	Listengenerator	–				–	–	x	–	–	x	x	x	x
	graph. Belastungsübersichten	x		x		x	x	x	–	x	x	x	x	x
	Balkenpläne	x	x	x	x	x	x	x	–	x	x	x	x	x
	masch. Netzpläne	–	–	x		x	–	x	–	x	x	x	x	x
	Bildschirmausgabe	–	–				–	x	–		–	–	x	–

Kriterien \ Programm		K&H 360/370 IJ	AMPER/PREMIS	PROMINI	GRAPPA	PROJECT MANAG.	MPM/NCR	PNA	PROCON 3	PROCOS	PCM	PROJECT 2	PROKON	TERMIKON
Netzpläne	Vorgangsknotennetze		x	x	x	–	x		x	x	x	x	–	x
	Vorgangspfeilnetze	x	x	x		–		x	–	x	x	x	–	x
	Projektarchiv, Standardn.	x	x	x		–			x		–	x		x
	max. Anzahl Aktivitäten/Netz	40000	80000	10000	2000		∞	4000	99	675		32767	99	∞
	Teilnetztechnik	–	x	–	x	–	–	x	x	–	–	x	–	x
	Multiprojektplanung	x	x	–	x	x	–	x	x	–	–	x	–	x
	Anzahl zusammen verarbeitbarer Netze	∞	∞		49	∞		6	∞			1000		∞
Kapazitätsplanung	Kapazitätsplanung	x	x	x	–	x	–	x	x	x	x	x	–	x
	Belastungsübersichten termintreu	x	x	x		x			x	x	–	x		x
	Belastungsübersichten kapazitätstreu	x	x	x		x			x	x	x	x		x
	Optimierung mit Hilfe von Prioritäten	–	–	–		–			x	–	x	x		x
Kostenplanung	Kostenplanung	x	x	x	x	x	–		x	–	x	x	x	x
	Kostenträgerrechnung	–	x	x		x			x		x	x	x	x
	Kostenstellenrechnung	x	x	x		x			x		x	x	–	x
Eingabe	variables Format	–	x	–	–	x	–	–	x	–	–	x	–	x
	Eingabesprache	–	x	–	–	x				x	x	x		x
	Bildschirmeingabe	x	x	x	x	x	–	–	x	–	x	x	x	–
	Datenfernverarbeitung	x	x	x	–	x	–	–		–		x		–
Ausgabe	Anzahl Standardlisten	0	0	0	10		3	4	13	5	16	40	5	10
	Listengenerator	x	x	x	–	x	–	x	–	–	x	–	–	x
	graph. Belastungsübersichten	x	x	x	–	x	–	x	x		x	x	–	x
	Balkenpläne	x	x	x	x	x	–	x	x	x	x	x	–	x
	masch. Netzpläne	x	x	x	x	–	–	–	x	–	–	x	–	x
	Bildschirmausgabe	–	–	–	x	x	–	–	x	–	–	x	x	–

Kriterien \ Programm		TREND	VPERT	KATERM	ISI	SINETIK	SINET	MCS/90	OPTIMA 1100	SULZER	EZPERT	PNTWRK	SCOPE	FOCAS PMS
Netzpläne	Vorgangsknotennetze			–	–	x	x	x	x	–	x	–		x
	Vorgangspfeilnetze	x	x	–	–	x	–	x	x	x	x	x	x	x
	Projektarchiv, Standardn.	x		–	–	x	x	x	x	–	x	–	x	x
	max. Anzahl Aktivitäten/Netz	1000	15000	∞	∞	6000	5000	5000	4095	4300		1000	50	32000
	Teilnetztechnik	x	x	–	–	x	x	x	x	–	x	–		–
	Multiprojektplanung	x	x			x	x	x	x	–		x	x	x
	Anzahl zusammen verarbeitbarer Netze	10	100			28		5000	4095			∞		1
Kapazitätsplanung	Kapazitätsplanung	x	x	x	x	x	x	x	x	x		–	x	x
	Belastungsübersichten termintreu		x	x	x	x	x	x	x	x		–		x
	Belastungsübersichten kapazitätstreu	x	x	x	x	x	x	–	x	–		–	x	x
	Optimierung mit Hilfe von Prioritäten		x	x	x	x	x	–	x	–		–	x	–
Kostenplanung	Kostenplanung	–	–	–	x	x	x	x	x	–		x	x	x
	Kostenträgerrechnung					x	x	x	x			x	x	x
	Kostenstellenrechnung					x	x	x	x			x	x	–
Eingabe	variables Format		–	x	x	–	x	–	x	–		x	x	x
	Eingabesprache	x	x	–	–	–	x	x	x	–				
	Bildschirmeingabe		–	x	x	–	x	–	x	–		x	x	x
	Datenfernverarbeitung	x	x	x	x	–	x	–	x	x			x	x
Ausgabe	Anzahl Standardlisten	var.	10	12	40	25	∞	18	12	14		8		30
	Listengenerator	x	–	x	x	–		–	–	–		–		–
	graph. Belastungsübersichten	–	x	x	x	x	x	–	x	x	x	x	x	x
	Balkenpläne	–	x	–	–	x	x	x	x	x	x	x	x	x
	masch. Netzpläne	–	–	–	–	–	x	–	x	x	x	–		–
	Bildschirmausgabe	–	–	x	x	–	x	–	x	–	x	–		–

Bild 1.3: Leistungsmerkmale der untersuchten Programmsysteme (Auszug) Stand: 1977

Legende:
- x bedeutet ja bzw. vorhanden
- – bedeutet nein bzw. nicht vorhanden
- (leer) bedeutet keine Angabe bzw. nicht zutreffend
- ∞ bedeutet beliebig bzw. nur durch Hardware limitiert

GESCHÄFTSFÜHRUNG	KOSTENSTELLENLEITER
aktuellere Information	Übersicht über die Auslastung
größere Terminsicherheit	zufriedenere Mitarbeiter
verbesserte Kostenkontrolle	aktuelle Information bei Änderungen
erhöhte Produktivität	Erhöhung der Terminsicherheit
Reduzierung der Planungskosten	geringerer Planungsaufwand
längerfristige Vorrausschau	Möglichkeit zur Kostenkontrolle
erhöhte Transparenz	geringe Kosten der Planung
motivierte Mitarbeiter	Integration mit anderen Planungen
vielfältige Auswertemöglichkeiten	längerfristigere Vorrausschau
Reduzierung der Abstimmgespräche	weniger Hektik bei der Arbeit
PROJEKTVERANTWORTLICHER	**AUSFÜHREND. KONSTRUKTEUR**
verbesserter Informationsfluß	keine zusätzliche Belastung
erhöhte Transparenz	verbesserter Informationsfluß
Kenntnis über Projektstand	nicht weniger Dispositionsspielraum
verbesserte Steuerungsmöglichkeit	keine Kontrollmöglichkeiten
weniger Abstimmungsgespräche	erhöhte Objektivität
einfachere Kostenkontrolle	Möglichkeit zur Selbstdarstellung
längerfristige Terminplanung	gleichmäßigere Arbeitsbelastung
einfache Handhabung des Systems	keine kurzfristigen Umdispositionen
wenig Formalismus / Starrheit	weniger Abstimmungsgespräche
Erkennen längerfristiger Trends	kein Termindruck

Bild 1.4: Anforderungen an ein System zur Ablaufplanung im Entwicklungs- und Konstruktionsbereich aus der Sicht von 4 verschiedenen Personengruppen

Aufgrund bereits durchgeführter Untersuchungen ist zu erwarten, daß z. Zt. auf dem deutschen Markt höchstens 10 Programmsysteme in die engere Wahl gezogen werden müssen.

1.4 Bewertung von EDV-Planungssystemen im konkreten Anwendungsfall

Während im vorangegangenen Abschnitt zunächst der Weg zu einer groben Vorauswahl möglicher Planungssysteme aufgezeigt wurde, stellt sich für das interessierende Unternehmen die Frage, welches System nun das „richtige" ist. Diese Prüfung der angebotenen Systeme kann wegen der Gefahr einer voreiligen Fehlentscheidung mit hohen Folgekosten nicht mehr „nebenbei" nach oberflächlichen, z. T. „gefühlsmäßigen" Gesichtspunkten erfolgen.

Für eine systematische Vorgehensweise bieten sich mehrere Verfahren an[3]. Als zweckmäßig hat sich ein Vorgehen nach der Nutzwertanalyse[4] herausgestellt.

Das besondere Kennzeichen der Nutzwertanalyse ist darin zu sehen, daß beim Beurteilungsvorgang nicht nur sachliche Objektinformationen der betrachteten Systeme, sondern auch subjektive Informationen des Anwenders berücksichtigt werden. Ziel einer solchen Analyse ist die Rangfolgenbildung über mehrere Entscheidungsstufen[5].

Ein für ein bestimmtes Unternehmen geeignetes Planungssystem kann nur aufgrund derjenigen Anforderungen ausgewählt werden, die das Anwendungsgebiet bzw. der Anwender selbst stellen. So gesehen ist jede Systemauswahl anwendungsabhängig. Grundsätzlich sollte versucht werden, zu der für den Anwender objektiv geeignetsten Problemlösung zu gelangen. Erst bei präziser Formulierung der Anforderungen an ein auszuwählendes Planungssystem kann die „optimale" Lösung gefunden werden. Dieses Anforderungsprofil setzt stets das Vorhandensein einer — wenn auch hypothetischen — Modellvorstellung voraus, vor deren Hintergrund dann die einzelnen Alternativen bewertet werden[1].

Folgende vier Hauptschritte des Bewertungsvorganges sind zu unterscheiden (Anm. 4 s. S. 105):

Schritt 1

Parallel mit dem Zusammenstellen der in Frage kommenden Programmalternativen kann die Kriterienhierarchie für die Bewertung mit Angabe der einzelnen Kriteriengewichte in Form eines Kriterienkataloges zusammengestellt werden. Dieser sollte alle an das Planungssystem gestellten Erwartungen umfassen. Dazu ist die Beteiligung der Mitarbeiter aus dem Entwicklungs- und Konstruktionsbereich an der Zielkriteriensuche erforderlich. Bei der anschließenden Gewichtung der Kriterien innerhalb der vorgegebenen Kriterienhierarchie kommt der anwenderspezifische subjektive Einfluß auf das Bewertungsverfahren zum Ausdruck. Bild 1.5 zeigt als Praxisbeispiel einen Kriterienkatalog, der für die Auswahl eines Projektplanungssystems für den Entwicklungsbereich eines Unternehmens der Serienfertigung aufgestellt wurde, allerdings ohne die zusätzlich notwendigen Definitionen und Erläuterungen.

Schritt 2

Zusammenstellen der Programmleistungen bezüglich der aufgestellten Zielkriterien. Die für die Leistungsermittlung erforderlichen Programminformationen

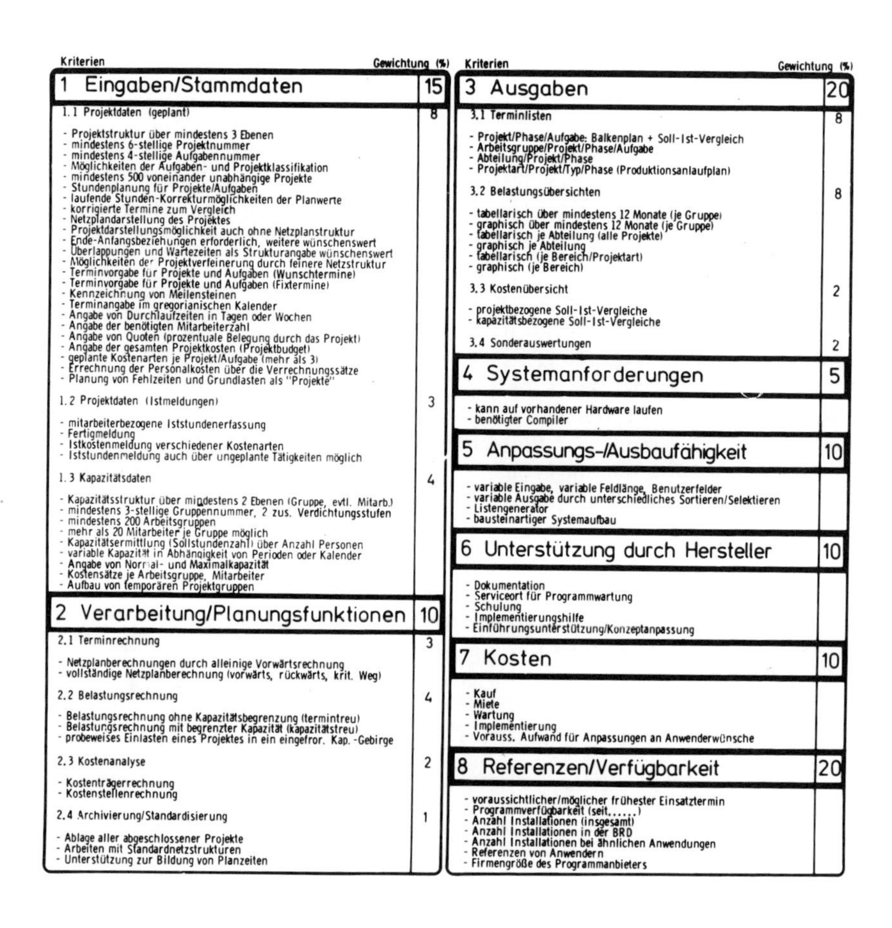

Kriterien	Gewichtung (%)
1 Eingaben/Stammdaten	**15**
1.1 Projektdaten (geplant)	8
- Projektstruktur über mindestens 3 Ebenen - mindestens 6-stellige Projektnummer - mindestens 4-stellige Aufgabennummer - Möglichkeiten der Aufgaben- und Projektklassifikation - mindestens 500 voneinander unabhängige Projekte - Stundenplanung für Projekte/Aufgaben - laufende Stunden-Korrekturmöglichkeiten der Planwerte - korrigierte Termine zum Vergleich - Netzplandarstellung des Projektes - Projektdarstellungsmöglichkeit auch ohne Netzplanstruktur - Ende-Anfangsbeziehungen erforderlich, weitere wünschenswert - Überlappungen und Wartezeiten als Strukturangabe wünschenswert - Möglichkeiten der Projektverfeinerung durch feinere Netzstruktur - Terminvorgabe für Projekte und Aufgaben (Wunschtermine) - Terminvorgabe für Projekte und Aufgaben (Fixtermine) - Kennzeichnung von Meilensteinen - Terminangabe im gregorianischen Kalender - Angabe von Durchlaufzeiten in Tagen oder Wochen - Angabe der benötigten Mitarbeiterzahl - Angabe von Quoten (prozentuale Belegung durch das Projekt) - Angabe der gesamten Projektkosten (Projektbudget) - geplante Kostenarten je Projekt/Aufgabe (mehr als 3) - Errechnung der Personalkosten über die Verrechnungssätze - Planung von Fehlzeiten und Grundlasten als "Projekte"	
1.2 Projektdaten (Istmeldungen)	3
- mitarbeiterbezogene Iststundenerfassung - Fertigmeldung - Istkostenmeldung verschiedener Kostenarten - Iststundenmeldung auch über ungeplante Tätigkeiten möglich	
1.3 Kapazitätsdaten	4
- Kapazitätsstruktur über mindestens 2 Ebenen (Gruppe, evtl. Mitarb.) - mindestens 3-stellige Gruppennummer, 2 zus. Verdichtungsstufen - mindestens 200 Arbeitsgruppen - mehr als 20 Mitarbeiter je Gruppe möglich - Kapazitätsermittlung (Sollstundenzahl) über Anzahl Personen - variable Kapazität in Abhängigkeit von Perioden oder Kalender - Angabe von Normal- und Maximalkapazität - Kostensätze je Arbeitsgruppe, Mitarbeiter - Aufbau von temporären Projektgruppen	
2 Verarbeitung/Planungsfunktionen	**10**
2.1 Terminrechnung	3
- Netzplanberechnungen durch alleinige Vorwärtsrechnung - vollständige Netzplanberechnung (vorwärts, rückwärts, krit. Weg)	
2.2 Belastungsrechnung	4
- Belastungsrechnung ohne Kapazitätsbegrenzung (termintreu) - Belastungsrechnung mit begrenzter Kapazität (kapazitätstreu) - probeweises Einlasten eines Projektes in ein eingefror. Kap.-Gebirge	
2.3 Kostenanalyse	2
- Kostenträgerrechnung - Kostenstellenrechnung	
2.4 Archivierung/Standardisierung	1
- Ablage aller abgeschlossener Projekte - Arbeiten mit Standardnetzstrukturen - Unterstützung zur Bildung von Planzeiten	
3 Ausgaben	**20**
3.1 Terminlisten	8
- Projekt/Phase/Aufgabe: Balkenplan + Soll-Ist-Vergleich - Arbeitsgruppe/Projekt/Phase/Aufgabe - Abteilung/Projekt/Phase - Projektart/Projekt/Typ/Phase (Produktionsanlaufplan)	
3.2 Belastungsübersichten	8
- tabellarisch über mindestens 12 Monate (je Gruppe) - graphisch über mindestens 12 Monate (je Gruppe) - tabellarisch je Abteilung (alle Projekte) - graphisch je Abteilung - tabellarisch (je Bereich/Projektart) - graphisch (je Bereich)	
3.3 Kostenübersicht	2
- projektbezogene Soll-Ist-Vergleiche - kapazitätsbezogene Soll-Ist-Vergleiche	
3.4 Sonderauswertungen	2
4 Systemanforderungen	**5**
- kann auf vorhandener Hardware laufen - benötigter Compiler	
5 Anpassungs-/Ausbaufähigkeit	**10**
- variable Eingabe, variable Feldlänge, Benutzerfelder - variable Ausgabe durch unterschiedliches Sortieren/Selektieren - Listengenerator - bausteinartiger Systemaufbau	
6 Unterstützung durch Hersteller	**10**
- Dokumentation - Serviceort für Programmwartung - Schulung - Implementierungshilfe - Einführungsunterstützung/Konzeptanpassung	
7 Kosten	**10**
- Kauf - Miete - Wartung - Implementierung - Vorauss. Aufwand für Anpassungen an Anwenderwünsche	
8 Referenzen/Verfügbarkeit	**20**
- voraussichtlicher/möglicher frühester Einsatztermin - Programmverfügbarkeit (seit......) - Anzahl Installationen (insgesamt) - Anzahl Installationen in der BRD - Anzahl Installationen bei ähnlichen Anwendungen - Referenzen von Anwendern - Firmengröße des Programmanbieters	

Bild 1.5: Beispiel eines anwenderspezifischen Kriterienkatalogs zur Bewertung von Projektplanungssystemen im Entwicklungsbereich

bieten die vom System-Hersteller zur Verfügung gestellten mehr oder weniger ausführlichen Produktbeschreibungen, gegebenenfalls Gespräche mit den jeweiligen Programmanbietern sowie Anwendern mit vergleichbaren Randbedingungen. Wünschenswert wären hierbei bereits Programmläufe mit repräsentativen Testdaten. Dies scheidet aber in diesem Stadium in den meisten Fällen schon deshalb aus, da Kosten in der Größenordnung der zu beurteilenden EDV-Systeme entstehen können.

Schritt 3

Bewerten der einzelnen Programmleistungen anhand der aufgestellten Kriterien mit Hilfe eines geeigneten Maßstabes. Für die Skalierung solcher Maßstäbe bieten sich 3 Methoden an[5].

Bei *Nominalskalen* wird lediglich festgestellt, welcher Klasse der Zielerreichung (z. B. gut, befriedigend usw.) eine Programmleistung entspricht. Bei *Ordinalskalen* werden die Programmleistungen in eine Reihenfolge gebracht. Bei *Kardinalskalen* wird zusätzlich zur Reihenfolge noch eine Aussage über die Nutzendistanz zweier Alternativen in bezug auf ein Zielkriterium gemacht.

Bei dem hier zugrundeliegenden Anwendungsbereich hat sich der Einsatz von Nominalskalen mit den Werten „0" (nicht vorgesehen, bzw. Kriterium nicht erfüllt), „1" (Kriterium teilweise erfüllt) und „2" (Kriterium erfüllt) als zweckmäßig erwiesen.

Schritt 4

Ermitteln des sich aus Gewichtung und Bewertung ergebenden „Teilnutzens"[4] hinsichtlich der einzelnen Kriterien.
Die Teilnutzenbildung ist eine rechentechnische Operation, die ohne Zusatzinformationen durchgeführt werden kann. Der Gesamtnutzen einer Alternative ergibt sich additiv aus den ermittelten Teilnutzen. Dadurch können Programmalternativen in eine eindimensionale Rangfolge gebracht werden, die die Grundlage für die Auswahlentscheidung ist[5]. Sofern der Gesamtnutzen einzelner Systeme sich nur unwesentlich unterscheidet, können mehrere Alternativen einer einzigen Rangfolge zugeordnet werden. Bild 1.6 zeigt als Beispiel die zusammengefaßte Bewertung von alternativen Programmsystemen anhand des in Bild 1.5 dargestellten Kriterienkataloges. Das Programm mit dem höchsten Nutzwert (Rangstufe I) stellt jedoch nicht allgemeingültig die beste Lösung dar, da in die Bewertung – wie bereits erwähnt – verschiedene subjektive Faktoren eingegangen sind. Insbesondere die anwenderspezifische Gewichtung der Zielkriterien schränkt die Allgemeingültigkeit ein.

Aufgrund des oben gezeigten Bewertungsprozesses werden sich eine, gegebenenfalls auch zwei Systemalternativen als vorteilhaft erweisen. Vor der endgültigen Entscheidung für ein EDV-Planungssystem empfiehlt es sich, unbedingt Programmläufe mit repräsentativen Testdaten im eigenen Unternehmen durchzuführen. Dadurch besteht die Möglichkeit, eventuell beim Bewertungsprozeß unbemerkte Systemschwächen letztlich doch noch erkennen zu können. Die Kosten hierfür sind relativ gering im Vergleich möglicher Folgekosten durch die Installation eines falsch ausgewählten Systems bzw. im Vergleich der Auswirkung demotivierter Mitarbeiter auf den Planungsprozeß.

Kriterien	Gewichtung %	1 Bewertung	1 Teilnutzen	2 Bewertung	2 Teilnutzen	3 Bewertung	3 Teilnutzen	4 Bewertung	4 Teilnutzen	5 Bewertung	5 Teilnutzen	6 Bewertung	6 Teilnutzen	7 Bewertung	7 Teilnutzen
1. Eingaben															
1.1 Projektdaten (geplant)	8	1	8	2	16	1	8	1	8	2	16	2	16	2	16
1.2 Projektdaten (Istmeldung)	3	0	0	2	6	2	6	1	3	2	6	2	6	0	0
1.3 Kapazitätsdaten	4	1	4	2	8	1	4	1	4	1	4	1	4	1	4
2. Verarbeitung															
2.1 Terminrechnung	3	2	6	2	6	1	3	2	6	2	6	2	6	2	6
2.2 Belastungs-rechnung	4	2	8	2	8	1	4	2	8	1	4	2	8	2	8
2.3 Kostenanalyse	2	1	2	2	4	2	4	1	2	1	2	2	4	2	4
2.4 Archivierung	1	1	1	2	2	2	2	1	1	2	2	2	2	1	1
3. Ausgaben															
3.1 Terminlisten	8	2	16	2	16	0	0	2	16	0	0	2	16	2	16
3.2 Belastungs-übersichten	8	0	0	2	16	1	8	0	0	1	8	2	16	1	8
3.3 Kosten-übersichten	2	1	2	2	4	1	2	0	0	1	2	2	4	2	4
3.4 Sonder-auswertungen	2	1	2	2	4	1	2	1	2	1	2	2	4	2	4
4. System-anforderungen	5	2	10	0	0	0	0	2	10	0	0	0	0	2	10
5. Anpassungs-fähigkeit	10	1	10	2	20	1	10	1	10	1	10	1	10	2	20
6. Unterstützung d. Hersteller	10	2	20	0	0	1	10	2	20	1	10	2	20	1	10
7. Kosten	10	1	10	2	20	2	20	1	10	1	10	2	20	1	10
8. Referenz Verfügbarkeit	20	2	40	0	0	1	20	0	0	1	20	2	40	2	40
Summe	100		139		130		103		100		102		176		161
Rangfolge		III						IV				I		II	

Bewertungsmaßstab:
0 Bed. nicht erfüllt
1 Bed. teilw. erfüllt
2 Bed. erfüllt

Bild 1.6: Verdichtetes Ergebnis eines Vergleichs von Planungssystemen (vgl. Bild 1.5)

Anmerkungen

1) Diese Grenze kann nur indirekt durch charakteristische Merkmale beschrieben werden. Im Maschinenbau liegt sie bei etwa 30 Mitarbeitern bzw. etwa 20 gleichzeitig durchzuführender Aufträge bzw. Projekte.
2) Z. B. Anwendung von Fertigungssteuerungssystemen wie CAPOSS[2] für die Projektplanung.
3) Z. B. vorhandene EDV-Anlage, Mitarbeiterzahl, Projektzahl, „Planungsphilosophie", Wartung des EDV-Systems in der Bundesrepublik.
4) Hierbei soll nur die Frage nach der Auswahl eines der verfügbaren Standardprogramme zur Diskussion stehen, nicht aber die Entscheidung über Eigenentwicklung oder Kauf, da die Entwicklungskosten für eine individuelle Lösung ein Mehrfaches des Kaufpreises für ein Standardprogramm betragen, der in der Größenordnung von 50 000,– DM liegt[1].

Dr.-Ing. R. Hichert, Ing. (grad.) W. Jurczyk, Dipl.-Math. K. Lay

B 2
MINIPLAN – dialogorientierte Entwicklungsplanung mit dem Kleinrechner

Die zunehmende Vielfalt kundenspezifischer Aufträge und immer kürzer werdende Entwicklungszeiten stellen sowohl Unternehmen der Einzelfertigung als auch der Serienfertigung vor neue Probleme. Es besteht der Zwang, den gesamten Auftragsablauf detailliert zu planen und intensiv zu überwachen. Während die Probleme bei der Planung und Steuerung der Teilefertigung und der Montage weitgehend als gelöst bezeichnet werden können, bereitet die Planung und Steuerung im vorgelagerten Konstruktions- und Entwicklungsbereich immer noch erhebliche Schwierigkeiten.

Die Schwierigkeiten entstehen dadurch, daß:

- die Bestimmung des erforderlichen Zeitaufwandes hier besonders unsicher ist,
- die Konstruktion zur zentralen Auskunftsstelle für alle technischen Fragestellungen geworden ist,
- die Konstruktion besonders von nachträglichen Auftragsänderungen betroffen ist,
- die Konstruktionstermine meist von „hinten", das heißt von den Möglichkeiten der Fertigung her bzw. den Wünschen des Kunden gesetzt werden, ohne Rücksicht auf die Auslastung in den technischen Büros zu nehmen.

Bereits in kleinen Konstruktionsbüros mit 20 oder 30 Mitarbeitern kann selten von einer Transparenz des Arbeitsablaufs gesprochen werden – eine aktuelle Planung fehlt hier genauso häufig, wie in großen Entwicklungsbereichen mit 500 oder mehr Mitarbeitern.

Die seit Jahren auf dem Markt angebotenen Standard-EDV-Programme zur Auftrags- und Projektplanung waren bisher nicht in der Lage, die Forderungen nach

- einfacher Handhabung
- dezentralem Zugriff
- geringen Rechenkosten
- Planung im Dialog
- modularem Programmaufbau

insgesamt zu erfüllen. Das Forschungsprojekt MINIPLAN hatte die Zielsetzung, diesen Forderungen gerecht zu werden. Es wurde vom Bundesministerium für Forschung und Technologie gefördert und vom Fraunhofer-Institut für Produktionstechnik und Automatisierung (IPA), Stuttgart gemeinsam mit IBAT-AOP, Essen konzipiert und erfolgreich realisiert. Ein Arbeitskreis von 15 namhaften deutschen Industriefirmen hat dabei als Beratungsgremium mitgewirkt und den Praxisbezug von MINIPLAN entscheidend beeinflußt.

2.1 Überblick über das Programmsystem MINIPLAN

MINIPLAN besteht aus maximal vier aufeinander aufbauenden Moduln, wobei jeder höherwertige Modul die Funktionen der vorangehenden Moduln enthält. Im einzelnen haben die Moduln folgende Funktionen (vgl. Bild 2.1):

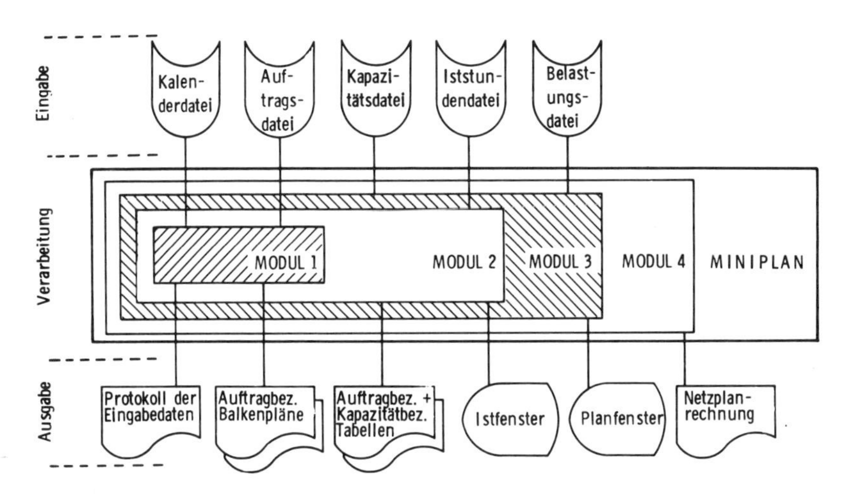

Bild 2.1: Schematischer Gesamtaufbau von MINIPLAN in vier Moduln mit den jeweiligen Eingabedaten und möglichen Ausgaben

– *Modul 1* verwaltet die Auftrags- und Stammdaten. Die Eingabe und Änderung der Daten geschieht im Dialog am Bildschirm. Der Anwender erhält auftragsbezogene Balkenpläne über einen Drucker. Mit Hilfe eines Warnsystems können kritische Termine ermittelt werden.
– *Modul 2* enthält in Erweiterung zu Modul 1 die Verarbeitung von auftragsbezogenem Soll- und Istaufwand in Stunden. Die Iststundenerfassung kann im

Dialog oder über andere Eingabemedien (Lochkarte, Lochstreifen, Magnetband) erfolgen. Auswertungen in tabellarischer Form, sowie verschiedene Statistiken sind möglich.
- *Modul 3* verwaltet die Kapazitätsdaten und eine Belastungsmatrix. Dort wird die je Woche verfügbare Kapazität berechnet und die Abweichung von eingeplanter und verfügbarer Kapazität ausgewiesen. Mit Hilfe eines Planfensters und Belastungsdiagramms können schnell wichtige kapazitätsbezogene Informationen ausgegeben werden.
- *Modul 4* berücksichtigt die Abhängigkeiten zwischen den einzelnen Aufgaben eines Auftrages über eine Netzplanberechnung. Die Netzplanberechnung ermöglicht das Ausweisen frühester und spätester Aufgabentermine, die Angabe des auftragsbezogenen Puffers sowie das Ausweisen des kritischen Weges.

2.2 Leistungen des Planungssystems

2.2.1 Eingangsdaten

Das System MINIPLAN unterscheidet bei den zu planenden Daten zwischen Aufträgen und Aufgaben. Zu jedem Auftrag können bis zu 45 Aufgaben definiert und netzplanmäßig verknüpft werden. Die Planung erfolgt auf Personen- oder Gruppenebene („Kapazitätseinheiten") für einen frei wählbaren Planungshorizont (Planungsperiode = Woche). Rückmeldungen werden als Istdaten in das System übernommen und verarbeitet.

2.2.1.1 Auftrags- und Aufgabendaten

In Abhängigkeit der Ausbaustufe (Modul) werden vom System folgende Auftrags- und Aufgabendaten verwaltet:

- Die *Auftragsnummer* kennzeichnet jeden erfaßten Auftrag, sie kann aus bis zu 10 alphanumerischen Zeichen bestehen und wird vom Anwender vergeben.
- *Prioritäten* können mit den Ziffern 1 bis 7 vergeben werden.
- Bei der *Auftragsbenennung* ist eine 15stellige verbale Auftragsbezeichnung möglich.
- Mit Hilfe eines zehnstelligen *Auftragstyps* können besondere Auswertungen erzeugt werden.
- Der Planer kann den gewünschten *Auftragsstarttermin* vorgeben (Format: WW.JJ).
- In gleicher Weise kann ein *Auftragsendtermin* vorgegeben werden.

- Die *Aufgabennummer* ist eine zweistellige Zahl. Sie kennzeichnet zusammen mit der Auftragsnummer eine Aufgabe. Pro Auftrag können bis zu 45 Aufgaben erfaßt werden.
- Die 15stellige *Aufgabenbenennung* bezeichnet eine Aufgabe.
- Der Planer kann den gewünschten *Aufgabenendtermin* angeben.
- Die vom Planer vorgesehene *Durchlaufzeit* einer Aufgabe wird in Wochen angegeben.
- Die *Kapazitätsnummer* kann bis zu 10 Stellen umfassen.
- Der für die Bearbeitung einer Aufgabe vorgesehene *Aufwand* wird in Stunden angegeben.
- Bei den *Verknüpfungen* können bis zu sieben Vorgänger bzw. Nachfolger angegeben werden.
- Durch die *Netzplanberechnung* werden folgende Termine ermittelt: frühester Anfangstermin, frühester Endtermin, spätester Anfangstermin, spätester Endtermin, aus Wunschendtermin und Durchlaufzeit berechneter Anfangstermin, gewünschter Endtermin, Puffer, kritischer Weg.

2.2.1.2 Kapazitätsdaten

Ab Modul 3 ist eine Verwaltung folgender Kapazitätsdaten vorgesehen:

- Die *Kapazitätsnummer* mit maximal 10 alphanumerischen Zeichen kennzeichnet eine Kapazitätseinheit (Abteilung, Gruppe, Mitarbeiter).
- Die *Kapazitätsbenennung* kann maximal 15 Zeichen lang sein.
- Die *Einsatzrate* gibt an, wieviel Prozent einer Kapazitätseinheit tatsächlich für die Einplanung zur Verfügung stehen.
- Eine Kapazitätseinheit kann aus einer bis maximal *18 Personen* bestehen.
- Jede Person kann durch eine 6stellige *Personalnummer* angesprochen werden.
- Die wöchentliche *verplanbare Kapazität* wird von MINIPLAN aus der Anzahl der Arbeitstage in der jeweiligen Woche, der Anzahl der Mitarbeiter sowie der Einsatzrate berechnet.

2.2.1.3 Istdaten

Ab Modul 2 können Iststunden erfaßt und verwaltet werden. Ihre Erfassung erfolgt in einem vorher festgelegten (z. B. wöchentlichen) Zyklus. Folgende Daten kennzeichnen eine Iststundenmeldung:

- Der *Erfassungszyklus* kennzeichnet den Zeitraum, innerhalb dessen die Iststunden erfaßt werden (Woche oder Monat).
- *Auftragsnummer* (siehe Abschnitt 2.2.1.1)
- *Aufgabennummer* (siehe Abschnitt 2.2.1.1)

- *Kapazitätsnummer* (siehe Abschnitt 2.2.1.2)
- Der *Tätigkeitsschlüssel* kann aus maximal drei numerischen Zeichen bestehen und kennzeichnet die Tätigkeit, bei der die Iststunden angefallen sind.
- *Iststunden* sind die Zeiten, die zur Bearbeitung einer Aufgabe innerhalb einer Kapazitätseinheit von einem Mitarbeiter oder einer Arbeitsgruppe während eines Erfassungszyklus rückgemeldet werden. Auf eine Aufgabe können mehrere Iststundenmeldungen pro Kapazitätseinheit und Periode entfallen.
- *Personalnummer* (siehe Abschnitt 2.2.1.2)

2.2.2 Funktionen von MINIPLAN

Die Systemfunktionen sind in einer *Codewortliste* zusammengefaßt (vgl. Bild 2.2).

Beispielhaft sollen hierzu die Funktionen „Terminüberwachung" und „Planungsfunktionen" beschrieben werden.

```
*****  CODEWORTLISTE   -  SYSTEMCODEWORTE

CODEWORTNUMMER :    01   BEARBEITUNGSENDE

                    02   AUFTRAGSBEARBEITUNG
                    03   KALENDER
                    04   AUSWERTUNGEN
                    05   TERMINUEBERWACHUNG
AB MODUL 2          06   ISTSTUNDENBEARBEITUNG
AB MODUL 3          07   KAPAZITAETSBEARBEITUNG
AB MODUL 3          08   BEARBEITUNG DER BELASTUNGSDATEI
AB MODUL 3          09   PLANUNGSFUNKTIONEN
AB MODUL 4          10   NETZPLANBERECHNUNG
```

Bild 2.2: Codewortliste (oberste Ebene)

2.2.2.1 Terminüberwachung

Mit der Funktion Terminüberwachung können frühzeitig Terminverzögerungen erkannt werden. Es werden diejenigen Aufgaben ausgewiesen, deren vorgegebener spätester Endtermin vor dem *Überwachungstermin* liegt und die noch nicht fertiggemeldet sind. Da der Überwachungstermin frei wählbar ist, können auch Listen solcher Aufgaben ausgegeben werden, deren Fertigstellungsdatum in der Zukunft liegt. Der Anwender erhält somit ein wirksames *Frühwarnsystem* (vgl. Bild 2.3).

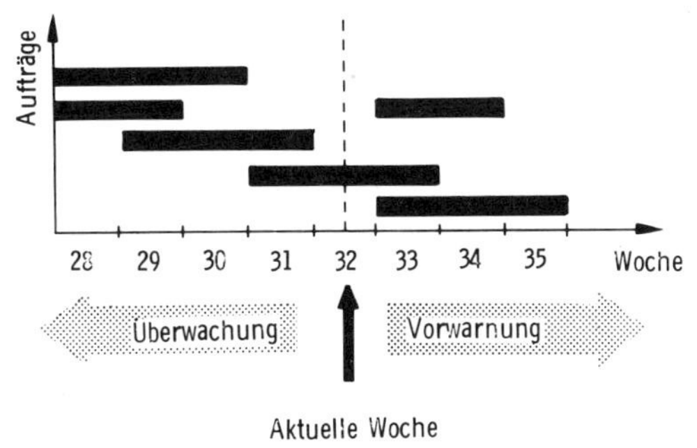

Bild 2.3:
Schematische Darstellung der Überwachungs- und Vorwarnungsfunktion

2.2.2.2 Planungsfunktionen von MINIPLAN

MINIPLAN führt eine Belastungsdatei, in der pro Kapazitätseinheit und Planungsperiode die verplanbare, verplante und Mehr/Minder-Kapazität verwaltet werden.

Grundsätzlich werden nur Aufgaben eingeplant, deren frühester Endtermin innerhalb des Belastungshorizonts liegt. Dabei wird ihr Restaufwand (in Stunden) für die zugehörige Kapazitätseinheit auf die Planungsperiode linear zwischen frühestem Anfangstermin bis zum frühesten Endtermin aufgeteilt. Liegt der Anfangstermin vor dem Beginn des Planungshorizontes, so wird beginnend von der aktuellen Woche eingeplant. Aufgaben, deren Endtermin vor dem Planungshorizont liegen, können nicht mehr eingeplant werden. Sie werden während der Planungsfunktion als fertig betrachtet. Liegt der Endtermin einer Aufgabe hinter dem Endtermin des Planungshorizontes, so wird unter Angabe der Aufgabennummer ein entsprechender Hinweis ausgegeben. Reicht die noch vorhandene verplante Kapazität in einer Planungsperiode nicht aus, so wird die Aufgabe dennoch eingeplant und die fehlende Kapazität gemeldet.

2.2.3 Systemausgaben von MINIPLAN

Alle Ausgaben von MINIPLAN sind in verschiedenen Verdichtungen und Selektionen zu erzeugen.

2.2.3.1 Balkenpläne

Mit einem Balkendiagramm, in das ein Soll- und Iststundenvergleich eingebunden ist, lassen sich alle Aufträge in einfacher Weise steuern und überwachen. Der vorgesehene Darstellungszeitraum umfaßt 65 Wochen mit einem freiwählbaren

Anfangszeitpunkt. Dadurch kann der Anwender auch einen Überblick über seine langfristige Planung erhalten (vgl. Bild 2.4).

```
********* M I N I P L A N *********   AUFTRAGSBEZOGENER BALKENPLAN   VON 14.79 BIS 26.80   DATUM 06.08.79 SEITE 1

                                      KENNUNG:  G = AUFTRAG/AUFGABE VOLLSTAENDIG ERFASST
                                                Z = AUFTRAG/AUFGABE LIEGT GANZ ODER TEILWEISE IN DER ZUKUNFT
AUFTRAGSTYP: VM01******                         V = AUFTRAG/AUFGABE LIEGT GANZ ODER TEILWEISE IN DER VERGANGENHEIT
                                                X = AUFTRAG/AUFGABE REICHT IN DIE VERGANGENHEIT UND ZUKUNFT
                          FRUEHESTER                  !          ! 3.QUARTAL ! 4.QUARTAL ! 1.QUARTAL ! 2.QUARTAL !!
AUFTR NR   AUFTR.BENENNUNG START END-   SOLL- IST- REST-     !1979  2    !  3        !4        5 !1980     1 !    2      !!KEN
AUFGA NR   AUFGA BENENNUNG TERM. TERM.  STD.  STD.  STD.     !4567890123456789012345678901234567890121234567890123456789012345 6!
KAPAZ NR   AUFTR AUFGA-TYP                                   !
-------------------------------------------------------------+------------------------------------------------------------------

    A01413 KUNDENBETR      20.79 34.79   280   140   140 SOLL!            ! AAAAAAA                                        !! G
           VM013                                          IST !                 *                                             !!
     T  01 KLAERUNG        20.79 30.79   120   120     0 SOLL!            ! KKK *                                          !! G
      ?00  K11                                            IST !            ! III *                                          !!
     P  11 BERATUNG/SEMIN  31.79 34.79   160    20   140 SOLL!            !     KKKK                                       !! G
      G100                                                IST !                 I*                                            !!
-------------------------------------------------------------+------------------------------------------------------------------
    A01418 P-PROJEKT       18.79 06.80  3920  1522  2438 SOLL!    AAAAAAAAAAAAAAAAAAAAAAAAAAAAAAAAAAAAAAAAAAAAA       !! G
           VM014                                          IST !                 *                                             !!
 *** P  04 FA/VORG  ERST   18.79 23.79   240   232     0 SOLL!    KKKKKK     *                                               !! G
      K110 K11                                            IST !    IIIII      *                                               !!
 *** P  05 VORSTUDIE       24.79 29.79   200   240     0 SOLL!          SSSSSS *                                             !! G
      K110                                                IST !          IIIIII *                                             !!
     P  10 PRUEF/ERST  P1  24.79 37.79  1400   990   410 SOLL!          KKKKKKKKKKKKKK                                       !! G
      G100 G100...                                        IST !          IIIIIIII*                                            !!
     P  40 BESCHREI  ENTW  30.79 35.79   140    60    80 SOLL!            ! SSSSSS                                         !! G
      G100 G100WW9                                        IST !            ! II*                                             !!
     P  11 PRUEF/ERST  P2  38.79 03.80  1900     0  1900 SOLL!                 *    KKKKKKKKKKKKKKKKKKK                      !! G
      G100 G100WW6                                        IST !                 *                                             !!
     T  30 ABNAHME PG      04.80 06.80    48     0    48 SOLL!                 *                    KKK                      !! G
      T300 T3                                             IST !                 *                                             !!
-------------------------------------------------------------+------------------------------------------------------------------
    TR4031 KONSTR FAHRGEST 30.79 50.79   790    20   770 SOLL!            ! AAAAAAAAAAAAAAAAAAAA                           !! G
           VM019                                          IST !                 *                                             !!
     T  01 KLAERUNG        30.79 30.79    10     0    10 SOLL!            ! K *                                            !! G
      K110                                                IST !                 *                                             !!
     P  05 VORUNTERS       31.79 33.79    20     0    20 SOLL!            !  SSS                                           !! G
      G100 U0001                                          IST !                 *                                             !!
     P  14 VERS TEILEBES   31.79 37.79   160    20   140 SOLL!            !  KKKKKKK                                       !! G
      G100 U103                                           IST !                I*                                             !!
     P  22 DAUERVERS       30.79 50.79   600     0   600 SOLL!                 *   KKKKKKKKKKKKK                              !! G
      G100 VLA3                                           IST !                 *                                             !!
-------------------------------------------------------------+------------------------------------------------------------------
```

Bild 2.4: Balkenplan von MINIPLAN (Beispiel)

2.2.3.2 Belastungsdiagramm

Die Belastungsdiagramme bei MINIPLAN zeigen in verdichteter Form die Belastung bestimmter Kapazitätseinheiten auf (vgl. Bild 2.5).

2.2.3.3 Plantabellen

Als *Zeitlupenfunktion* kann über einen Zeitraum von 13 Wochen eine Ausgabe der Soll- und Istdaten wahlweise für einen Auftrag, verschiedene Aufträge oder für eine Kapazitätseinheit in Tabellenform erstellt werden (vgl. Bild 2.6).
Die aktuelle Woche ist in zwei senkrechten Sternchenreihen eingefaßt. Die wöchentlichen Sollstunden einer Aufgabe entstehen durch lineare Verteilung des

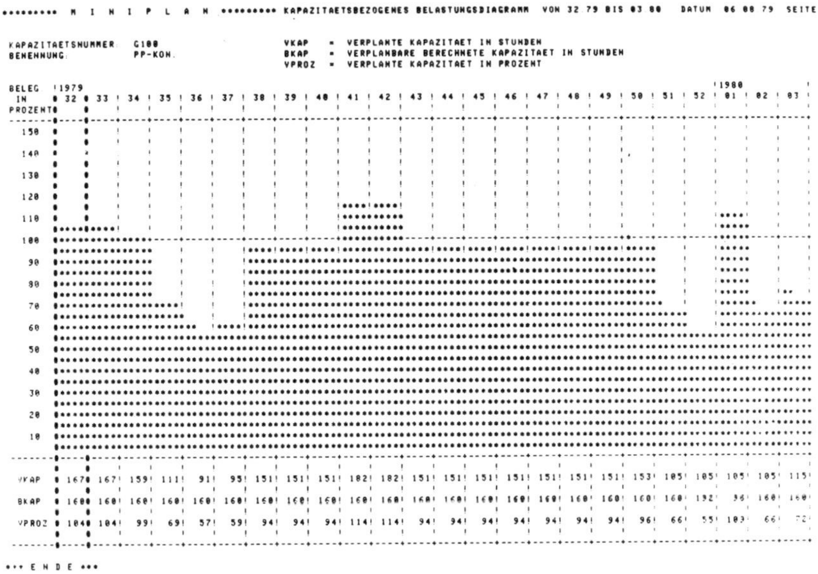

••••••••• M I N I P L A N ••••••••• KAPAZITAETSBEZOGENES BELASTUNGSDIAGRAMM VON 32.79 BIS 03.80 DATUM 06.08.79 SEITE

KAPAZITAETSNUMMER: G100
BENENNUNG: PP-KON.

VKAP = VERPLANTE KAPAZITAET IN STUNDEN
BKAP = VERPLANBARE BERECHNETE KAPAZITAET IN STUNDEN
VPROZ = VERPLANTE KAPAZITAET IN PROZENT

BELEG IN PROZENT: 150, 140, 130, 120, 110, 100, 90, 80, 70, 60, 50, 40, 30, 20, 10

	1979																					1980		
	32	33	34	35	36	37	38	39	40	41	42	43	44	45	46	47	48	49	50	51	52	01	02	03
VKAP	167	167	159	111	91	95	151	151	151	182	182	151	151	151	151	151	151	151	153	105	105	105	105	115
BKAP	160	160	160	160	160	160	160	160	160	160	160	160	160	160	160	160	160	160	160	160	192	36	160	160
VPROZ	104	104	99	69	57	59	94	94	94	114	114	94	94	94	94	94	94	94	96	66	55	103	66	72

••• E N D E •••

Bild 2.5: Belastungsdiagramm von MINIPLAN (Beispiel)

Restaufwandes in Stunden vom aktuellen Wochendatum bis zum Endtermin der Aufgabe. In der Zeit vor der aktuellen Woche werden die aufgelaufenen Iststunden vermerkt. Nach jedem Auftrag wird eine Summenzeile für Soll- und Istaufwand ausgedruckt.

2.3 Handhabung von MINIPLAN

Die gesamte Planbearbeitung erfolgt durch einen vom System geführten Dialog am Bildschirm. MINIPLAN liefert dabei eine in Abhängigkeit der verwendeten Ausbaustufe Anzahl von Codewortlisten, in denen den gültigen Systemfunktionen Codewortnummern zugeordnet sind. Um eine schnelle und übersichtliche Handhabung zu ermöglichen, ist die Codewortbearbeitung in drei Entscheidungsebenen unterteilt. Durch die Eingabe einer Codwortnummer findet der Benutzer Zugang zu der entsprechenden Funktion oder zu einer untergeordneten Codewortliste. In der ersten Ebene kann so z. B. das Bearbeitungsgebiet Auswertungen angewählt werden, dann kann aus der Codewortliste Auswertungen der Funktionsbereich „auftragsbezogener Balkenplan" und schließlich in der dritten Ebene die Einzelfunktion „auftragsbezogener Balkenplan für den Auftragstyp XY" definiert werden.

********* M I N I P L A N ********* KAPAZITAETSBEZOGENE TABELLE VON 28.79 BIS 40.79 DATUM 06.08.79 SEITE 1

KAPAZITAETSNUMMER: G100
BENENNUNG: PP-KON.

KENNUNG: G = AUFTRAG/AUFGABE VOLLSTAENDIG ERFASST
Z = AUFTRAG/AUFGABE LIEGT GANZ OBER TEILWEISE IN DER ZUKUNFT
V = AUFTRAG/AUFGABE LIEGT GANZ OBER TEILWEISE IN DER VERGANGENHEIT
X = AUFTRAG/AUFGABE REICHT IN DIE VERGANGENHEIT UND ZUKUNFT

AUFTR NR / AUFGA NR	AUFTR. BENENNUNG / AUFGA. BENENNUNG / AUFTR\AUFGA-TYP	FRUEHESTER START TERM.	END-TERM.	SOLL-STD.	IST-STD.	REST-STD.		1979 28	29	30	31	32	33	34	35	36	37	38	39	40	KEN
A01413	KUNDENBETR. / VM013	28.79	34.79																		
T 01	KLAERUNG / K11	28.79	30.79	120	120	0	SOLL	0	0	0											G
							IST	20	40	60											
P 11	BERATUNG/SEMIN.	31.79	34.79	160	20	140	SOLL				0	46	46	48							G
							IST				20										
							SUMME SOLL-STD.					46	46	48							
							SUMME IST-STD.	20	40	60	20										
A01418	P-PROJEKT / VM014	18.79	06.80																		
P 10	PRUEF/ERST P1 / G100WW1	24.79	37.79	1400	990	410	SOLL	0	0	0	0	68	68	68	68	68	70				V
							IST	150	80	80	80										
P 40	BESCHREI. ENTW. / G100WW9	30.79	35.79	140	60	80	SOLL			0	0	20	20	20	20						G
							IST			20	40										
P 11	PRUEF/ERST P2 / G100WW6	38.79	03.80	1900	0	1900	SOLL											105	105	105	Z
							IST														
							SUMME SOLL-STD.					88	88	88	88	68	70	105	105	105	
							SUMME IST-STD.	150	80	100	120										
TK9031	KONSTR FAHRGEST / VM019	30.79	50.79																		
P 05	VORUNTERS / U0001	31.79	33.79	20	0	20	SOLL				0	10	10								G
							IST														
P 14	VERS TEILEBES / V103	31.79	37.79	160	20	140	SOLL				0	23	23	23	23	23	25				G
							IST				20										
P 22	DAUERVERS / VLA3	38.79	50.79	600	0	600	SOLL											46	46	46	Z
							IST														
							SUMME SOLL-STD.					33	33	23	23	23	25	46	46	46	
							SUMME IST-STD.				20										
							GES. SUMME SOLL-STD.					167	167	159	111	91	95	151	151	151	
							GES. SUMME IST-STD.	170	120	160	160										

Bild 2.6: Kapazitätsbezogene Tabelle von MINIPLAN (Beispiel)

Zur vereinfachten Datenerfassung werden von MINIPLAN entsprechende Bildschirmmasken zur Verfügung gestellt, in der alle Eingabefelder mit ihrer maximalen Länge sichtbar sind. Das System positioniert den Bildschirm-Cursor nacheinander an jedes Eingabefeld und erwartet die entsprechende Eingabe. Durch eine Leereingabe kann der alte Feldinhalt beibehalten oder die Vorbesetzung übernommen werden.

2.4 Einsatz von MINIPLAN

MINIPLAN ist in der Programmiersprache C-BASIC realisiert und derzeit mit der folgenden Hardwarekonfiguration lauffähig:

DIETZ Rechnersystem 621 mit:

– Zentraleinheit 621	ab 48 KBytes Kernspeicher, davon 16 KBytes Anwenderspeicher
– Plattenspeicher	ab 2,4 MBytes
– Bildschirm	
– Schnelldrucker.	

Als zusätzliche Peripheriegeräte sind einsetzbar:

- weitere Bildschirmeinheiten
- Lochkartenleser
- Lochstreifenleser
- Lochstreifenstanzer.

Bild 2.7 zeigt ein Beispiel für eine mögliche Hardware-Konfiguration.

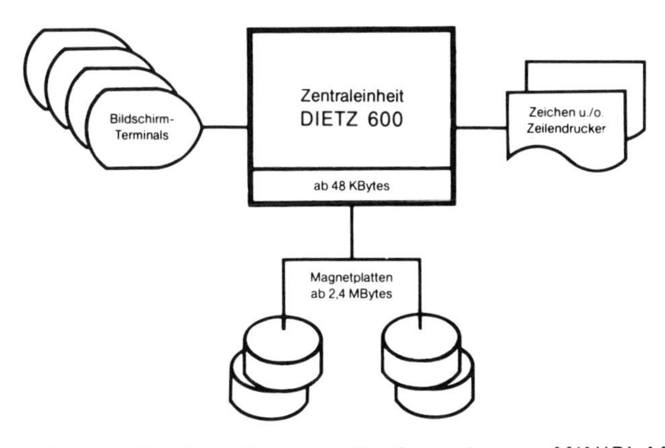

Bild 2.7: Mögliche Hardware-Konfiguration von MINIPLAN

Dr. J. Reinking

B 3
TERMIKON – Leistungsspektrum, Arbeitsweise und Benutzeranpassung

3.1 Einführung

TERMIKON ist ein universell einsetzbares Programmsystem zur Planung und Überwachung von

- komplexen Aufträgen und Projekten,
- beliebig strukturierten Kapazitäten,
- variablen und fixen Kosten.

Die Entwicklung von TERMIKON wurde vom Verein Deutscher Maschinenbau-Anstalten e. V. (VDMA) in Auftrag gegeben und mit Mitteln des Bundesministeriums für Forschung und Technologie gefördert. Realisierung und Vertrieb von TERMIKON wurden der Firma RRP übertragen.

Ursprünglich für die Auftragsgesamtsteuerung sowie die Detailplanung von Konstruktionen und Entwicklung in Maschinenbaufirmen konzipiert, wurde TERMIKON von RRP als universell einsetzbares Planungssystem realisiert.

Einsatzbeispiele von TERMIKON:

Bei der Auftragsabwicklung verhilft TERMIKON zu kürzeren Lieferfristen, größerer Termintreue und gleichmäßigerer Kapazitätsauslastung und erhöht damit die Wirtschaftlichkeit und die Absatzchancen, z. B. bei Aufgaben wie

- Konstruktion von Werkzeugmaschinen, Lastwagen, Transformatoren;
- Bau von Brücken, Hochhäusern, Straßen, Schiffen;
- Konzeption, Systementwicklung, Programmierung und Test eines Programmsystems;
- Errichtung einer Fabrikationsanlage, eines Kraftwerks usw.;
- Einführung neuer Markenartikel (Marktforschung, Entwicklung, Produktion, Werbung, Distribution);
- Planung der Wartung von Maschinen und Anlagen.

TERMIKON ist firmen- und branchenunabhängig und kann vollständig an Wünsche und Gegebenheiten des Benutzers angepaßt werden.

Im folgenden werden die 4 Ausbaustufen von TERMIKON beschrieben, zwischen denen der Benutzer wählen kann und die ihm auch eine stufenweise Einführung von TERMIKON ermöglichen.

3.2 TERMIKON – Ausbaustufe 1: Terminplanung

Die Ausbaustufe 1 von TERMIKON ermöglicht die Speicherung beliebiger vertrieblicher Daten (z. B. Vertreterschlüssel) und technischer Daten (z. B. Antriebsleistung) über Anfragen, Angebote, Kundenaufträge und Projekte sowie deren Terminierung ohne Berücksichtigung möglicher Kapazitätsengpässe.

Ausbaustufe 1 übernimmt die zeitliche Planung aller Tätigkeiten unter *Annahme unbegrenzter Kapazität.* TERMIKON deckt *sämtliche Funktionen der Netzplantechnik* ab, z. B.:

- Möglichkeit sämtlicher Vorgangsverknüpfungen einschließlich Überlappung.
- Verankerung des Netzes an beliebigen Vorgängen bzw. Meilensteinen (Vorwärts- und/oder Rückwärtsterminierung).
- Vorgabe minimaler und *maximaler* Übergangszeiten möglich (Beispiel: Weiterbearbeitung des Materials darf frühestens 5, spätestens 8 Tage nach dem Guß erfolgen).

Bedingt durch die Annahme unbegrenzter Kapazität sind die Ergebnisse der Terminplanung dann ausreichend, wenn keine Engpaßsituationen auftreten. Die ausschließliche Verwendung der Ausbaustufe 1 ist daher sinnvoll, wenn wenige Projekte durchzuführen sind und Engpaßsituationen durch gezielte Maßnahmen abgebaut werden können.

3.2.1 Netzschachtelung

Bereits Ausbaustufe 1 bietet die speziellen Möglichkeiten von TERMIKON zur Netzverfeinerung (Beispiel siehe Bild 3.1).

Es ist eine bekannte Planungserfahrung, daß das Wissen über die in nächster Zeit abzuwickelnden Aufgaben meist wesentlich detaillierter und genauer ist, als das über in ferner Zukunft liegende Tätigkeiten. TERMIKON bietet daher die Möglichkeit, *zunächst grob geplante Vorgänge eines Netzes jederzeit durch*

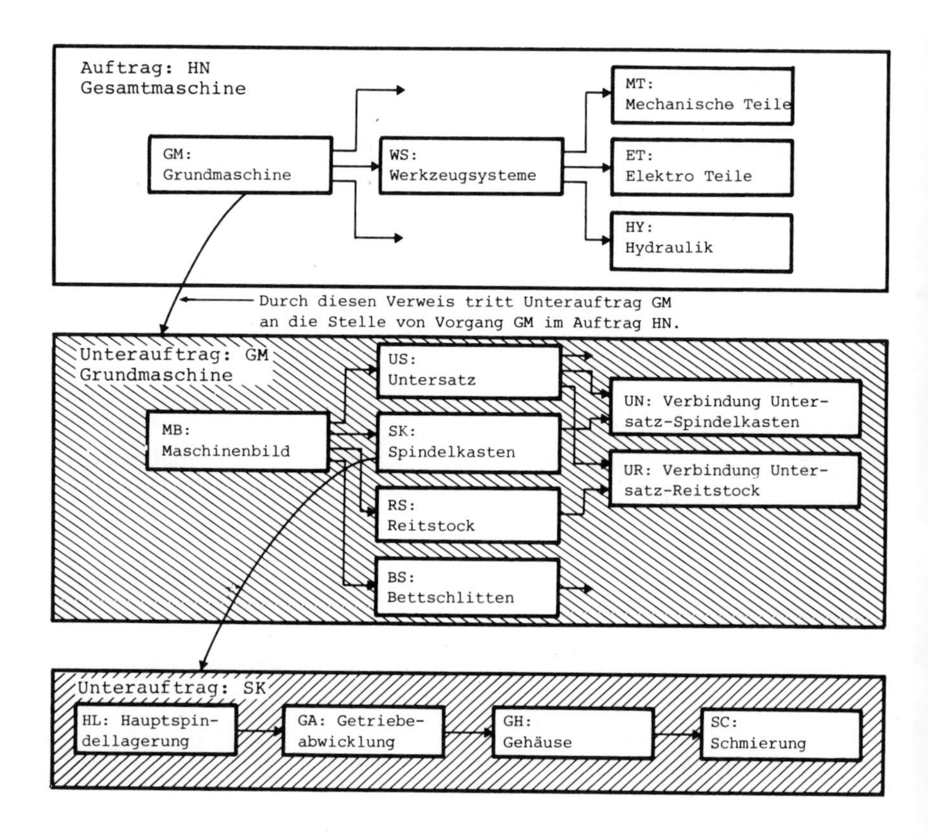

Bild 3.1: Beispiel für die Netzverfeinerung mit dem Projektfortschritt (Aufgabe: Konstruktion einer numerisch gesteuerten Drehmaschine)

beliebig komplexe Netze bzw. Unteraufträge zu verfeinern, ohne daß Änderungen an der bisherigen gröberen Darstellung eines Projektes erforderlich werden.

Diese Netzschachtelung ermöglicht es jedem für eine Teilaufgabe oder eine Mitarbeitergruppe Verantwortlichen ein Unternetz zur selbständigen Planung zu übergeben. Dadurch wird sowohl die *Qualität der Plandaten* als auch die *Motivation der Mitarbeiter* zur systematischen Planung und Kontrolle wesentlich gesteigert.

Die Planungsverfeinerung kann über *beliebig viele Stufen* erfolgen; die Größe von Netzen ist in TERMIKON nicht begrenzt.

Durch die Netzschachtelung können außerdem unabhängige Projekte zeitlich gekoppelt werden (Beispiel: Zwischenprodukte verschiedener Aufträge müssen gleichzeitig ins Ausland verschifft werden, Synchronisation über gemeinsamen Unterauftrag „Schiffstransport").

3.2.2 Ergebnisse der Terminplanung

Die Ergebnisse der Terminplanung und Terminüberwachung werden in TERMIKON in Form von Soll/Istvergleichen in wählbarer Zusammenfassung und für vorgebbare Planungs- und Überwachungsperioden ausgegeben; ein benutzerspezifisches Beispiel zeigt Bild 3.2.

```
*****************************************************************************************************************
*                   *                       MS = MAHNSTATUS            BALKENDIAGRAMM:      *  TERMINUEBERSICHT     EMPFAENGER: R4840 *
*                   * # = TAETIGKEIT           ES FEHLT:               V = VORGABE          *  LANGFRISTIG           HALL             *
*                   *     AUF KRITI-        M = MITARBEITERZUORDNUNG   T = TERMINPLANUNG    *                       STAND:  19.09.77  *
*  T E R M I K O N  *     SCHEM WEG         A = ANFANGSMELDUNG         E = EINSATZPLANUNG   *  PROJEKT:             DRUCK:  15.09/14:45 *
*                   *                       E = ENDEMELDUNG            I = IST    S = SOLL  *   0038                SEITE:  01        *
*****************************************************************************************************************

|                                  |AUSFUEH PHA M EIN  AUFWAND ANFANGS END   WERK|   77   |     78     |     79     |     80     | 81  |
|TAETIGKEITEN                      |RUNG    SE  S SATZ MANNTAGE  TERMINE     TAGE|AMJJASONDJFMAMJJASONDJFMAMJJASONDJFMAMJJASONDJFMAMJJ|
|----------------------------------+-------+-----+-----+-----+------+------+-----+--------------------------------------------------|
|PROJEKT:  0038           PRIO: 03|        |     |     |     |      |      |     |     :                                            |
|ENTWICKLUNG DER TECHNISCHEN VOR- |        |     |16.89|17227|010677|300681|1020|   SSSSSSSSSSSSSSSSSSSSSSSSSSSSSSSSSSSSSSSSSSSSSSSSS |
|AUSSETZUNGEN DES EDV-SYSTEMS DER|1103    |     |17.12|16863|190977|310881| 985|      TTTTTTTTTTTTTTTTTTTTTTTTTTTTTTTTTTTTTTTTTTTTTTTT|
|BFA AB 1980                       |        |     |16.16|16863|190977|231181|1043|      EEEEEEEEEEEEEEEEEEEEEEEEEEEEEEEEEEEEEEEEEEEEEEEE|
| HALL                 TEL: 24434|        |     | 2.77|  169|130677|130977|  61|   IIII                                           |
|1103-1-2/038.00                   |        |     |     |     |      |      |     |      :                                           |
|                                  |        |     |     |     |      |      |     |      :                                           |
|VORGANG; ASH                      |        |    M|     |     |      |      |     |      :                                           |
|SCHULUNG DES GROBPLANUNGSTEAMS    |        |    E|     |     |      |050777|     |      :                                           |
|IN BS 2000                        |1103    |     |16.00|  192|250777|100977|  16|    SS:                                           |
|                                  |        |     |     |     |280777|      |     |    I :                                           |
|                                  |        |     |     |     |      |      |     |      :                                           |
#VORGANG; APN    NETZ:  0038 VAPN|        |     |     |     | FIX; 310178|     |      :   V                                       |
#AUSWAHL EINES PROJEKTPLANUNGS-   |        |     | 1.06|  126|220777|250178| 119|    SSSSSSS                                       |
#SYSTEMS                          |1103-1-2|     | 1.03|  106|190977|180278| 103|      TTTTTT                                      |
#1103-1-2/038.PN                  |        |     | 0.97|  106|190977|030378| 109|      EEEEEEE                                     |
#                                 |        |     | 1.08|   20|220877|080977|  19|     II                                           |
|                                  |        |     |     |     |      |      |     |      :                                           |
|VORGANG: AKO                      |        |13G  |     |     |      |      |     |      :                                           |
|FORMULIERUNG DES LANGFRISTIGEN    |        |    A| 0.42|   27|030877|271277|  64|     SSSSS                                        |
|EDV-TECHNISCHEN GRUNDKONZEPTS     |RODENSTOCK    | 0.36|   27|190977|200178|  74|      TTTTT                                       |
|NACHFOLGER: MS1 MU4 MTX XYZ RST   |TEL: 24816    | 0.36|   27|190977|100278|  76|      EEEEEE                                      |
|              001 002             |BAHLSEN |     |     |     |      |      |     |      :                                           |
|1103-1-2/038.KO                   |TEL: 22119    |     |     |      |      |     |      :                                           |
|ERGEBNIS:                         |        |     |     |     |      |      |     |      :                                           |
| GROBKONZEPT                      |        |     |     |     |      |      |     |      :                                           |
|                                  |        |     |     |     |      |      |     |      :                                           |
|VORGANG: AMS                      |        |     |     WUNSCH: 150980|      |     |      :                                      V    |
|PLANUNG ABLAUFSTEUERUNG UNTER     |        |     | 3.10|  146|021080|101280|  47|      :                                       SSS |
|MRS I ( IC-PROGRAMME )            |1103    |     | 2.47|  146|010181|310381|  59|      :                                          TTT|
|                                  |MUELLER A     | 2.47|  146|010281|300481|  59|      :                                          EEE|
|                                  |TEL: 23417    |     |     |      |      |     |      :                                           |

|NETZ;  0038 VAPN       EBENE:  2|        |     |     |     |      |      |     |      :                                           |
|VERWENDUNG;  0038       APN      |        |     | 1.06|  126|220777|250178| 119|    SSSSSSS                                       |
|             0038 VCD4 DB3       |        |     | 1.03|  106|190977|170278| 103|      TTTTTT                                      |
|AUSWAHL EINES PROJEKTPLANUNGS-    |        |     | 0.97|  106|190977|030378| 109|      EEEEEEE                                     |
|SYSTEMS                           |        |     | 1.08|   20|220877|080977|  19|     II                                           |
| SCHULZ D             TEL: 25732|        |     |     |     |      |      |     |      :                                           |
|1103-1-2/038.PN                   |        |     |     |     |      |      |     |      :                                           |
|                                  |        |     |     |     |      |      |     |      :                                           |
|VORGANG; B02    NETZ:  0038 VB02|        |13G  |     | FIX; 180677|050977|  56|   VVVV                                           |
|DEFINITION DER PROJEKTDATEN       |        |     | 0.38|   25|220777|251077|  65|    SSSS                                          |
|MODULNAMEN;    Y038A Y038B        |        |     | 0.35|   17|190977|181177|  49|      TTT                                         |
|                                  |        |     | 0.32|   17|190977|021277|  53|      EEEE                                        |
|                                  |        |     | 0.35|    7|190877|080977|  20|     II                                           |
|                                  |        |     |     |     |      |      |     |      :                                           |
```

Bild 3.2: Beispiel einer kundenspezifischen Terminübersicht

3.3 TERMIKON – Ausbaustufe 2: Einsatzplanung

Diese Ausbaustufe geht von der Tatsache aus, daß in der Praxis die verfügbare Kapazität fast immer begrenzt ist und Projekte mit *unterschiedlicher Priorität* um diese Kapazität konkurrieren (Multiprojektplanung). TERMIKON ermöglicht es dem Benutzer, in Ausbaustufe 2 wahlweise zu ermitteln,

- wie stark die Kapazitäten bei Einhaltung der Termine aus- bzw. überlastet werden (= *termintreue Planung);*
- welche Terminverschiebungen sich für Projekte mit niedrigerer Priorität ergeben, wenn eine Überbelastung der Kapazitäten vermieden werden soll (= *kapazitätstreue Planung).*

Falls erforderlich, wird von TERMIKON in beiden Fällen automatisch eine Reduzierung von Sicherheitsaufwand vorgenommen und von *Ausweichkapazitäten* Gebrauch gemacht.

3.3.1 Kapazitätsstruktur

Wie im Bild 3.3 gezeigt, unterscheidet TERMIKON zwischen den der Aufbauorganisation des Unternehmens (Gruppen, Abteilungen, Kostenstellen usw.) entsprechenden *permanenten Kapazitäten* und den durch flexiblere Arbeits- und Projektgruppen bereitgestellten *temporären Kapazitäten* (z. B. Mitarbeiter A arbeitet zu 40 % in Projektgruppe X).

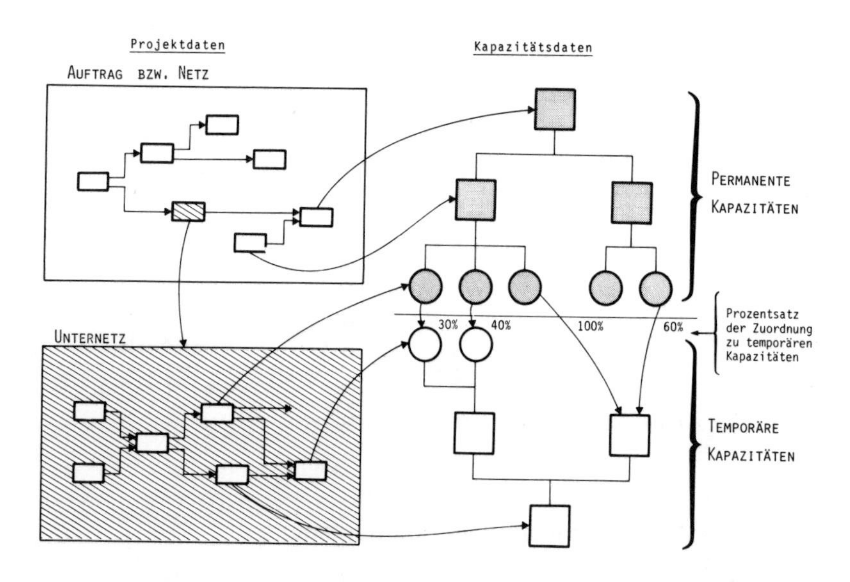

Bild 3.3: Zuordnung von Tätigkeiten zu ausführenden Kapazitäten auf beliebiger Ebene der permanenten bzw. der temporären Kapazitätsstruktur

Für jede elementare Kapazität (dies können Mitarbeiter, Maschinen oder aber Gruppen sein) können beliebig viele *Perioden abweichender* Verfügbarkeit (z. B. Urlaub, Fortbildung, Wartungszeiten) berücksichtigt werden.

Permanente und temporäre Kapazitäten können jeweils zu beliebig vielen hierarchischen Führungsebenen verdichtet werden (Baumstruktur). Dabei kann für jede Kapazität eine prozentuale *Grundbelastung* vorgegeben werden, die nicht für die Einsatzplanung zur Verfügung steht (Beispiel: Abteilungsleiter können sich nur zu 50 % ihrer Zeit an Neuentwicklungen beteiligen).

Die *Einlastung* der Tätigkeiten in die verfügbaren Kapazitäten kann *gleichzeitig* auf allen Ebenen der permanenten und/oder der temporären Kapazitätsstruktur erfolgen (vgl. Bild 3.3). TERMIKON verlangt also nicht die unrealistische Einschränkung der Planung auf nur eine hierarchische Ebene. Tätigkeiten können z. B. in nächster Zeit auf Mitarbeiterebene und in fernerer Zukunft auf Gruppen- oder Abteilungsebene eingeplant werden (Verfeinerung der Planung mit dem Projektfortschritt).

3.3.2 Planungsperioden

Der Planungshorizont kann in bis zu 4 Bereiche abnehmend feiner Planungsperioden unterteilt werden (z. B. erst Wochen, dann Monate, dann Quartale). Dies ermöglicht eine schnelle und wirtschaftliche Einsatzplanung mit realistisch abgestufter Genauigkeit. In dem Planungszeitraum, für den Arbeitspapiere ausgegeben werden, wird mit größter Feinheit geplant.

3.3.3 Ergebnisse der Einsatzplanung

Ausgaben dieser Ausbaustufe sind in der vom Benutzer gewünschten Verdichtung und Darstellung:

- *Terminlisten* und Soll/Istvergleiche entsprechend der Ausbaustufe 1, jedoch mit den realistischen Terminen der Einsatzplanung (E im Balkendiagramm von Bild 3.2).
- *Belastungsübersichten und Belegungsübersichten,* die je Kapazität, Kostenstelle, Abteilung usw. die geplante und tatsächliche Belastung in allen Planungsperioden ausweisen (Beispiel s. Bild 3.4).
- *Arbeitspapiere* (z. B. Konstruktionsaufträge), in denen die in nächster Zeit durchzuführenden Aufgaben übersichtlich dargestellt sind.
  Diese Arbeitspapiere können so gestaltet werden, daß sie direkt zur Rückmeldung von Istwerten und Restwerten (z. B. noch erforderlicher Aufwand bis zum Ende der Tätigkeit) verwendet werden können (Beispiel s. Bild 3.7).

TERMIKON

BEI MITARBEITERN ZEIGT DIE ERSTE ZEILE DIE VERFUEGBARE KAPAZITAET IN DEN PLANUNGSPERIODEN IN % . IN DER ZWEITEN ZEILE BZW. BEI NICHT-MITARBEITERN IN DER ERSTEN STEHT DIE GEPLANTE BELASTUNG IN DER PERIODE IN % DER VERFUEGBARKEIT. DIE PLANUNGSPERIODEN ENDEN JEWEILS MIT DEM DARUEBERSTEHENDEN DATUM.

BELASTUNGSUEBERSICHT
1103-1

EMPFAENGER: R4234
BAHLSEN
STAND: 19.09.77
DRUCK: 15.09/14:45
SEITE: 01

AUSFUEHRENDE KAPAZITAETEN	WOCHEN														MONATE						QUARTALE						
	25 09 77	02 10 77	09 10 77	16 10 77	23 10 77	30 10 77	06 11 77	13 11 77	20 11 77	27 11 77	02 12 77	09 12 77	16 12 77	31 12 77	31 01 78	28 02 78	31 03 78	30 04 78	31 05 78	30 06 78	30 09 78	31 12 78	31 03 79	30 06 79	30 09 79	31 12 79	31 03 80
KRASZNITZ	85	85	85	85	85	85	85	85	85	85	85	85	85	85	85	85	85	85	85	100	100	100	100	100	100	100	100
	110	110	80	80	80	80	70	70	70	71	71	71	71	71	71	60	60	60	60	60	30	32	32	10	10	10	10
1103-1-1	100	100	85	85	85	70	70	71	71	73	73	73	73	73	60	60	60	61	61	61	30	30	30	10	10	10	10
SCHULZ D	75	75	75	75	75	75	75	75	90	90	90	90	90	90	100	100	100	100	100	100	100	100	100	100	100	100	100
	120	120	120	120	120	110	100	100	85	85	85	85	85	85	10	10	10	10	10	10	50	50	50	50	0	0	0
BERTRAM S	100	100	100	100	100	85	80	80	80	80	80	80	80	80	80	100	100	100	100	100	100	100	100	100	100	100	100
	115	115	80	90	90	90	103	103	103	40	40	40	40	40	40	15	15	15	15	15	15	0	0	0	0	0	0
MUELLER A	90	90	90	90	90	90	90	90	90	90	90	90	90	90	90	90	100	100	100	100	100	100	100	100	100	100	100
	103	103	103	103	103	96	95	95	95	15	15	15	3	3	3	3	0	0	0	0	0	0	0	0	0	0	0
NEUMUELLER	100	100	100	100	100	100	100	100	100	100	100	100	100	100	100	100	100	100	100	100	100	100	100	100	100	100	100
	91	91	91	91	91	91	83	83	83	83	30	30	30	25	10	10	10	10	10	10	0	0	0	0	0	0	0

Bild 3.4: Beispiel einer Belastungsübersicht

Anhand dieser Planungsergebnisse können frühzeitig Maßnahmen zur Optimierung des Personaleinsatzes eingeleitet bzw. Prioritäten von Projekten geändert werden. Die Auswirkungen unterschiedlicher Maßnahmen lassen sich hierbei in Form von *Simulationsläufen* gegeneinander abwägen, wobei die Planungsgenauigkeit und damit auch der Planungsaufwand schrittweise entsprechend dem wachsenden Erkenntnisstand erhöht werden können.

Beispielsweise kann die *Angebotserstellung* durch Simulation des Auftrags wesentlich beschleunigt sowie terminlich und kalkulatorisch abgesichert werden. TERMIKON hilft so dem Unternehmen bei der schnellen Reaktion auf geänderte Marktsituationen.

3.4 TERMIKON – Ausbaustufe 3: Kostenplanung

Für ein Unternehmen ist neben der zeitlichen Abwicklung eines Projektes seine *Kalkulation und kostenmäßige Überwachung* von entscheidender Bedeutung.

Ausbaustufe 3 liefert dem TERMIKON-Anwender deshalb unter Verwendung der unternehmensspezifischen Kostenarten eine auf den Ergebnissen der Termin- und Einsatzplanung aufbauende Kostenträger- und Kostenstellenrechnung.

3.4.1 Kostentypen

TERMIKON unterscheidet *aufwandsproportionale, mengenproportionale und absolute* Kosten. Daher brauchen aufwands- und mengenproportionale Kosten nicht explizit (z. B. in DM) vorgegeben zu werden, sondern sie werden in Soll und Ist automatisch aus einmalig gespeicherten Verrechnungssätzen ermittelt.

Aufwandsproportionale Kosten (zeitabhängige Kosten, z. B. Lohnkosten, Brennstoffkosten) werden in Soll und Ist durch zeitgerechte Bewertung des Aufwands (z. B. Mann-Stunden) mit Verrechnungssätzen (z. B. DM pro Konstrukteurstunde) ermittelt. Damit werden Aufwandsdaten und Kostensätze *entkoppelt* und können unabhängig voneinander geändert werden.

Beispiel:
Erhöht sich das Gehalt einer Mitarbeitergruppe, so können nach Eingabe nur eines Wertes (neuer Verrechnungssatz) die Kostenerhöhungen sämtlicher Tätigkeiten automatisch ermittelt werden.

Mengenproportionale Kosten werden ebenfalls durch Bewertung der vorgegebenen oder rückgemeldeten Menge (z. B. Tonnen Beton) mit dem gespeicherten Verrechnungssatz (z. B. DM je Tonne Beton) ermittelt.

Absolute Kosten werden dagegen im Soll und Ist in Geldbeträgen eingegeben (Beispiel: Kosten für Fremdfertigung).

3.4.2 Kostensätze

Für jede anwenderspezifische Kostenart und für jedes Planungsobjekt – d. h. für jede Tätigkeit (Vorgänge, Unternetze, Auftragsnetze) und für jede Kapazität (Mitarbeiter, Gruppen, Abteilungen, etc.) – werden bei TERMIKON *vier Kostensätze im Monatsraster* angelegt, die der Unterscheidung der Kosten in den verschiedenen Planungs- bzw. Abwicklungsstadien der Aufträge dienen (vgl. Bild 3.5):

Vorgabekosten werden je nach Kostentyp in Geldbeträgen oder als Verrechnungssätze für Aufwand bzw. Mengen eingegeben.

Planungskosten werden automatisch bei jedem Planungslauf (z. B. monatlich) aus den jeweils aktuellen Ergebnissen der Einsatzplanung errechnet.

Budgetkosten entstehen dadurch, daß die Planungskosten eines sogenannten *Budgetlaufs* in die Budgetkostensätze umgebucht und damit bis zum nächsten Budgetlauf gewissermaßen „eingefroren" werden. Die Budgetkosten dienen als langfristige Kostenvorgaben (z. B. für ein Geschäftsjahr), die unabhängig von den in der rollenden Planung laufend aktualisierten Planungskosten bestehen bleiben. Drohende Budgetüberschreitungen werden dadurch transparent, daß der Vergleich von Budget- und Planungskosten gewissermaßen einen Soll/Istvergleich in die Zukunft hinein ermöglicht (Frühwarnsystem!).

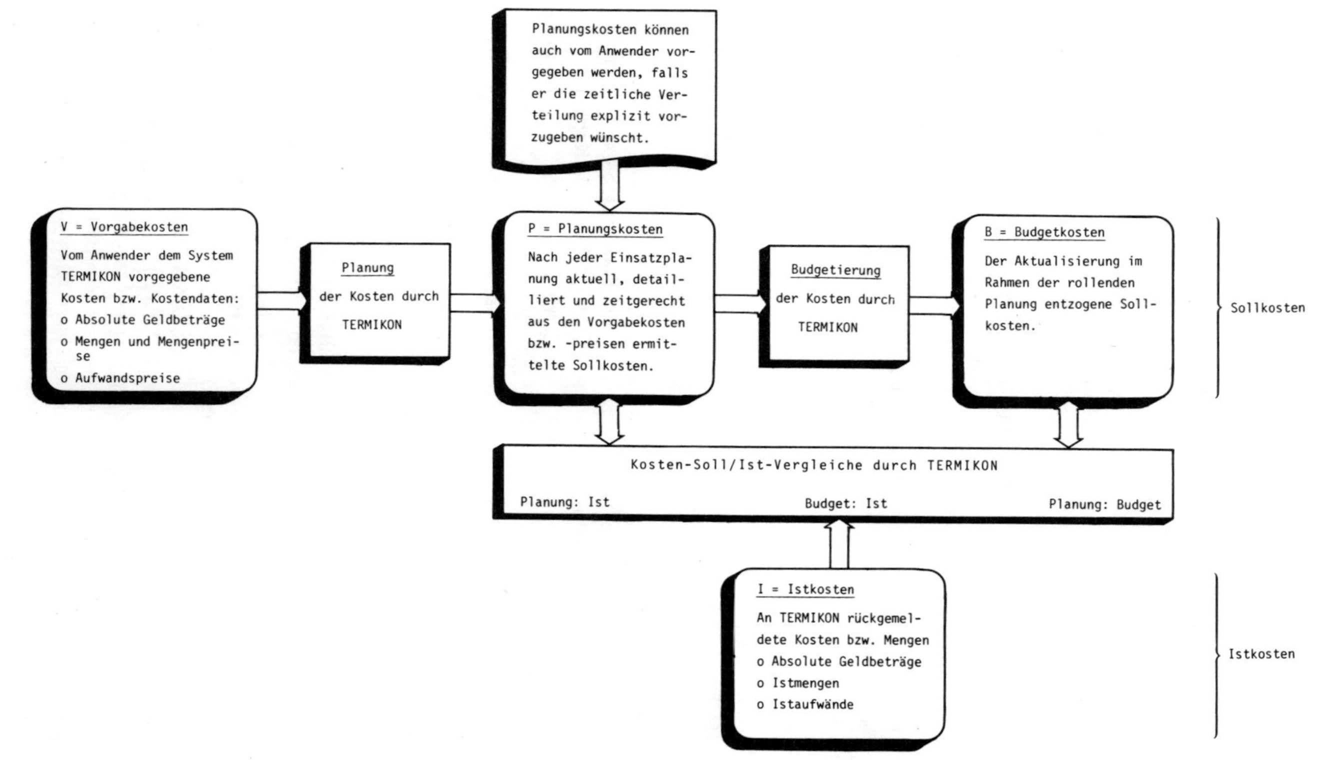

Bild 3.5: Behandlung von Soll- und Istkosten durch TERMIKON

Istkosten werden in Geldbeträgen rückgemeldet oder durch Bewertung von Aufwand (z. B. Mannstunden) bzw. Menge (z. B. verbrauchter Beton) mit in TERMIKON gespeicherten Verrechnungssätzen automatisch ermittelt.

Durch Meldung von *Restaufwand bzw. Restkosten* werden noch vor Beendigung der Abwicklung einer Tätigkeit drohende Kostenüberschreitungen erkannt, d. h. nicht erst, wenn alle genehmigten Kosten verbraucht sind und das Projekt eventuell nicht mehr erfolgreich abgeschlossen werden kann.

3.4.3 Kostenträgerrechnung

Die projektbezogene Sammlung und Verdichtung der Kostendaten erlaubt eine beliebig strukturierte, anwenderspezifische Kostenträgerrechnung.

Eine Kumulierung oder Selektion der Kosten wird dabei automatisch aus der Projektstruktur (Vorgänge, Unternetze, Auftragsnetze), aus den Kostentypen und zusätzlich aus beliebigen Klassifikationskriterien (z. B. Reparaturkosten, Zulieferkosten, Montagekosten, Werkzeugkosten, Rechenkosten) abgeleitet.

Außerdem können durch Einspielen von geplanten oder tatsächlichen Umsatzdaten beliebig gestaffelte *Deckungsbeitragsrechnungen* realisiert werden.

3.4.4 Kostenstellenrechnung

Die Sammlung und Verdichtung der Kosten in aufbauorganisatorischer Sicht ermöglicht eine anwenderspezifisch strukturierte Kostenstellenrechnung.

Dabei wird die in den Verdichtungen der Kapazitäten vorliegende Struktur (Gruppen, Abteilungen, Werke, etc.) automatisch in entsprechend gegliederten Listen ausgegeben. Zusätzlich können quer durch diese Struktur Selektionen oder Verdichtungen nach beliebigen *Klassifikationsmerkmalen* der Kapazitäten (z. B. Maschinenklassen, Gliederung nach dem Standort der Abteilungen) erfolgen.

3.5 TERMIKON – Ausbaustufe 4: Planwertfindung

Ausbaustufe 4 ermöglicht es dem Anwender, seine Erfahrungen über durchgeführte Projekte systematisch abzulegen und mit geringem Aufwand in Neuplanungen einzubeziehen.

3.5.1 Archivierung

Aktuelle Projekte können jederzeit mit sämtlichen Daten in einem Projektarchiv abgelegt werden. Damit können laufende Planungen auch mit früheren Planungsständen verglichen werden (Beispiel: Wie war das Projekt ursprünglich strukturiert, welche Kostensätze wurden bei Projekteröffnung geschätzt?)

3.5.2 Standardnetze

Zur Beschleunigung der Planung neuer Aufträge können Standardnetze archiviert werden, die jederzeit aktualisiert oder gezielt modifiziert werden können. Beispielsweise kann durch die Archivierung von Standardnetzen für Referenzmaschinen der *Planungsaufwand wesentlich reduziert* werden (schnelle Angebotsterminierung und Vorkalkulation möglich).

3.5.3 Standardvorgänge

Die Vorgabedaten (Aufwand, Dauer, Kosten) von häufig in ähnlicher Form wiederholten Tätigkeiten können von TERMIKON automatisch durch Mittelwertbildung aus den Istwerten abgeschlossener Projekte abgeleitet werden.

Die Ermittlung von Vorgabedaten aus Daten früherer Projekte liefert *besonders realistische Planwerte,* da sich in den Istwerten auch nichtquantifizierbare Einflußgrößen auf den Projektfortschritt widerspiegeln (z. B. Betriebsklima, Qualifikation der Mitarbeiter, Organisationsniveau).
Als „lernendes System" stellt die Planwertfindung von TERMIKON sicher, daß Planungserfahrungen nicht verloren gehen, sondern daß die Planungssicherheit sich ständig verbessert.

3.6 Arbeiten mit TERMIKON

Bild 3.6 skizziert, wie sich TERMIKON in Ablauf und Aufbau der Unternehmensorganisation einfügt.

Dabei werden die verschiedenen Stellen und Mitarbeiter wie folgt von TERMIKON unterstützt:

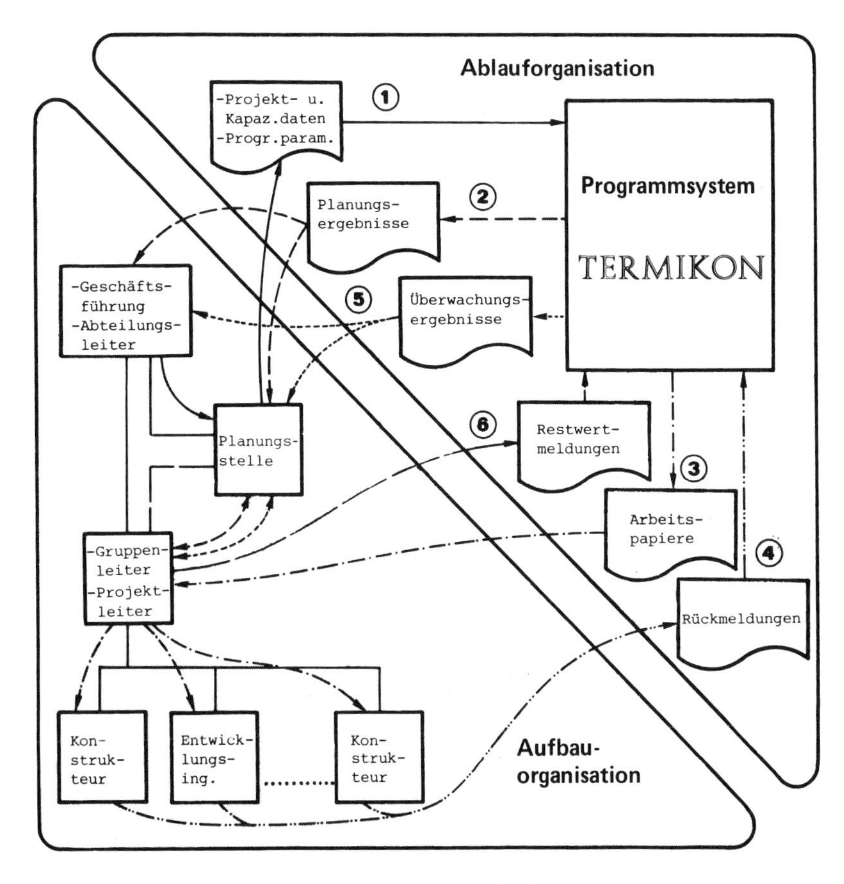

Bild 3.6: Prinzipieller Ablauf des TERMIKON-Einsatzes

3.6.1 Entscheidungsträger

Für die Geschäftsführung und die Abteilungsleiter ergibt sich durch die ihnen zugestellten Planungs- (2) (Anm. 1 s. S. 133) und Überwachungsergebnisse (5) eine *hohe Transparenz* der gesamten Auftragsabwicklung (= Rahmenplanung) bzw. des Entwicklungsgeschehens (= Detailplanung der Konstruktion und Entwicklung).

Die TERMIKON-Ausgaben können hierbei flexibel *entsprechend der Führungsebene* des Empfängers *verdichtet* sowie durch programmgesteuerte Hinweise erläutert werden. Somit können die Vorgesetzten anhand weniger, hochverdichteter Daten den Erfolg aller Projekte kontrollieren.

Die Möglichkeit zur *Simulation* der wahrscheinlichen Auswirkungen alternativer Entscheidungen erhöht zusätzlich die Sicherheit der Führungskräfte bei ihren Maßnahmen zur Erreichung des Projekterfolges.

Dabei besteht eine wesentliche Führungsaufgabe in der Vorgabe eindeutiger Prioritäten für die verschiedenen Projekte, die um die Belegung der gleichen Kapazitäten konkurrieren.

Durch *Wegfall von Planungsroutine und teuren Verlustzeiten* (z. B. durch mangelhafte Bereichskoordination sowie häufige Terminkonferenzen) gibt TERMIKON den Führungskräften die Möglichkeit, sich verstärkt der Projekt- und Auftragsgesamtplanung zu widmen.

3.6.2 Planungsstelle

Es empfiehlt sich, die Verantwortung für die Kommunikation mit dem Programmsystem TERMIKON je nach Umfang der Aufgabenstellung einem teil- oder vollzeitigen Planer bzw. bei besonders großen Anwendungen einer Planungsstelle zu übertragen, die vor allem folgende Aufgaben haben:

- Aufbau und Pflege der Datenbestände einschließlich Fehlerbereinigung (1).
- Auslösen der unterschiedlichen Planungsläufe (1).
- Überprüfung der Simulations- und Planungsergebnisse (2) und Freigabe der Planung für die Erstellung der Arbeitspapiere (1).
- Wahrnehmung der Funktionen einer Anlaufstelle für sämtliche mit TERMIKON arbeitenden Mitarbeiter zur
  - Erläuterung der Systemfunktionen;
  - Unterstützung bei Fragen zur Anwendung von TERMIKON.
- Koordinierung des Datenflusses zwischen den beteiligten Stellen und dem Programmsystem TERMIKON (3), (4), (6).

Es ist ein wesentliches Ziel von TERMIKON, den *Aufwand für die Planer so gering wie möglich* zu halten. Dies wird wie folgt erreicht:

- Die integrierte Behandlung von Zeiten, Kosten und Kapazitäten minimiert den Aufwand für die Aufbereitung und Erfassung der Daten.
- Alle verfügbaren (archivierten) Informationen können durch einfache Anweisungen in Neuplanungen einbezogen werden. Beispielsweise können durch nur einen Befehl komplette Auftragsnetze dupliziert werden.

3.6.3 Gruppenleiter, Projektleiter

Die in TERMIKON realisierte Unterauftragstechnik ermöglicht es, daß jeder für eine abgeschlossene Teilaufgabe oder für eine Gruppe von Mitarbeitern Verantwortliche seine Aufgaben *selbständig in Form von Unternetzen planen und überwachen kann.* Hierdurch wird einerseits die Motivation zur aktiven Nutzung des Planungssystems gesteigert; andererseits führt die Strukturierung der Tätigkeiten und die Schätzung der Plandaten durch die direkten Vorgesetzen zu *qualitativ hochwertigen Planungsergebnissen.*

Unterstützt werden die Gruppenleiter bzw. Projektleiter bei diesen Planungs- und Führungsaufgaben durch

- detaillierte Termin-Soll/Istvergleiche, Belastungs- und Belegungsübersichten (2) und Überwachungsergebnisse (5),
- Entwicklungsaufträge bzw. Arbeitspapiere für die in nächster Zeit anstehenden Tätigkeiten (3).

Bei Feststellung, daß Planungsdaten nicht eingehalten werden können, melden die Gruppen- bzw. Projektleiter die bis zum Abschluß der jeweiligen Tätigkeit voraussichtlich noch erforderlichen Werte von *Restaufwand, Restdauer* bzw. *Restkosten* (6).

TERMIKON errechnet automatisch alle Termin-, Belastungs- und Kostenauswirkungen dieser Meldungen; es ist somit ein leistungsstarkes *Frühwarnsystem* für drohende Planungsabweichungen.

3.6.4 Ausführende Mitarbeiter

Die für die Ausführung der geplanten Tätigkeiten vorgesehenen Mitarbeiter (z. B. Konstrukteure, Entwicklungsingenieure) sind über Arbeitspapiere (3) und Rückmeldungen (4) am Planungsgeschehen beteiligt und haben somit einen entscheidenden Einfluß auf Aktualität und Genauigkeit der Planung.

Die Produktivität wird dabei gesteigert durch

- die *aktive Beteiligung* der Mitarbeiter an der Plandatenermittlung,
- die Errechnung *einhaltbarer Termine* durch die kapazitätstreue Einsatzplanung,
- den *Wegfall von Terminhektik* und von häufig wechselnden Prioritäten.

3.6.5 Minimierung des Rückmeldeaufwands

Die am Projekt beteiligten Mitarbeiter sollen so wenig wie möglich mit Zeitaufschreibung und Kostenmeldung belastet werden. Daher benötigt TERMIKON jeweils nur minimale Rückmeldedaten, die durch bereits gespeicherte Daten ergänzt und kommentiert werden (Beispiel: aufwandsproportionale Ist-Kosten nebst verbaler Bezeichnung der Kostenart werden aus dem rückgemeldeten Aufwand einer Tätigkeit abgeleitet).

Darüber hinaus ist TERMIKON in der Lage, abgestimmt auf die individuellen Belange des Anwenders, *vorgefertigte Rückmeldebelege* zu erzeugen; Bild 3.7 zeigt ein benutzerspezifisches Beispiel eines Tätigkeitsnachweises. Da viele Rückmeldedaten bereits von TERMIKON ausgedruckt werden, bedeutet die Ergänzung dieser Belege eine *wesentliche Arbeitsersparnis* gegenüber der üblichen manuellen Istdatenrückmeldung (z. B. durch Konstruktionsstundenaufschreibungen).

```
*****************************************************************************************************************
*                 * MIT DIESEM BELEG WIRD DER GELEISTETE IST-AUFWAND RUECKGEMELDET * ARBEITSPAPIER      EMPFAENGER: R4760  *
*                 *                                                                * AUFWANDSMELDUNG     BERTRAM S        *
*                 * UNGEPLANTE TAETIGKEITEN KOENNEN IN DEN LETZTEN ZEILEN VERMERKT *                    STAND:  19.09.77   *
* T E R M I K O N * WERDEN.  DABEI BITTE PROJEKTNUMMER, NETZNUMMER UND VORGANGS-   * AUSFUEHRUNG:       DRUCK:  15.09/14:45*
*                 * NUMMER ANGEBEN  O D E R  TAETIGKEIT RECHTS KURZ BESCHREIBEN.   * BERTRAM S          SEITE:  01         *
*****************************************************************************************************************

                                RUECKMELDUNG DES IST-AUFWANDS, DER SEIT DER
                                LETZTEN AUFWANDSMELDUNG GELEISTET WURDE :

                                  DATUM DER         GELEISTETER  IST-AUFWAND    REST-AUFWAND
      PROJEKT NETZ    VORGANGS     LETZTEN          IST-AUFWAND  WURDE GELEI-   MANNTAGE  AB
      NUMMER  NUMMER  NUMMER    AUFWANDSMELDUNG     MANNSTUNDEN  STET BIS ZUM    STANDDATUM   BEZEICHNUNG DER TAETIGKEIT

         |      |      |
IBI   | |0|0|3|4|M|D|X|A|C|C|3|   |1|2|0|9|7|7|   | | | | |    | | | | | | | |       18         ERMITTLUNG VON MENGENDATEN UND
-     ----------------------      T-T-M-M-J-J      -------       T-T-M-M-J-J                   HOCHRECHNUNG DER ANLAGENAUSLA-
01    03                          16               23            30                            STUNG

         |      |      |
IBI   | |0|0|3|8| | | | |A|M|S|   |0|1|0|9|7|7|   | | | | |    | | | | | | | |       25         PLANUNG ABLAUFSTEUERUNG UNTER
-     ----------------------      T-T-M-M-J-J      -------       T-T-M-M-J-J                   MRS I  ( IC-PROGRAMME )
01    03                          16               23            30

         |      |      |
IBI   | | | | | | | | | | | | |                    | | | | |    | | | | | | | |   ..............................
-     ----------------------                       -------       T-T-M-M-J-J
01    03                                           23            30                ..............................

         |      |      |
IBI   | | | | | | | | | | | | |                    | | | | |    | | | | | | | |   ..............................
-     ----------------------                       -------       T-T-M-M-J-J
01    03                                           23            30                ..............................

         |      |      |
IBI   | | | | | | | | | | | | |                    | | | | |    | | | | | | | |   ..............................
-     ----------------------                       -------       T-T-M-M-J-J
01    03                                           23            30                ..............................


   ........DATUM.......BERTRAM.S..........
        UNTERSCHRIFT DES MITARBEITERS
```

Bild 3.7: Beispiel eines Arbeitspapiers (Tätigkeitsnachweis) zur Rückmeldung des geleisteten Istaufwandes in Mannstunden

3.7 Vorgehen bei der Einführung von TERMIKON

Es ist ein entscheidender Vorteil von TERMIKON, daß es vollständig an Organisation und Gegebenheiten des Benutzers angepaßt werden kann und daß somit für den Benutzer zeitraubende und aufwendige organisatorische Umstellungsarbeiten entfallen.

3.7.1 Stufenweise Einführung

RRP empfiehlt folgende Vorgehensweise:

- Entscheidung für den Einsatz von TERMIKON in einer der vier Ausbaustufen nach Beantwortung folgender Fragen:
  - Kann ohne Berücksichtigung der Kapazitätsbelastung geplant werden?
    = Ausbaustufe 1
    Terminplanung
  - Werden mehrere Aufträge von den gleichen Mitarbeitern bzw. Kapazitäten durchgeführt und ist ihre Auslastung zu planen?
    = Ausbaustufe 2
    Einsatzplanung
  - Sollen auch Kosten geplant und überwacht werden?
    = Ausbaustufe 3
    Kostenplanung
  - Soll auch auf Erfahrungen aus abgewickelten Aufträgen zurückgegriffen werden?
    = Ausbaustufe 4
    Planwertfindung

- Festlegung einer *einfachen* Anfangsnutzung von TERMIKON, die in ihren Anforderungen an die Mitarbeiter nicht allzusehr über dem bisherigen manuellen oder maschinellen Planungsverfahren liegt.

- Kurzfristige *praktische Nutzung* dieser Anfangsversion von TERMIKON, dabei praxisbezogene Einarbeitung der betroffenen Mitarbeiter.

- Besondere Wünsche an TERMIKON (spezielle Algorithmen, Verwendung weiterer Dateien – z. B. Kundendatei – Erzeugung neuer Druckausgaben) können von RRP auch nachträglich kurzfristig erfüllt werden.

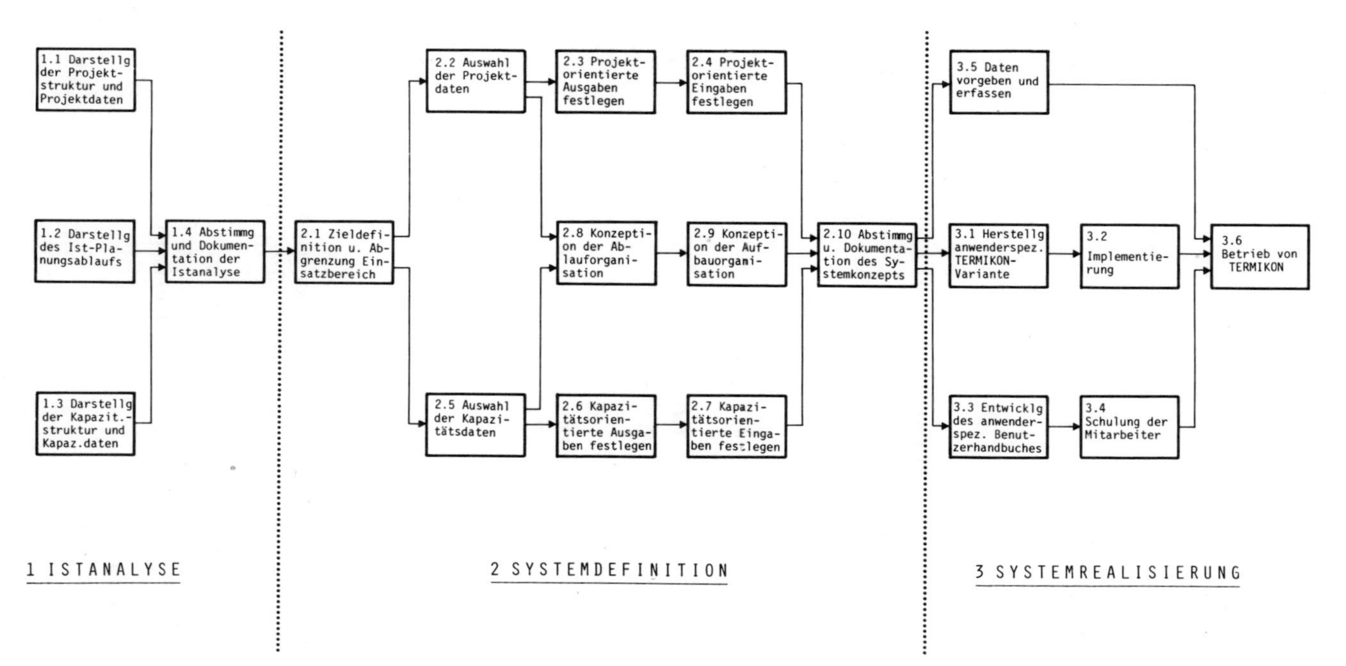

Bild 3.8: Vorgehensweise zur Definition und Herstellung einer anwenderspezifischen TERMIKON-Variante

3.7.2 Projektgruppe zur Einsatzvorbereitung

Wünscht ein Anwender von vornherein einen möglichst umfassenden Einsatz einer anwenderspezifischen TERMIKON-Variante, so wird eine entsprechende Einsatzvorbereitung notwendig.

Diese geschieht am zweckmäßigsten in einer Projektgruppe, die sich aus Mitarbeitern der beteiligten Unternehmensbereiche sowie aus einem TERMIKON-Spezialisten der RRP zusammensetzen sollte.

Bild 3.8 zeigt einen Grobnetzplan für die Vorgehensweise dieser Projektgruppe zur Realisierung einer benutzerspezifischen Variante des Planungssystems TERMIKON.

Anmerkung

1) Die in Klammern gesetzten Zahlen verweisen auf die entsprechenden eingekreisten Zahlen im Bild 3.6.

H.-P. Schweimer

B 4
Projektmanagement mit PPC III

4.1 Ziele und Aufgaben des Projektmanagements

Konstruktive Ziele einerseits sowie Termin- und Budgeteinhaltung andererseits sind typisch für das Projektmanagement.
Grundlage der Zielerreichung ist die Projektplanung mit einer Strukturierung der Projekte in Teilprojekte, Phasen (Arbeitsabschnitte) und Vorgänge (Aktivitäten/ Arbeitspakete). Die Terminierung der Projekte basiert einerseits auf der Dauer und Abhängigkeitsstruktur der Vorgänge, andererseits wird sie ganz wesentlich bestimmt von der Ressourcenzuweisung und Ressourcenverfügbarkeit.

Insbesondere die Mitarbeiter als gemeinsame Ressourcen aller Projekte schaffen eine projektübergreifende Abhängigkeit. Die Knappheit der Ressourcen erfordert eine Projektselektion nach Maßgabe von Prioritäten. Verzögerungen von Projekten mit einer verspäteten Freisetzung der Mitarbeiter bedeuten verspäteten Start von Folgeprojekten. Projektsteuerung wird damit ganz wesentlich zur Ressourcensteuerung, sie ist nicht mehr nur eine Einzel-, sondern eine Multiprojektsteuerung (vgl. Bild 4.1).

Hier zeigen sich zugleich die Grenzen manueller Verfahren der Projektplanung und Projektverfolgung. Eine wesentliche Unterstützung bietet dabei das EDV-unterstützte Projektmanagementsystem PPC-III:

- Kombinierte *Multi-Projekt- und Ressourcen-Steuerung* (vgl. Bild 4.2).
- Erstellung der vollständigen *Termin- und Kostenplanung* aufgrund elementarer Eingabedaten.
- *Ressourcenzuweisung* nach Maßgabe von Prioritäten der verschiedenen Projekte.
- *Projektverfolgung* basierend auf Ist-Meldungen der Mitarbeiter (Tätigkeitsberichte).
- Aufgrund des aktuellen Projektstatus neue Verplanung der zukünftigen Teile des Projektes sowie *Hochrechnen der Termine und Kosten.*

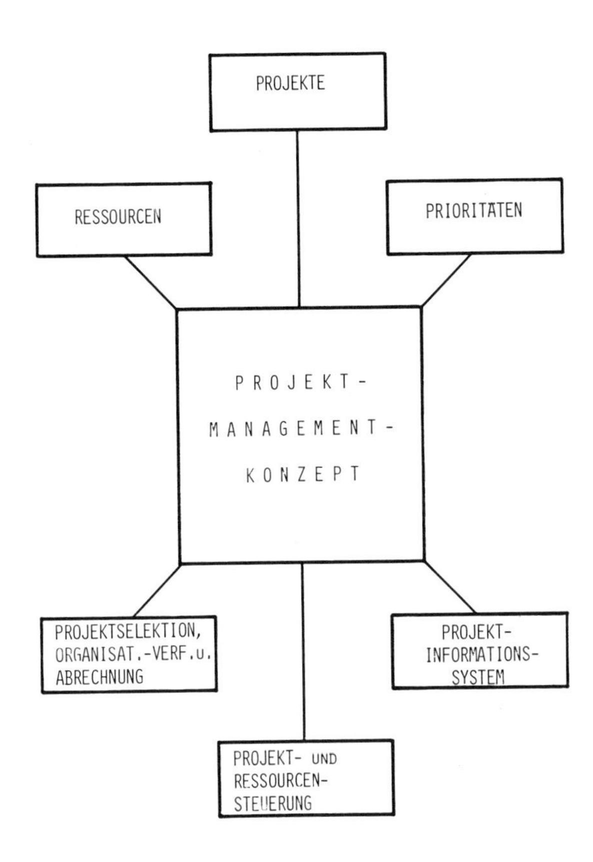

Bild 4.1: Das Projektmanagement-Konzept

- Umfassendes *Berichtswesen* für alle Projektverantwortlichen, so daß bei Störungen das Management rechtzeitig und gezielt in das Geschehen eingreifen kann.
- Systematische *statistische Auswertungen* der Projektdaten zur Verbesserung des Schätzverfahrens für zukünftige Projekte.
- Das Projektverfahren wird formalisiert und wirksam unterstützt, so daß es *Akzeptanz bei allen Projektbeteiligten* findet.
- Integrierte *Projektkostenrechnung* als Grundlage für Wirtschaftlichkeitsanalyse, Budgetierungen und Projektabrechnungen.

Einen Überblick über den Funktionsumfang von PPC-III gibt Bild 4.3.

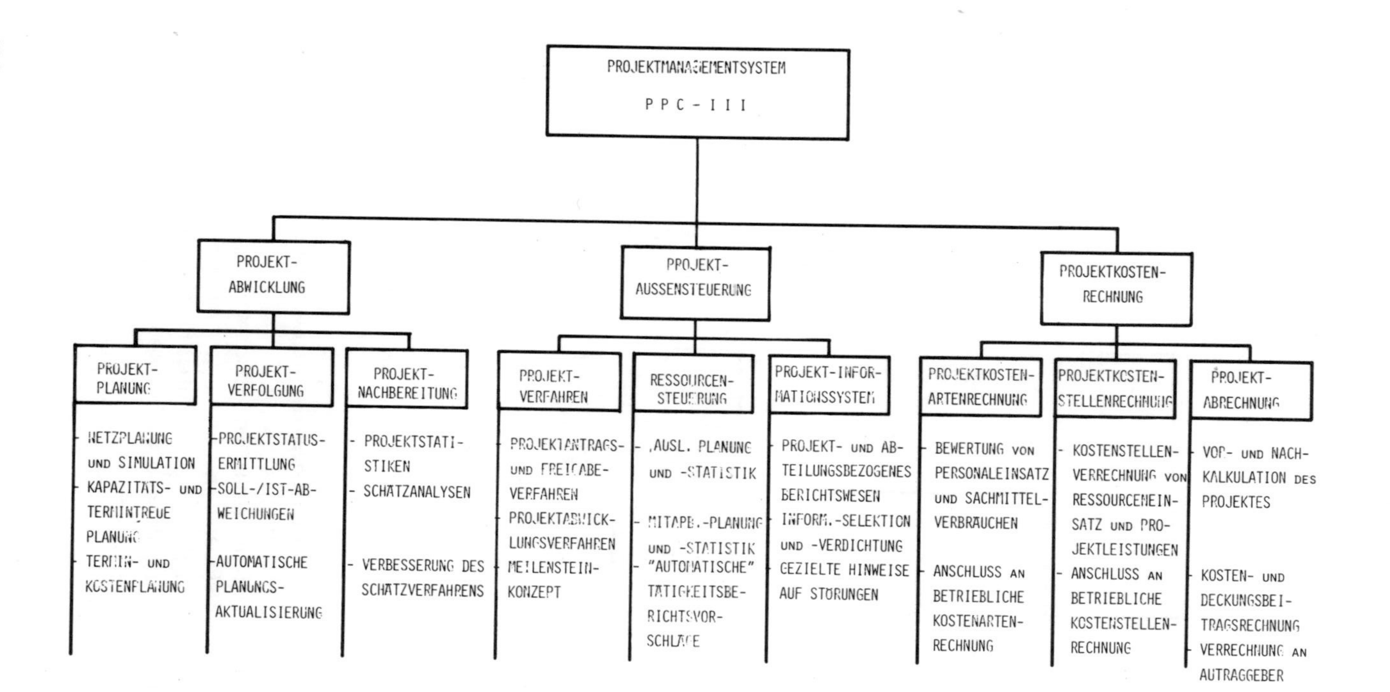

Bild 4.3: Funktionsumfang von PPC-III

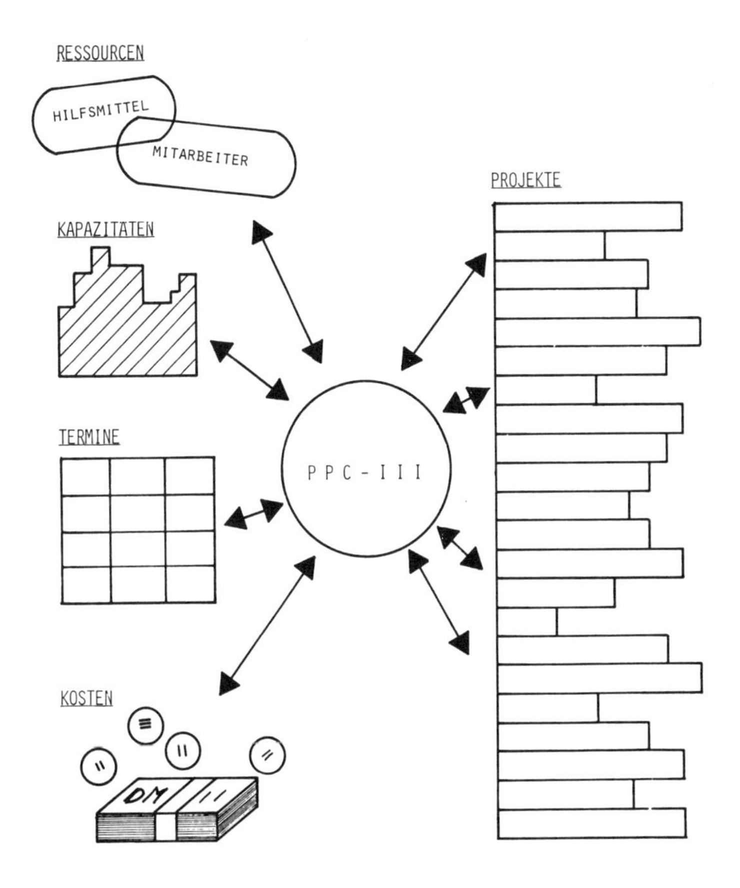

Bild 4.2: Multiprojekt- und Ressourcensteuerung

4.2 Projektplanung und Projektverfolgung

4.2.1 Planungsvorbereitung

Projektstrukturierung

PPC-III gestattet die hierarchische Gliederung von Projekten in bis zu vier Ebenen. Hierbei ist die Anzahl der Elemente auf jeder Stufe beliebig. Unter Ausnutzung der vollständigen Hierarchie läßt sich ein Auswerteschlüssel von bis zu sechzehn Stellen bilden (vgl. Bild 4.4).

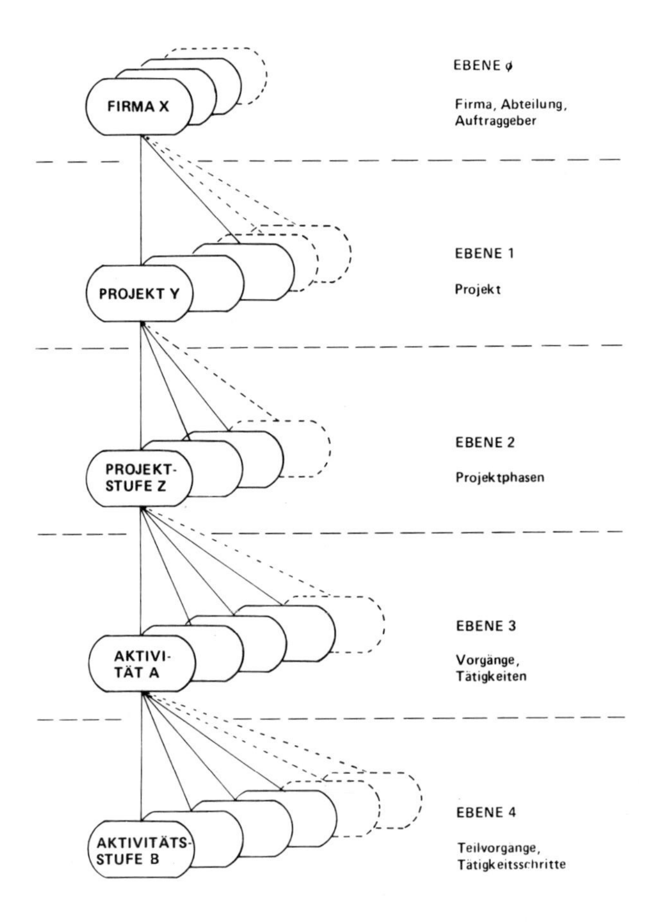

Bild 4.4: Projektstrukturierung bei PPC-III

Die *Struktur* kann dabei flexibel vom Benutzer der jeweiligen *Organisation angepaßt* werden. Es wird dabei der Tatsache Rechnung getragen, daß ein großer Teil der Projekte mit einfachen Strukturen auskommt. Für allgemeine Aktivitäten und Fehlzeiten wie Urlaub, Fortbildung, Krankheit, Verwaltungstätigkeiten usw. können überdies sogenannte unstrukturierte Projekte einmalig definiert werden.

Die Vereinheitlichung und vereinfachte Definition von Projektstrukturen wird durch frei definierbare Standardstrukturen unterstützt. Zur Projektstrukturierung gehört die Definition der Abhängigkeitsstrukturen. Die Verknüpfung von

Vorgängen (Aktivitäten) kann als Ende/Start-, Start/Start-, Ende/Ende-Beziehung sowie mit Überlappungen vorgesehen werden.

Ressourcenzuordnung

Die Ressourcenzuweisung kann wahlweise durch Zuordnung einer Klassifikation (Zugriff auf einen Mitarbeiterpool) oder eines bestimmten Mitarbeiters erfolgen. Einsatzraten können projektweise definiert werden.

Aufwandschätzung

Für jeden Vorgang (Arbeitspaket) wird direkt die Dauer angegeben oder zunächst eine Aufwandsschätzung vorgenommen, aus der PPC-III die Dauer (Durchlaufzeit) unter Berücksichtigung der Einsatzrate der Mitarbeiter errechnet. Aus dem Personalaufwand ermittelt PPC-III die Personalkosten. Weiterhin können Sachmittelverbräuche eingeplant werden.

4.2.2 Projektplanung

Aus den elementaren Daten erstellt PPC-III eine Termin-, Kosten- und Ressourcenplanung (vgl. Bild 4.5).

Die Terminplanung kann zunächst als Einzelprojektplanung nach Netzplantechnik durchgeführt werden. PPC-III ermittelt hierbei kritische Wege und Pufferzeiten, erstellt Balkendiagramme und weist die Kapazitätsanforderungen in Form von Histogrammen aus. Das Netzplanzeichenprogramm GRANEDA kann in Verbindung mit PPC-III eingesetzt werden.

Die eigentliche Projektplanung von PPC-III wird in Verbindung mit der Ressourcenplanung durchgeführt. Aufgrund der Mitarbeiterstamminformationen wird für jede Klassifikation und unter Berücksichtigung von Urlaub u. ä. die Ressourcenverfügbarkeit ermittelt. Nach Maßgabe von Prioritäten werden die Ressourcen den Projekten zugewiesen und die Projekte terminiert. Die Poolkapazität und die Mitarbeiterkapazität werden parallel geführt und fortgeschrieben. Bei kapazitätstreuer Planung werden auch namentlich noch nicht verplante Mitarbeiter nicht mehr disponiert, wenn die Poolkapazität erschöpft ist. Bei termintreuer Planung werden Kapazitätsrestriktionen nicht beachtet.

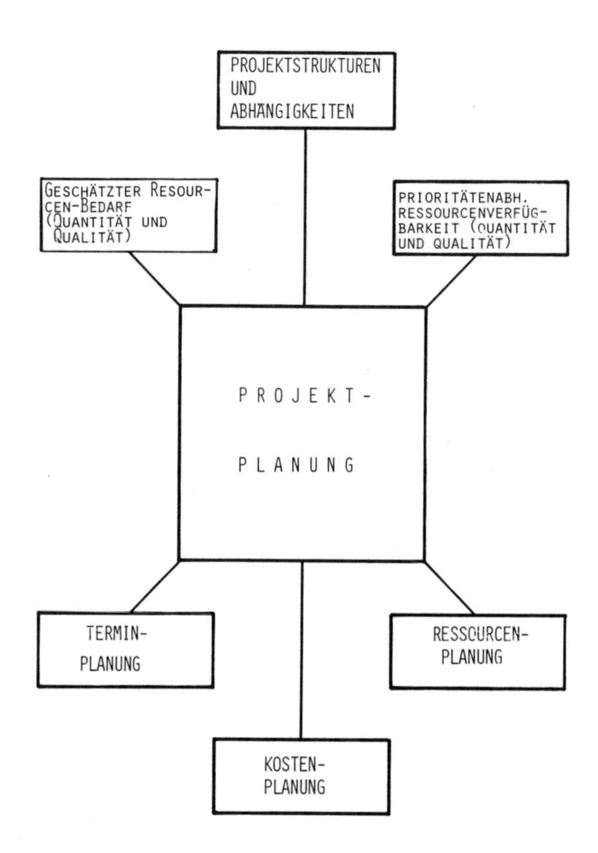

Bild 4.5: Projektplanung

4.2.3 Projektverfolgung und -Projektion

Projektverfolgung

Grundlage der Projektverfolgung sind die Ist-Meldungen über den geleisteten Aufwand in den Tätigkeitsberichten der Mitarbeiter (vgl. Bild 4.6).
PPC-III bucht den Ist-Aufwand vom Planaufwand der jeweiligen Aktivität ab. Der verbleibende Aufwand wird neu verplant. Dabei hat der Mitarbeiter die Möglichkeit, auf seinem Tätigkeitsbericht für die in Arbeit befindliche Aktivität eine aktualisierte Restaufwandsschätzung vorzunehmen.

Analog zu den Tätigkeitsberichten erfolgen die Ist-Meldungen für Sachmittel-Verbräuche.

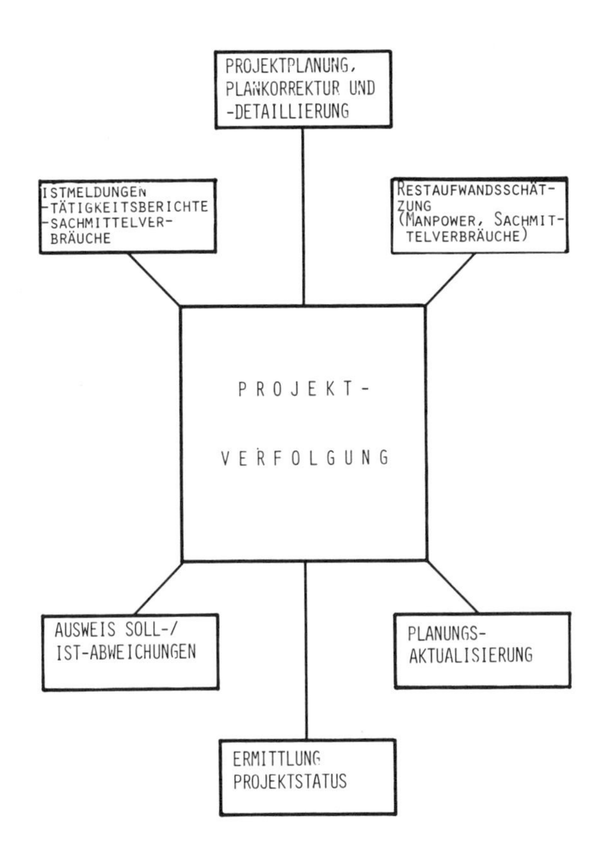

Bild 4.6: Projektverfolgung

Aufgrund dieser Informationen schreibt PPC-III die Projektstatistik fort, ermittelt den Projektstatus und weist Soll-Ist-Abweichungen aus (vgl. Bild 4.7).

Aktualisierte Planung

Der Projektstatus teilt das Projekt in einen vergangenheitsbezogenen und einen zukunftsbezogenen Teil. Der zukunftsbezogene Teil wird bei jedem PPC-III-Lauf unter Berücksichtigung der Restaufwandsschätzungen der Mitarbeiter, der Ressourcenverfügbarkeit und der Projektprioritäten neu geplant. Die permanente Termin- und Kostenprojektion läßt die Auswirkungen von Störungen frühzeitig erkennen, so daß rechtzeitig und gezielt nach dem Prinzip des Management by Exception reagiert werden kann.

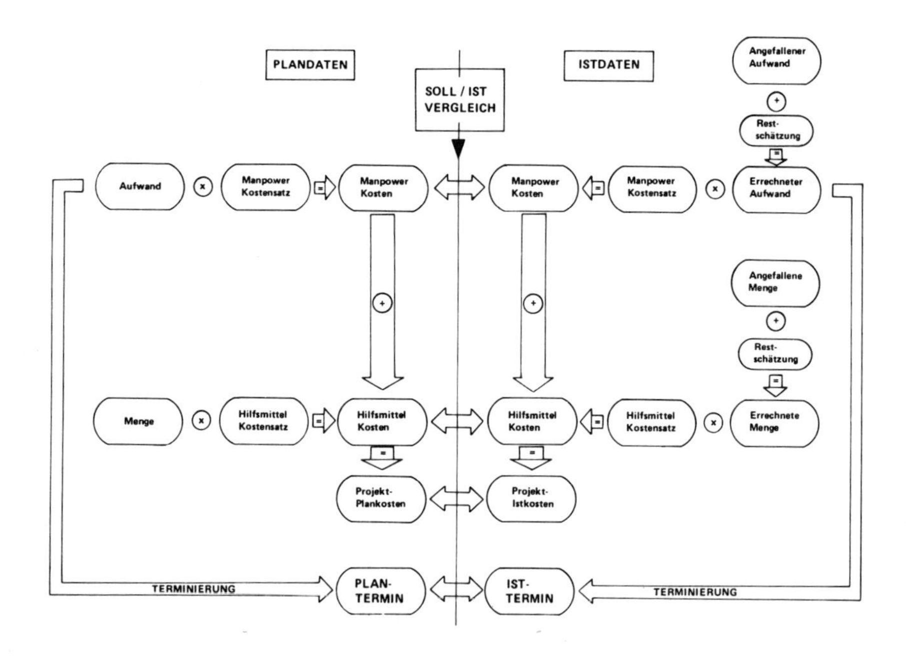

Bild 4.7: Ermittlung von Soll-/Ist-Abweichungen

4.3 Projektaußensteuerung

Ein schwieriges Problem ist der Informationsaustausch zwischen den Beteiligten im Projekt und den projektverantwortlichen Außenstellen. Periodisch einberufene Projektbesprechungen sind unergiebig, wenn hier zunächst langwierig Projektinformationen erhoben und ausgetauscht werden müssen.

PPC-III verfügt über ein umfassendes Berichtswesen, in dem die Informationen selektiert und verdichtet auf den Informationsbedarf des jeweiligen Addressaten zugeschnitten werden können. Projektbesprechungen reduzieren sich damit auf die Entscheidung über geeignete Maßnahmen zur Reaktion auf aufgetretene Störungen.

4.4 Projektkostenrechnung

Die Vorkalkulation eines Projektes ist unbedingt erforderlich für Wirtschaftlichkeitsanalysen und Budgetierungen. Diese Vorkalkulation wird von PPC-III automatisch aufgrund der Projektplanung erstellt. Hierzu wird der geplante Personal- und Sachmittelaufwand mit vorgegebenen Verrechnungssätzen bewertet. Die Kosten werden im Rahmen einer integrierten Kostenstellenrechnung zwischen den ressourcenbereitstellenden und leistenden Kostenstellen einerseits sowie den leistenden Kostenstellen und den (internen oder externen) Auftraggebern verrechnet.

Die Leistungsverrechnung kann zu effektiven Kostensätzen oder zu vorgegebenen Verrechnungssätzen (Vollkostensätze, Standardkostensätze oder Erlössätze) erfolgen. Auf diese Weise kann die Projektkostenrechnung zu einer Deckungsbeitragsrechnung ausgebaut werden.

Die Projektkostenrechnung ergänzt die betriebliche Kostenrechnung und kann in diese manuell oder automatisch integriert werden.

4.5 Projektstatistik und Schätzverfahren

Projekte sind definitionsgemäß „Einzelfertigung". Durch Standardisierung der Projektabwicklung kann jedoch die Vergleichbarkeit gefördert werden, und es zeigen sich wiederkehrende Teilabläufe.

Es hat sich als zweckmäßig erwiesen, auch die sogenannten Verteilzeiten und unproduktiven Zeiten zu analysieren, da aus der mangelnden Kenntnis der sich hier verbergenden Störfaktoren immer wieder Terminverzögerungen resultieren.

Die statistische Auswertung von Projektdaten (Aufbau eines Projektarchivs) wird damit zu einer wertvollen Information für die Aufwandschätzung neuer Projekte. Nachträgliche Schätzanalysen fördern den Lernprozeß.

4.6 Handhabung und Einführung

Die Einführung von PPC-III setzt ein Projektverfahren voraus, in das alle Projektbeteiligten integriert sind. Der Nutzen erwächst aus der wechselseitigen Unterstützung von Projektverfahren und PPC-III.

Eingabedaten	Häufigkeit der Eingabe	Verantwortlicher
Systemeingabe – Periodendefinition – Listparameter	Einmal bei Initialisierung	Systemverantwortlicher
Firmendaten – Mitarbeiterstammdaten und -ausnahmeperioden – Hilfsmittelstammdaten (z. B. Kostenstellen) – Verrechnungssätze	Bei Initialisierung und bei Änderungen	Personal-, Budget- bzw. projektverantwortlicher Abteilungsleiter
Projektdaten – Projektstrukturierung – Ressourcenzuordnung – Aufwandsschätzung – Abhängigkeiten	Bei Projekteröffnung und bei Änderungen (Detaillierungen)	Projektleiter
Istmeldungen – Tätigkeitsberichte – Kostenberichte	Periodisch (z. B. wöchentlich)	Projektmitarbeiter (Projektleiter)

Bild 4.8: Arbeitsteilige Eingabe

Dort wo bereits eine detaillierte manuelle Planung vorgenommen wurde, wird diese Planung entscheidend vereinfacht und insbesondere die Planungsaktualisierung nach Maßgabe des Projektfortschritts automatisiert.

Die einfache Handhabung des Systems basiert auf der Arbeitsteiligkeit der Eingabe (vgl. Bild 4.8). Hierbei werden die Mitarbeiterstammdaten von den personalverantwortlichen Stellen, die Kosten- und Verrechnungssätze von den budgetverantwortlichen Stellen, die Projektstrukturen und Aufwandschätzungen vom Projektleiter und die Ist-Meldungen von den Mitarbeitern erstellt.

Die Eingabe kann über Formulare erfolgen, die flexibel gestaltet werden können („Feldnummern-Konzept") und den Eingebenden methodisch führen. Selbstverständlich ist auch eine Eingabe über Bildschirm möglich.

Das Handling wird durch spezielle Features unterstützt. Hierzu gehören Standardprojektstrukturen und Standard-Netzpläne, die bei Projekteröffnung lediglich abgerufen zu werden brauchen. Eine besondere Hilfe ist der automatische Tätigkeitsberichtsvorschlag für den Mitarbeiter, der die mitarbeiterbezogene Planung für die Folgeperiode enthält und vom Mitarbeiter lediglich am Ende der Periode mit den Ist-Daten versehen zu werden brauchen.

Bei der Implementierung wird das Berichtswesen benutzerspezifisch vorbereitet (Auswahl, Verdichtung, Überschriften der Listen, Festlegung der Adressaten), die Stammdaten aufgenommen und der Betriebskalender eingegeben. PPC-III gestattet wöchentliche, dekadische, monatliche oder sonstige Planungs- und Abrechnungsperioden.

Die Einführung des Systems ist verbunden mit einer eintägigen Schulung der Anwender. Weitere Unterstützung und Beratung wird in Absprache mit dem Kunden durch GMO durchgeführt.

PPC-III ist inzwischen über 30 mal installiert und wird für EDV-Projekte und Auftragssteuerung, im Konstruktions- und Entwicklungsbereich, im Marketingbereich sowie für Bauplanung und -durchführung eingesetzt.

Das Standardberichtswesen von PPC-III (einen Auszug hiervon stellen die Bilder 4.9 – 4.13 dar) kann um individuelle Teile ergänzt werden. Eine unstrukturierte Projektbeschreibungsdatei steht dem Anwender zur Verfügung, etwa für die Abwicklung des Projektantrags- und -Freigabeverfahrens oder für die Einbeziehung des konstruktionstechnischen Berichtswesens.

PPC-III ist in COBOL geschrieben und steht in folgenden Versionen zur Verfügung:
IBM OS, DOS, VS, MVS; Siemens BS1000, BS2000, BS3000; Univac VS/9, OS/4.

Die Lizenzgebühr für PPC-III beträgt zur Zeit DM 48.000,–, ein ergänzender Netzplanteil kostet zusätzlich DM 10.000,–.

4.7 Zusammenfassung

Der Einsatz von PPC-III schafft die Transparenz über alle Projekte und Ressourcen, aktualisiert die Projektdaten, formalisiert und intensiviert das Informationswesen zwischen den Beteiligten und ist damit ein wesentlicher Faktor für die Durchsetzung eines standardisierten Projektverfahrens.

*** S O N D E R U E B E R S C H R I F T (FREI WAEHLBAR) *** LNR.241 DNR.003 PARM.34212 *** 24.01.80

02 DEMONSTRATIONSFIRMA G M O - P P C - III PROJEKT - ANALYSE JAHR 75 PERIODE 28 SEITE 1

PROJEKT STU FE	AKT	BEZEICHNUNG	PRIO	LEITER	URSPRUENGL. START JJ.PP	URSPRUENGL. ENDE JJ.PP	KORRIGIERT START JJ.PP	KORRIGIERT ENDE JJ.PP	ERRECHNET START JJ.PP	ERRECHNET ENDE JJ.PP	FERT.-PROZ.	STUNDEN GEPLANT	STUNDEN ERRECHNET	ANGEF.	ABW. PROZENT	HINW.
9001		URLAUB										0	256	256	0	
9002		KRANKHEIT										0	80	80	0	
9003		WEITERBILDUNG										0	24	24	0	
9004		LEHRGAENGE										0	40	40	0	
SUMME GRUPPE (TDM OD. STD)												0	400	400	0	

*** S O N D E R U E B E R S C H R I F T (FREI WAEHLBAR) *** LNR.241 DNR.003 PARM.34212 *** 24.01.80

02 DEMONSTRATIONSFIRMA G M O - P P C - III PROJEKT - ANALYSE JAHR 75 PERIODE 28 EDV SEITE 2

PROJEKT STU FE	AKT	BEZEICHNUNG	PRIO	LEITER	URSPRUENGL. START JJ.PP	URSPRUENGL. ENDE JJ.PP	KORRIGIERT START JJ.PP	KORRIGIERT ENDE JJ.PP	ERRECHNET START JJ.PP	ERRECHNET ENDE JJ.PP	FERT.-PROZ.	STUNDEN GEPLANT	STUNDEN ERRECHNET	ANGEF.	ABW. PROZENT	HINW.
EDV-09		FAKTURIERUNG	5	KRUEGER	75.10	75.31			75.10	76.35	24	3.096	3.218	776	4	PT
EDV-10		FESTPREIS-TEST 1	5	MEIER					75.28	75.35	14	320	300	44	6-	
EDV-11		FESTPREIS-TEST 2	5	MUELLER					75.26	75.35	24	480	500	120	4	
EDV-12		FESTPREIS-TEST 3	5	PAULSEN					75.27	75.30	50	160	160	80	0	
SUMME GRUPPE (TDM OD. STD)									EDV		24	4.056	4.178	1.020	3	

Bild 4.9: Gesamtübersicht über alle Projekte bzw. Aufträge (wahlweise Stunden, Kosten, Umsatz)

*** S O N D E R U E B E R S C H R I F T (FREI WAEHLBAR) *** LNR.241 DNR.010 PARM.13112 *** 24.01.80

2 DEMONSTRATIONSFIRMA G M O - P P C - III AKTIVITAETEN - ANALYSE JAHR 75 PERIODE 28 EDV-PROJ SEITE 2

PROJEKT STU FE	AKT	BEZEICHNUNG	PRIO	LEITER	URSPRUENGL. START JJ.PP	URSPRUENGL. ENDE JJ.PP	KORRIGIERT START JJ.PP	KORRIGIERT ENDE JJ.PP	ERRECHNET START JJ.PP	ERRECHNET ENDE JJ.PP	UMSATZ URSPRUENGL.	UMSATZ GEPLANT	UMSATZ ERRECHNET	ANGEF.	ABW. PROZENT	HINW.
EDV-09		FAKTURIERUNG	5	KRUEGER	75.10	75.31			75.10	76.35	120.000	243.075	252.445	56.820	4	PT
-00		PROJEKT-ANALYSE		KRUEGER	75.10	75.31			75.10	75.46		111.550	115.520	54.520	4	T
	-001	IST-ERHEBUNG ABT.1		HERRMANN					75.10	75.21		7.150	8.110	7.360	13	F
	-002	IST-ERHEBUNG ABT.2		SCHULZE					75.10	75.21		7.400	9.070	8.070	23	F
	-003	SOLL-KONZEPT							75.10	75.31		25.600	27.000	13.880	5	
	-004	DETAILORGANISATION							75.16	75.36		25.600	25.600	9.600	0	
	-005	PROGRAMM A		***					75.18	75.36		6.150	6.150	6.050	0	
	-006	PROGRAMM B		***					75.18	75.36		6.150	6.150	2.000	0	
	-007	PROGRAMM C		***					75.36	75.39		9.150	9.150	0	0	
	-008	PROGRAMM D		***					75.36	75.40		12.250	12.250	0	0	
	-009	SYSTEMTEST		SYSTEMANALY					75.40	75.42		0	0	0	0	
	-010	IMPLEMENTIERUNG		SYSTEMANALY					75.42	75.46		0	0	0	0	
	-011	PROJEKTMANAGEMENT		KRUEGER	75.10	75.31			75.17	75.46		12.100	12.040	7.560	0	T >
-01		DAUER-TEST		MEIER	75.30	75.33		75.38	75.30	75.40		33.650	33.650	0	0	T
	-001	PROGR.4711		MUELLER	75.30	75.31			75.30	75.31		4.395	4.395	0	0	
	-002	PROGR.4712		MUELLER	75.32	75.33			75.32	75.33		8.400	8.400	0	0	
	-003	PROGR.4713		MEIER	75.30	75.31	75.32	75.33	75.34	75.35		3.000	3.000	0	0	T >
	-004	SYSTEM-UEBERWACHUN		MUELLER	75.30	75.34	75.32	75.39	75.35	75.38		6.000	6.000	0	0	>
	-005	BER.BUCHHALT.		MUELLER	75.38	75.39			75.38	75.40		5.480	5.480	0	0	T
	-006	SYSTEM-BERATUNG		MEIER	75.38	75.39			75.38	75.39		6.375	6.375	0	0	
-02		LAGERWIRTSCHAFT		KRUEGER	75.40	76.16			75.27	76.35		97.875	103.275	2.300	6	T

Bild 4.10: Gesamtübersicht über alle geplanten Aktivitäten innerhalb einzelner Projekte bzw. Aufträge (wahlweise Stunden, Kosten, Umsatz)

Die Erfahrung hat gezeigt, daß ein straffes Projektverfahren nicht nur von den Projektverantwortlichen, sondern auch von den Mitarbeitern positiv beurteilt wird. Klare Anforderungen und gleichmäßige Auslastung, weniger Ad-hoc-Maßnahmen und Hektik im Projektverlauf sind hierfür die Gründe. Die Motivation der Mitarbeiter ist eine wesentliche Voraussetzung für die erfolgreiche Projektabwicklung.

*** S O N D E R U E B E R S C H R I F T (FREI WAEHLBAR) *** LNR.301 DNR.002 PARM.33112 *** 22.01.80

02 DEMONSTRATIONSFIRMA C M C - P P C - III PROJEKTSTUFENVERLAUFS-PLANUNG JAHR 75 PERIODE 28 EDV-PROJ SEITE 2

IDENT.	BEZEICHNUNG ZUORDNUNG		ER-START ANGEF.	ER-ENDE REST	75.29	75.30	75.31	75.32	75.33 -75.36	75.37 -75.40	75.41 -75.44	75.45 -75.48	75.49 -75.52	75.53 -76.03	ZU- KUNFT	HINW.
EDV-09 -00	FAKTURIERUNG PROJEKT-ANALYSE	5	75.10 75.10	76.35.01 75.46.05	KRUEGER											PT T
		S	736	686	84	48	44	44	170	288	8					
-01	DAUER-TEST		75.38.01	75.40.05												T
		S		426		24	24	44	130	203						
-02	LAGERWIRTSCHAFT		75.27	76.35.01												T
		S	40	1330						100	320	252	168	108	382	
SUMME PROJEKT		S	776	2442	84	72	68	88	300	591	328	252	168	108	382	
EDV-10 -01	FESTPREIS-TEST 1 FESTPREIS-01	5	75.28 75.28	81.36.05 81.36.05	MEIER											PU
		S	24	616	44	44	44	44	120						320	
SUMME PROJEKT		S	24	616	44	44	44	44	120						320	
EDV-11 -02	FESTPREIS-TEST 2 FESTPREIS-02	5	75.26 75.26	75.35.03 75.35.03	MUELLER											PU
		S	120	260	40	40	40	40	100							
SUMME PROJEKT		S	120	260	40	40	40	40	100							
EDV-12 -03	FESTPREIS-TEST 3 FESTPREIS-03	5	75.27 75.27	75.30.05 75.30.05	PAULSEN											
		S	80	80	44	36										
SUMME PROJEKT		S	80	80	44	36										
SUMME GRUPPE EDV-PROJ		S	1000	3398	212	192	152	172	520	591	328	252	168	108	702	

Bild 4.11: Projektverlaufsplanung (wahlweise Stunden, Kosten, Umsatz und ggf. Balkenausdruck)

*** S O N D E R U E B E R S C H R I F T (FREI WAEHLBAR) *** LNR.291 DNR.000 PARM. *** 25.01.80

02 DEMONSTRATIONSFIRMA G M O - P P C - III PERSONALAUSLASTUNG - PLANUNG JAHR 75 PERIODE 28 SEITE 1

	NICHT TERM.	75.29	75.30	75.31	75.32	75.33 -75.36	75.37 -75.40	75.41 -75.44	75.45 -75.48	75.49 -75.52	75.53 -76.03	ZUKUNFT
	EINGEPLANTE STUNDEN PRO INTERVALL											
KLASS. DT DATENTYPISTIN												
EINGEPLANT			4	4			70					75
VERFUEGBAR		20	20	20	20	80	80	80	80	70	58	
ABW. ABSOLUT		-20	-16	-16	-20	-80	-10	-80	-80	-70	-58	75
ABW. PROZENT		-100	-80	-80	-100	-100	-10	-100	-100	-100	-100	
KLASS. OP *****												
EINGEPLANT		128	132	96	112	384	488	292	292	140	108	2.712
VERFUEGBAR		120	120	120	120	480	480	480	480	420	348	
ABW. ABSOLUT		8	12	-24	-8	-96	8	-188	-188	-280	-240	2.712
ABW. PROZENT			10	-20		-20		-30	-30	-60	-60	
KLASS. PL PROJEKTLEITUNG												
EINGEPLANT		4	4	4	4	10	48	168	124	108		
VERFUEGBAR		40	40	40	40	160	160	160	160	140	116	
ABW. ABSOLUT		-36	-36	-36	-36	-150	-112	8	-36	-32	-116	
ABW. PROZENT		-90	-90	-90	-90	-90	-70		-20	-20	-100	
KLASS. SA SYSTEMANALYTIK.												
EINGEPLANT		80	56	52	60	180	40	172	160	146	119	898
VERFUEGBAR		40	40	40	40	160	160	160	160	140	116	
ABW. ABSOLUT		40	16	12	20	20	-120	12		6	3	898
ABW. PROZENT		100	40	30	50	10	-70					
SUMMEN KLASSIFIKATIONSGRUPPE												
EINGEPLANT		212	196	156	176	574	646	632	576	394	227	3.685
VERFUEGBAR		220	220	220	220	880	880	880	880	770	638	
ABW. ABSOLUT		-8	-24	-64	-44	-306	-234	-248	-304	-376	-411	3.685
ABW. PROZENT			-10	-20	-20	-30	-20	-20	-30	-40	-60	

Bild 4.12: Verdichtete Planungsergebnisse der Arbeitsgruppen (Klassifikationen) für einen Bereich, z. B. Abteilung

*** S O N D E R U E B E R S C H R I F T (FREI WAEHLBAR) *** LNR.231 DNR.000 PARM.12111 *** 24.01.80

02 DEMONSTRATIONSFIRMA G M O - P P C - III MITARBEITERPLANUNG JAHR 75 PERIODE 28 SEITE 4

MITARBEITER P02 MUELLER KLASS. OP KST BE1

PROJEKT	STU FE	BEZEICHNUNG STU AKT	FE	PLAN	PRIO ERR.	ANGEF.	REST	75.29	75.30	75.31	75.32	75.33 -75.36	75.37 -75.40	75.41 -75.44	75.45 -75.48	75.49 -75.52	ZUKUNFT
								EINGEPLANTE STUNDEN PRO INTERVALL									
EDV-09		FAKTURIERUNG			5												
	-01	DAUER-TEST															
		004	001	10	10		10,00					10,00					
			002	30	30		30,00					30,00					
			003	30	30		30,00					6,40	23,20				
			004	10	10		10,00						10,00				
		006	020	20	20		20,00						20,00				
			040	30	30		30,00						30,00				
	-02	LAGERWIRTSCHAFT															
		005	006	40	40		40,00										40,00
EDV-11		FESTPREIS-TEST 2			5												
	-02	FESTPREIS-02															
		010	030	40	40	20,00	20,00	20,00									
			040	40	40		40,00	20,00	20,00								
			050	40	40		40,00		20,00	20,00							
			060	40	40		40,00			20,00	20,00						
			070	40	40		40,00				20,00	20,00					
			080	40	40		40,00					40,00					
			090	40	40		40,00					40,00					
TEST-DB1		DB-PROJEKT-1			5												
	-01	DB1-PHASE1															
		010	010	200	200		200,00		4,00	4,00	4,00	29,20	54,40	103,59			
		020	010	200	200		200,00							68,01	131,59		
	-05	DB1-PHASE5															
		010	010	20	20		20,00										20,00
			020	20	20		20,00										20,00
		020	010	40	40		40,00										40,00
						EINGEPLANT		40,00	44,00	44,00	44,00	176,00	138,01	172,00	131,59		120,00
						VERFUEGBAR		40,00	40,00	40,00	40,00	160,00	160,00	160,00	160,00	140,00	
						ABW. ABSOLUT			4,00	4,00	4,00	16,00	-21,59	12,00	-28,01	140,00	
						ABW. PROZENT			10	10	10	10	-10		-10	-100	

Bild 4.13: Mitarbeiterbezogene Planungsliste
(in analoger Weise ebenfalls pro Arbeitsgruppe)

Dipl.-Math. K. J. Schreiner

B 5
PAC II – das integrierte Projektmanagementsystem

5.1 PAC II – Konzeption

Sicherlich herrscht weitgehend Übereinstimmung darin, Kosten, Termine, Materialeinsatz und Mitarbeiterdisposition durch präzise und schnell reagierende Planungsinstrumente besser in den Griff zu bekommen. Gleichzeitig bietet der aktuelle Informationsstand über Engpässe, mögliche Alternativen und Trends dem Projektleiter die benötigte Sicherheit, um sein Projekt zu „managen" und nicht möglichen Fehlentwicklungen hinterher zu eilen.

Genauso ernst zu nehmen sind die in Diskussionen mit Entwicklungsmanagern und Programmleitern immer wieder geäußerten Bedenken, für Projektplanung und -kontrolle EDV-gestützte Systeme einzusetzen. Computer-Systeme also, geschaffen dazu, den unverhältnismäßig hohen manuellen Aufwand für Planungsrechnungen abzubauen und die schnelle Reaktion auf eintretende Abweichungen erst zu ermöglichen.

Eine Analyse der aufgezählten Gründe führt uns immer wieder auf zwei Kernpunkte der Kritik:

- zu hoher Aufwand bei dem Handling eines computerunterstützten Planungs-Systems
- zu starr in der Konzeption, so daß gerade bei Entwicklungsprojekten, die technologisches Neuland betreten, kein adäquates Instrument zur Verfügung steht.

Viele Projektmanager befürchten, einen hohen (manuellen) Aufwand gegen einen fast gleich hohen Aufwand bei der Erstellung der Eingabedaten für ein EDV-System einzutauschen, und damit auch psychologische Barrieren bei Projektleitern und Mitarbeitern aufzubauen. Zudem glauben sie, daß EDV-Systeme bei Entwicklungsprojekten nicht genügend Freiraum für „Kreativität" bieten.

Genau hier setzt das generelle Design von PAC II ein:

– extrem einfache Eingabe und Handhabung
– breites Funktionsspektrum (Termine, Kapazitäten, Kosten)
– Datenbankkonzept, damit direkt einpaßbar in die bestehende Umwelt
– reaktionsschnell, auch bei „schnellen" Projekten.

Hier spielgelt PAC II den Funktionalismus und Pragmatismus seiner amerikanischen Entwicklung und seiner bisher über 300 weltweiten Installationen wieder.

Um dieses Konzept an einigen Funktionen zu erläutern: PAC II braucht zur Aufnahme eines Projektes in die Planung vier Informationen:

– eine bis zu 15 Stellen beliebig aufgebaute Projektidentifikation, einen Projekttext, ein Budget oder einen Aufwand (Stunden, Tage, Wochen usw.) und eine verantwortliche Ressource (Einsatzmittel wie Abteilung, Team, Gruppe usw.).

Mit diesen Angaben wird das Projekt auf die PAC II-Datenbank aufgenommen, eingeplant und in den Berichten ausgewiesen. Wichtig ist: Das Projekt steht damit bereits in einem sehr frühen Stadium für die weitere Steuerung zur Verfügung.
Zusätzliche Informationen können anhand der vorliegenden Planungslisten sofort oder je nach Informationsstand ergänzt werden:

– das Projekt wird detaillierter strukturiert (in Teilprojekte, Aktivitäten, Subaktivitäten), es wird ganz oder teilweise vernetzt, Meilensteine werden definiert usw.
– Interprojektabhängigkeiten vernetzen dieses Projekt mit anderen, das Projekt wird durch den PAC II-Netzplanprozessor automatisch neu geplant.
– Ein Termin wird vorgegeben, es werden automatisch die Pufferzeiten, der kritische Weg und Kapazitätsüberlastungen angegeben.
– Die Kosten werden anteilmäßig über Kostenstellen verrechnet.

Oder:
Ein Projekt wurde bereits in der Akquisitionsphase in PAC II gestartet – mit einer vorläufigen Auftragsnummer; nach Angebotsabgabe und Auftragserteilung geht es in die Konstruktion und soll hier eine neue Identifikation erhalten: für PAC II bedeutet dies *eine* Eingabe für „Änderung Projektnummer".

Oder:
Ein Mitarbeiter scheidet aus (eine Funktionsgruppe fällt aus): für PAC II *eine* Eingabe, um alle Aktivitäten neu zuzuordnen. Sie können bestimmen, ob Sie die PAC II-Funktion „automatische Ressourcenzuordnung mit Endterminoptimierung" wählen, wobei diese Bezeichnung aufwendiger ist als das Setzen des entsprechenden PAC II-Schalters.

5.2 PAC II – System

Nach der technischen Systeminstallation ist PAC II direkt für die Planung und Steuerung einsetzbar. Es besteht aus den Modulen Planungsprozessor, Steuerungsprozessor und Verwaltungsprozessor. Der Austausch und die Speicherung der Informationen geschieht über das PAC II-Datenbankkonzept. Die Datenbank entspricht informationstechnisch der Projektstrukturierung. Alle Projektvariablen (Stammdaten) wie Kalender, Einheiten, Systemparameter, spezielle Planungsalgorithmen werden in Tabellenform ebenfalls auf der Datenbank gespeichert (vgl. Bild 5.1).

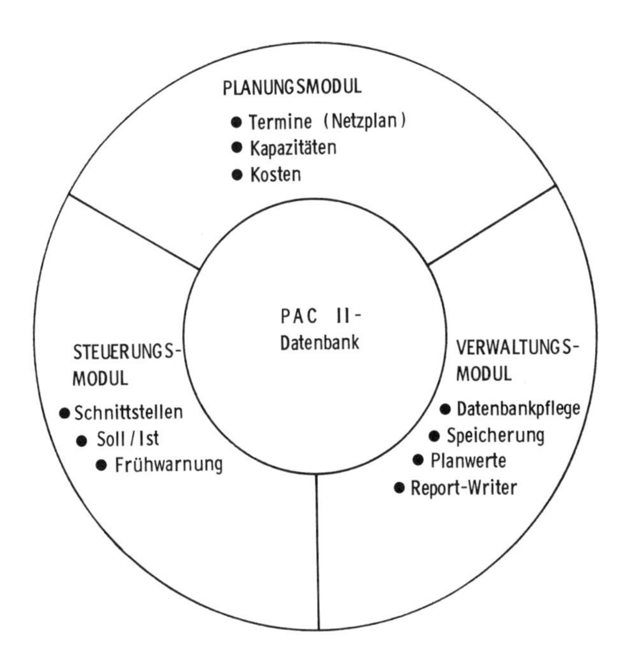

Bild 5.1: Moduln von PAC II

PAC II verarbeitet integriert Zeiten, Kosten und Kapazitäten. An Planungsinstrumenten stehen zur Verfügung: Projektstrukturplan, Netzplan und Meilensteinplan. Die Integration dieser Instrumente zeigt Bild 5.2.

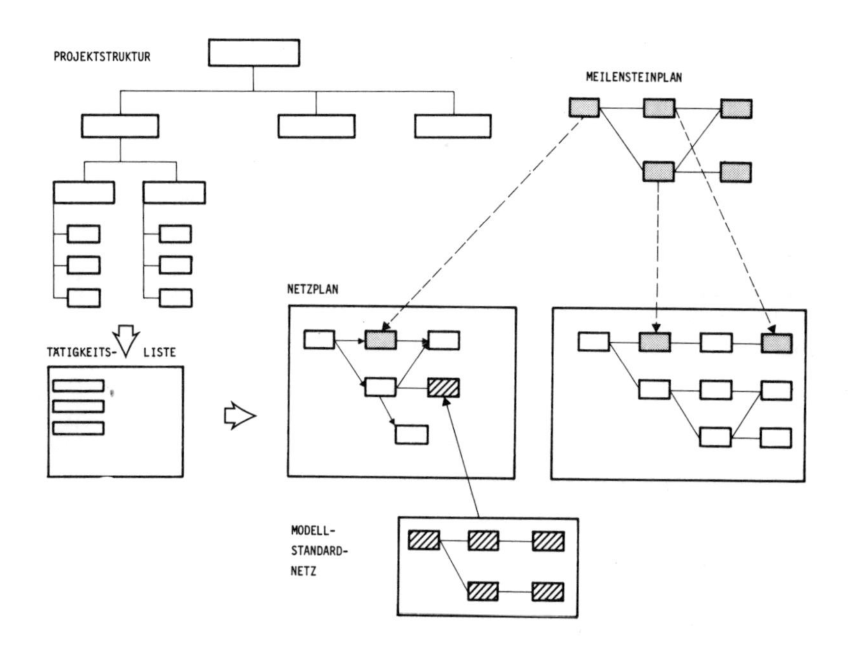

Bild 5.2: Verknüpfung der Planungsinstrumente bei PAC II

5.3 PAC II – Handhabung

PAC II ist extrem einfach in der Handhabung. Alle wesentlichen Planungseingaben (Struktur, Netzplan, Aufwand, Kapazitäten) gehen über *einen* Beleg (Bildschirmeingabe, optischer Belegleser) in das System, alle Funktionen werden entweder automatisch (durch Angabe eines entsprechenden Wertes) oder über die PAC II-Steuerleiste aktiviert. Die Rückmeldungen (real time, täglich, wöchentlich, dekadisch) erfolgen ebenfalls über *einen,* von PAC II generierten Beleg (Bildschirm). Mit diesem Beleg können gleichzeitig neue Aktivitäten aufgenommen werden (ungeplante Arbeiten). Bild 5.3 zeigt das Umsetzen eines Netzplanes mit dem PAC II-Bildschirm-Prozessor in PAC II-Eingabe.
Bild 5.4 zeigt einen der fünf möglichen PAC II-Rückmeldebelege.

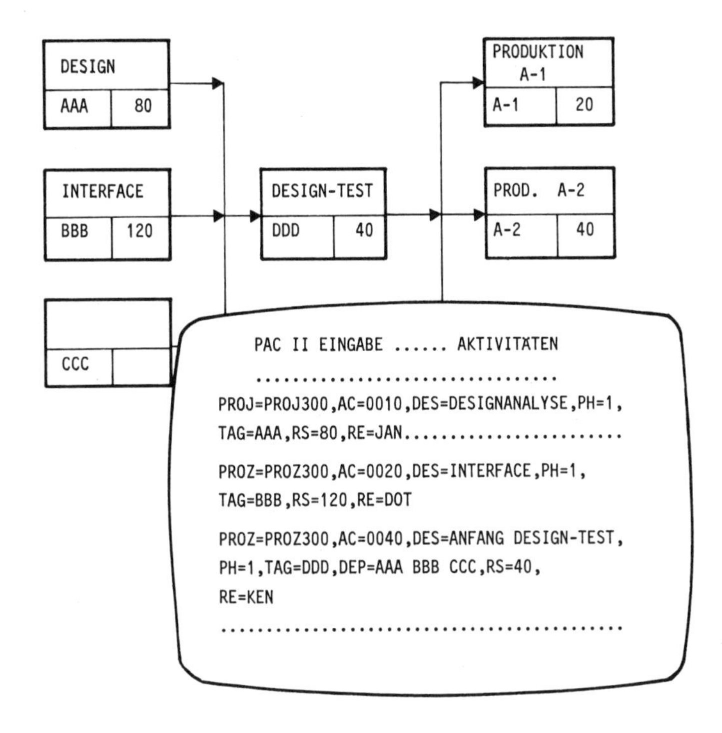

Bild 5.3: Umsetzen eines Netzplanes in die PAC II-Eingabe (PROJ = Projektnummer, AC = Aktivitätsnummer, DES = Beschreibung, PH = Teilnetz, DEP = Vorgänger usw.)

5.4 PAC II – Funktionen

Terminplanung

- Projekte können unterschiedlich bis zu sechs Ebenen strukturiert werden
- alle Projekte können ganz oder teilweise mit Netzplanstruktur versehen werden
- Vor- und Rückwärtsrechnung (mit kritischem Weg)
- Fix-Termine, Meilensteine und Überlappungen können definiert werden
- Projekte können untereinander vernetzt werden (Interprojekt-Abhängigkeiten)
- durch Restbedarfsmeldung, neue Aktivitäten, Abwesenheit, werden automatisch Terminverschiebungen vorgenommen.

```
PAC II                           * * * * * * * * * * * * * * * * * * * * *                SEITE    1
PROJEKT MANAGEMENT SYSTEM        *      MITARBEITER INFORMATION / ZEITERFASSUNG     *
TEST-2         20 AUG,79-1       *      ART CESIGNER     BIS  PERICD ENDE  28 SEP,80  *
ABT./500A                        * * * * * * * * * * * * * * * * * * * * *

                                                                                     ZUKUENFTIGER  PLAN
  KA S  PROJEKT      RES   AKT  PH  ZEIT NOCH *  PROJEKT/AKTIVITAET      GEPLANTES  * PLAN  BISHER REST VOR. *  SEP  OKT  CKT  GKT
        IDENT.       ID    ID   ID  MELD. BEN.*   BESCHREIBUNG           END-CATUM  * ZEIT  VERBR.      PER. *  26    3   10   17
****************************************************************************************************************************
SP 1   3             13    17   21  28    36  ** 47                                 *                        *
                                   (999.9 9999)*                                    *                        *
                                               * SCHNELLSCHUSS-PROJEKT              *                        *
- -(6C)(PROJ 100  )(ART )(1100)(  )(    )(   )*  DESIGN                   1 OKT,80  *  80   40.0   40  40.0  * 28.0 12.0
                                               * SEHR WICHTIGES PROJEKT             *                        *
- -(6C)(PROJ 300  )(ART )(0030)(1 )(40 )(    )*  MANAGMT DESIGN ENTSCHG   3 OKT,80  *  40          40        *      16.0 24.0
- -(6C)(PROJ 300  )(ART )(0070)(2 )(    )(   )*  PRODUKTION LEITUNG B-1  11 NOV,80  *  96          96        *
                                               * WICHTIGES PROJEKT                  *                        *
- -(6C)(PROJ 400  )(ART )(0010)(  )(20 )(50  )*  ANFANGS-DESIGN          15 SEP,80**  40   44.0        44.0  *
- -(6C)(PROJ 400  )(ART )(0020)(  )(    )(   )*  END-DESIGN              19 SEP,80  *  40          40        *           4.0 28.0
                                               * VERWALTUNGS-PROJEKT                *                        *
- -(6C)(9ADM      )(ART )(BLCK)(  )(    )(   )*  ALLGEM.ARBEITEN         21 SEP,81  * 612         612        * 12.0 12.0 12.0 12.0
- -(6N)(          )(    )(    )(  )(    )(   )*                                     *                        *
- -(6N)(          )(    )(    )(  )(    )(   )*                                     *                        *
- -(6N)(          )(    )(    )(  )(    )(   )*                                     *                        *
- -(6N)(          )(    )(    )(  )(    )(   )*                                     *                        *

                                                                                      908   84.0  828  84.0
```

Bild 5.4: Ein Beispiel zur Mitarbeiter-Information/Zeiterfassung

Kapazitätsplanung

- Planung mit begrenzten oder unbegrenzten Ressourcen
- Planung mit Gruppenressourcen oder Einzelressourcen
- Ressourcen können automatisch von PAC II aufgrund eines Anforderungsprofils mit Endterminoptimierung zugeordnet werden (z. B. bei einer Montageaktivität wird diejenige Gruppe ausgewählt, die diese Tätigkeit am *frühesten* beendet)
- Verarbeitung von Ausfallzeiten und Grundlasten.

Kostenplanung

- Kostenträger- und Kostenstellenrechnung
- Einzelsätze, Durchschnittssätze, Überschreibungssätze je Aktivität, direkte Kosten
- Verteilung der Kosten über die gesamte Projektlaufzeit

Besonderheiten

- Speichern, Kopieren von Teilnetzen
- beliebige Textverarbeitung auf allen Projektebenen (Projektdokumentation)
- automatische optische Meldung bei Termin-, Kosten-, Kapazitätsüberschreitung

- Speichern mehrerer Projektgenerationen, damit Trendanalyse
- beliebige Verwaltungsfunktionen mit einem Parameter: Projektnummeränderung, Neuzuordnung von Ressourcen
- PAC II-Berichtsgenerator
- ausgefeiltes Berichtauswahl- und -verteilungssystem
- Datenbank-Konzept (PAC II-gesteuert), damit direkter Zugriff auf alle Informationen und exakte Schnittstellen.

5.5 PAC II – Ausgabe

Die Standard-PAC II-Ausgaben sind ausgerichtet auf die wichtigsten Informationen von Entwicklungsmanagern und Projektleitern. Sie sind flexibel hinsichtlich Verdichtungen, Sortierungen, Auswahlmöglichkeiten strukturiert.

Neue Projekte werden entweder isoliert, im Zusammenhang mit allen anderen Projekten oder mit speziell ausgewählten Projekten geplant. In jedem Fall gibt der GESAMT-PROJEKT-BALKENPLAN einen Überblick über den Gesamtstand der in der Planung befindlichen Projekte (vgl. Bild 5.5). Für den Projektleiter gibt der AKTIVITÄTEN-NETZPLAN und der MITARBEITER-EINSATZPLAN (vgl. Bild 5.6 und Bild 5.7) die wichtigsten Informationen: Umfang des Projektes, Schwachstellen in der Planung, Belastung der Ressourcen. In dem Aktivitäten-Netzplan zeigt eine gepunktete Linie, wo das Projekt „getunt" werden kann (Zuordnung einer anderen Ressource in diesem Zeitraum beschleunigt das Projekt).

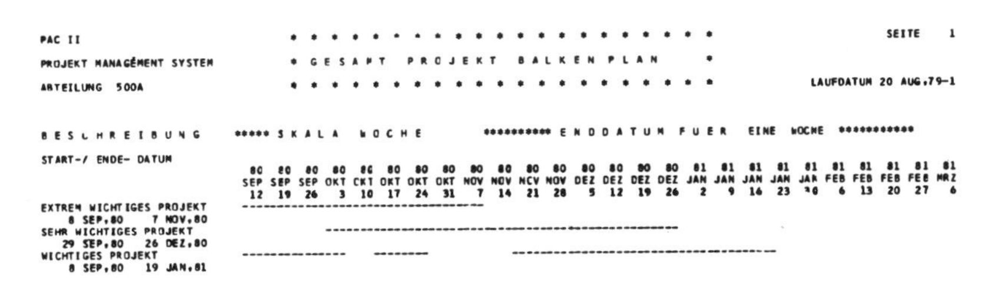

Bild 5.5: Beispiel eines Gesamt-Projekt-Balkenplanes

Wenn das Projekt akzeptiert ist (mit allen Terminen, Zuordnungen, Abhängigkeiten, Interprojektabhängigkeiten, Prioritäten), wird es auf der Datenbank „eingefroren". Damit wird es zugänglich für alle Rückmeldungen, Änderungen im Projektverlauf; es wird vom Steuermodul übernommen.

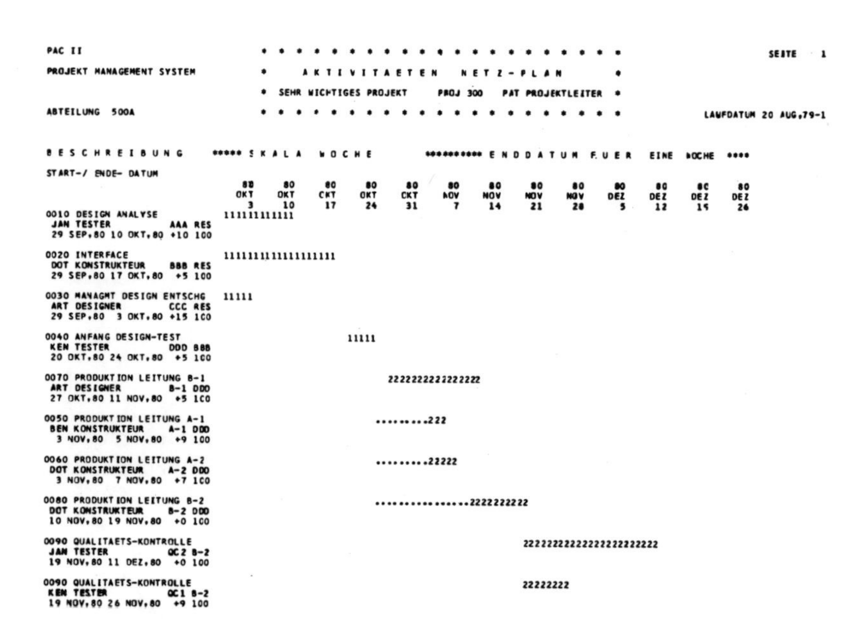

```
PAC II                           * * * * * * * * * * * * * * * * * * * * *                SEITE   1
PROJEKT MANAGEMENT SYSTEM        *     A K T I V I T A E T E N   N E T Z - P L A N     *
                                 * SEHR WICHTIGES PROJEKT    PROJ 300   PAT PROJEKTLEITER *
ABTEILUNG  500A                  * * * * * * * * * * * * * * * * * * * * *                LAUFDATUM 20 AUG,79-1

B E S C H R E I B U N G    ***** S K A L A   W O C H E       ********** E N D D A T U M  F U E R   EINE  WOCHE  ****
START-/ ENDE- DATUM
                               80    80    80    80    80    80    80    80    80    80    80    8C    80
                               OKT   OKT   CKT   OKT   CKT   NOV   NOV   NOV   NOV   DEZ   DEZ   DEZ   DEZ
                                3    10    17    24    31     7    14    21    28     5    12    15    26
0010 DESIGN ANALYSE            11111111111
 JAN TESTER          AAA RES
 29 SEP,80 10 OKT,80 +10 100

0020 INTERFACE                 1111111111111111111
 DOT KONSTRUKTEUR    BBB RES
 29 SEP,80 17 OKT,80  +5 100

0030 MANAGMT DESIGN ENTSCHG    11111
 ART DESIGNER        CCC RES
 29 SEP,80  3 OKT,80 +15 100

0040 ANFANG DESIGN-TEST                     11111
 KEN TESTER          DDD BBB
 20 OKT,80 24 OKT,80  +5 100

0070 PRODUKTION LEITUNG B-1                       222222222222222
 ART DESIGNER        B-1 DDD
 27 OKT,80 11 NOV,80  +5 100

0050 PRODUKTION LEITUNG A-1                     .........222
 BEN KONSTRUKTEUR    A-1 DDD
  3 NOV,80  5 NOV,80  +9 100

0060 PRODUKTION LEITUNG A-2                     .........22222
 DOT KONSTRUKTEUR    A-2 DDD
  3 NOV,80  7 NOV,80  +7 100

0080 PRODUKTION LEITUNG B-2                     ...............222222222
 DOT KONSTRUKTEUR    B-2 DDD
 10 NOV,80 19 NOV,80  +0 100

0090 QUALITAETS-KONTROLLE                                              2222222222222222222222
 JAN TESTER          QC2 B-2
 19 NOV,80 11 DEZ,80  +0 100

0090 QUALITAETS-KONTROLLE                                              22222222
 KEN TESTER          QC1 B-2
 19 NOV,80 26 NOV,80  +9 100
```

Bild 5.6: Beispiel eines Aktivitäten-Netzplanes

PAC II * SEITE 1
PROJEKT MANAGEMENT SYSTEM * M I T A R B E I T E R E I N S A T Z P L A N *
* ART DESIGNER 1 *
ABTEILUNG 500A * LAUFDATUM 2C AUG,79-1

PROJEKT/AKTIVITAET BESCHREIBUNG	START- / ENDE-DATUM	80 SEP 12	80 SEP 19	80 SEP 26	80 CKT 3	80 OKT 10	80 OKT 17	80 OKT 24	80 OKT 31	80 NOV 7	80 NOV 14	8C NOV 21	80 NOV 28	80 DEZ 5	SUMME
VERFUEGBAR/FEHLENDE ZEIT															
* * * SUMME JE PERIODE	8 SEP,80 5 DEZ,8C			40.0		40.0	40.0	4C.0			24.C	4C.C	32.C	40.0	296.0
SEHR WICHTIGES PROJEKT															
MANAGMT DESIGN ENTSCHG	29 SEP,8C 3 OKT,80				40.0										40.0
PRODUKTION LEITUNG B-1	27 OKT,8C 11 NOV,80								40.0	40.C	16.0				96.0
WICHTIGES PROJEKT															
ANFANGS-DESIGN	8 SEP,8C 12 SEP,80	40.0													40.0
END-DESIGN	15 SEP,80 19 SEP,8C		40.0												40.0
ABSCHL.DOKUMENTATION	18 DEZ,8C 26 DEZ,8C														

Bild 5.7: Beispiel eines Mitarbeiter-Einsatzplanes

Die MANAGEMENT-PROJEKT-ANALYSE (vgl. Bild 5.8) zeigt die aktuelle, dynamische Entwicklung plus Trendrechnung und optische Frühwarnung.

```
PAC II                          * * * * * * * * * * * * * * * * * * * * *                      SEITE     3
PROJEKT MANAGEMENT SYSTEM       *  M A N A G E M E N T   P R O J E K T   A N A L Y S E   *
TEST-2        20 AUG,79-1       *         PERIODEN   END-DATUM   21 SEP,80               *
                                * * * * * * * * * * * * * * * * * * * * *

PROJEKT                       KORRIG.   VORHERG.   ORIGINAL *  VORAUSS. * KORRIG. PL. *  TATS.  /   * VORAUSS.   * PROZENT   FLAG
PROJ IDENT. / PRIORIT.        P L A N   P L A N    P L A N  *  P L A N  * VS VOR. PL. *   B.HEUTE   * BENOETIGT  *  FERTIG
*****************************************************************************************************************************

EXTREM WICHTIGES PROJEKT  / PAT PROJEKTLEITER
PROJ 200       '2000'

        BUDGET / KOST       10,386               10,386 *     9,539 *       846   *   1,552.69 *     7,586 *  16 PRZ
        START DAT.        8 SEP,80             8 SEP,80 *           *             *   16 SEP,80 *          *
        ENDE   DAT.       7 NOV,80             7 NOV,80 * 19 JAN,81 *       72-   *             *          *           ****
        RESOURCE ZEIT        460.0                460.0 *     408.4 *      51.6   *       64.0 *     344.4 *  15 PRZ
        HILFSM.   ZEIT

SEHR WICHTIGES PROJEKT    / PAT PROJEKTLEITER
PROJ 300       '3000'

        BUDGET / KOST       14,124               14,124 *    14,124 *             *             *    14,124 *
        START DAT.       29 SEP,80            29 SEP,80 * 29 SEP,80 *             *             *          *
        ENDE   DAT.      26 DEZ,80            26 DEZ,80 * 10 APR,81 *      104-   *             *          *           ****
        RESOURCE ZEIT        672.0                672.0 *     672.0 *             *             *     672.0 *
        HILFSM.   ZEIT
 ..................................................
     IM PROJEKT PROJ 300 GIBT ES 2 PHASEN : DESIGN
 UND PRODUKTION. SUMMEN WERDEN AUF PHASEN- UND
 PROJEKTEBENE GEBILDET.
 **************************************************

WICHTIGES PROJEKT         / PAT PROJEKTLEITER
PROJ 400       '4000'

        BUDGET / KOST       13,080               13,080 *    13,189 *      109-   *   1,239.37 *    11,950 *   9 PRZ   ****
        START DAT.        8 SEP,80             8 SEP,80 *           *             *   15 SEP,80 *          *
        ENDE   DAT.      19 JAN,81            19 JAN,81 * 30 APR,81 *      101-   *             *          *           ****
        RESOURCE ZEIT        635.0     620.0      635.0 *     624.0 *      11.0   *       64.0 *     560.0 *  10 PRZ
        HILFSM.   ZEIT
```

Bild 5.8: Beispiel einer Management-Projektanalyse

5.6 Zusammenfassung

PAC II plant und steuert Projekte beliebiger Komplexität und Dauer aus den Bereichen Konstruktion, F + E, Softwareentwicklung, Engineering und Organisation.
Die Besonderheiten: Extrem einfaches Arbeiten, direkte Aktivierung der Planungssimulation, volle Funktionspalette für Planung, Steuerung, Dokumentation und Historie. Damit gewährleistet PAC II eine Projekteingabe „vor Ort", jederzeitige Transparenz, schnelle Reaktion und damit wesentliche Voraussetzungen für die Akzeptanz des Systems bei Mitarbeitern und Projektleitern.

PAC II läuft auf Anlagen der Hersteller IBM, Siemens, CDC, Univac, Prime, DEC.

Das PAC II-Paket umfaßt: Einführung und Beratung, Training und Workshops für Projektleiter, Dokumentation und Wartung.

Weiterführende Literatur:
Informationsbroschüre, Handbuch, Fallstudie, PAC II-Anwenderbericht, Projektleiter-Handbuch, PAC II-Online, PAC II-Report Writer, PAC II-News.

R. W. Gutsch

B 6
PPS Projekt-Planungs- und Steuerungssystem

6.1 Einführung

Das PPS-System wurde als Instrument der Projektführung entwickelt (Anm. 1 s. S. 167). Es basiert im wesentlichen auf der Anwendung der Netzplantechnik und kann je nach den Gegebenheiten manuell oder mit Hilfe der EDV benutzt werden.

Das System bietet eine einheitliche Grundlage für die Planung und Überwachung von Projekten. Die Ziele im einzelnen sind:

- Vergleichbarkeit von Planungsunterlagen,
- Vereinheitlichung der Planung bei der Beteiligung verschiedener Stellen an einem Projekt,
- Erleichterung der Auswertung von Planungsunterlagen bei der Projektführung,
- Verbesserung der Kommunikation in planungstechnischer Hinsicht zwischen allen Projekt-Beteiligten, z. B. Arbeitsgruppen, Abteilungen, Unternehmensbereiche, Fremdfirmen.

6.2 Leistungsspektrum von PPS

Das PPS-System kann die Projektparameter Zeit, Kosten und Kapazität integriert verarbeiten.

Zur Planung und Steuerung eines Projektes können nach Bedarf drei verschiedene Instrumente herangezogen werden:

- Projektstrukturplan
- Netzplan und
- Meilensteinplan.

Diese Instrumente sind miteinander verknüpft.

Im *Projekt-Strukturplan* ist das Projekt hierarchisch aufgegliedert. Ein 8-stelliger dekadischer Nummernschlüssel erlaubt die Definition von Teilaufgaben und Arbeitspaketen (Vorgänge) bis maximal zur achten Ebene.

Der *Netzplan* ist das zentrale Instrument des PPS-Systems. Es kann als Vorgangsknoten- oder als Vorgangspfeilnetzplan gestaltet werden.

Der *Meilensteinplan* enthält alle wichtigen Ereignisse des Detailnetzplanes (Anfang und/oder Ende von Vorgängen). Der Planer kann Meilensteine in 5 Stufen hinsichtlich ihrer Wichtigkeit unterscheiden.

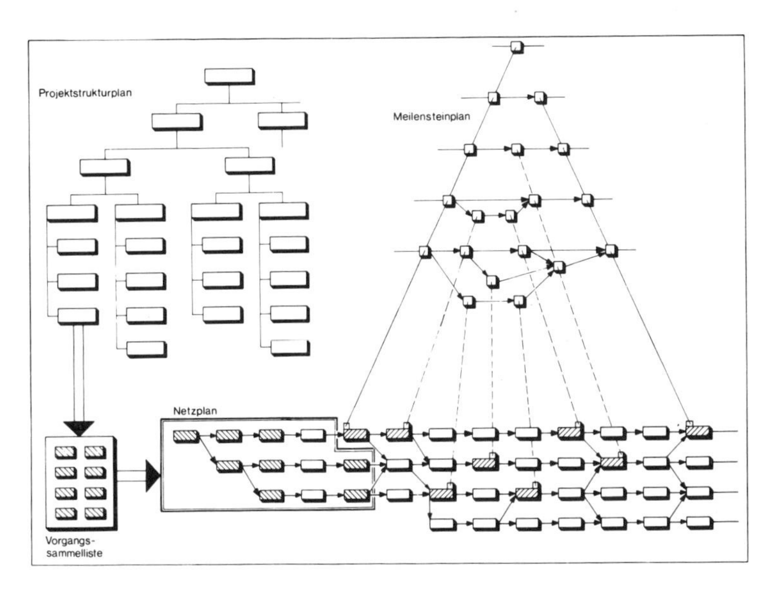

Bild 6.1: Zusammenhang zwischen Projektstrukturplan – Netzplan – Meilensteinplan im PPS-System

Vor allem für die Berichterstattung an verschiedenen Ebenen des Projekt-Managements sind Projektstrukturplan und Meilensteinplan wichtig. Durch die Verknüpfung der Instrumente über den Netzplan ist sichergestellt, daß diese Berichterstattung nicht unabhängig von der Detailplanung ist.

Der *Zeitteil des PPS-Systems* wird im wesentlichen durch folgende Merkmale charakterisiert:

- Die Anforderungsbeziehungen können durch minimale und maximale Vorzieh- und Wartezeiten genauer spezifiziert werden.
- Die zeitliche Lage eines jeden Vorganges kann durch Angabe von Terminschranken oder Fixterminen in Projektzeiteinheiten oder Kalenderdaten näher beschrieben werden.
- Alle Zeitschätzungen werden in Planungseinheiten durchgeführt; diese sind ein freiwählbares ganzzahliges Vielfaches eines Arbeitstages.
- Die Dreizeitenschätzung des PERT-Modells kann benutzt werden (Anm. 2 s. S. 167).
- Eine einfache aber wirkungsvolle Form der Teilnetztechnik erleichtert die Führung von Groß-Projekten.

Der *Kostenteil des PPS-Systems* erlaubt eine mit den Daten der Zeitplanung integrierte Kostenplanung und -überwachung.
Die Schätzung erfolgt wahlweise für Vorgänge und/oder Teilaufgaben als Geldbetrag oder als Menge, die mit einem Preis bewertet wird. Bei allen Angaben ist eine Differenzierung nach Kostenarten und Kostenstellen möglich, wobei bei den Preisen noch zusätzlich eine zeitliche Veränderung berücksichtigt werden kann. Durch den Bezug auf die Zeitplanung kann der mit dem Projektablauf entsprechende zeitliche Kostenanfall ermittelt und dargestellt werden. Darüberhinaus sind Kumulierung und Verteilung nach verschiedenen Kriterien möglich (Anm. 3 s. S. 167).

Bei der Kostenüberwachung werden an freiwählbaren Stichtagen die Sollkosten auf der Basis der Ist-Termine (Arbeitswert) den tatsächlich angefallenen Kosten gegenübergestellt.

Darüber hinaus werden unter Berücksichtigung des Obligos die noch verfügbaren Mittel errechnet. Selbstverständlich ist auch hier eine differenzierte Auswertung nach verschiedenen Kriterien möglich.

Die *Kapazitätsplanung* ist im PPS-System eng mit der Termin- und der Kostenplanung verknüpft. Sie ermöglicht eine genaue Ermittlung und zeitliche Zuordnung des Einsatzmittelbedarfs, getrennt nach Einsatzmittelarten auf der Grundlage der Terminrechnung. Die Größe des Einsatzmittelbedarfs wird abgeleitet aus den auch für die Kostenplanung verwendeten Aufwandschätzungen. Bei der PPS-Kapazitätsplanung können gleichzeitig alle Projekte berücksichtigt werden, für die ein Netzplan existiert und für die Aufwandschätzungen vorliegen (Multiprojektplanung).

Der Einsatzmittelbedarf läßt sich für die früheste und/oder späteste Projektlage und je nach Wunsch getrennt nach verschiedenen Kriterien, z. B. organisatorischen Einheiten (Arbeitsgruppen, Abteilungen usw.) ermitteln. Eine solche detaillierte Bedarfsermittlung gibt Hinweise auf Unter- bzw. Überkapazitäten

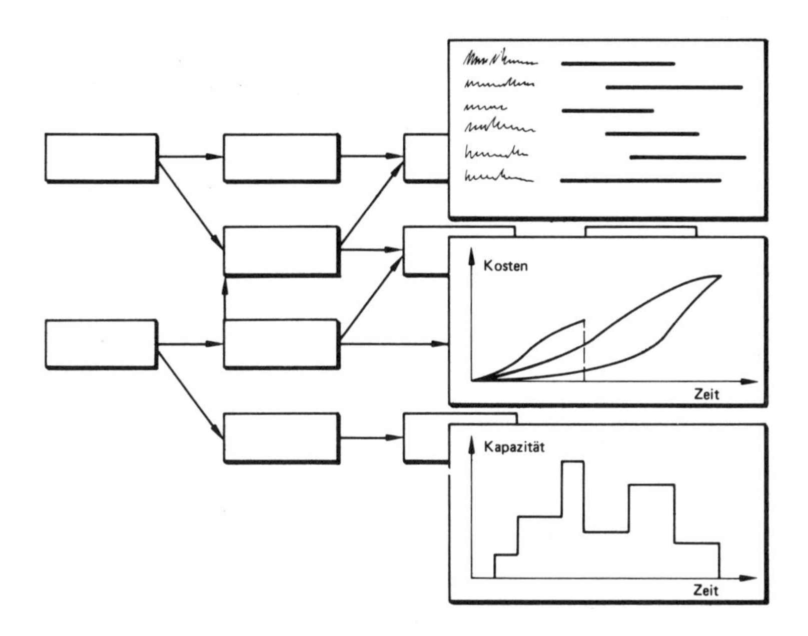

Bild 6.2: Zeit-, Kapazitäts- und Kostenplanung

und kann mit Hilfe geeigneter Auswertungen der Termindaten (z. B. in Form eines Balkendiagramms) zur Durchführung eines *manuellen Kapazitätsabgleichs* herangezogen werden.

6.3 Das PPS-Programm

Zur Unterstützung der Anwendung des PPS-Systems bei umfangreichen Projekten wird das PPS-Programm-System eingesetzt.

Das Programm ist in der maschinenunabhängigen Programmiersprache Fortran IV geschrieben und läuft auf den verschiedensten Rechnertypen der wichtigsten Hersteller. Installationen wurden bisher auf folgenden Anlagen-Typen vorgenommen:

IBM	360–30/40/44/50/65
	370–145/155/158
Siemens	4004–35/45/45 G/55/135
TR 4/440	
UNIVAC	1108
ICL	1900
Honeywell	
Burroughs	B 5500
CDC	3150/3200/3300/6400/6500/6600

Die Benutzung eines kompatiblen Rechner-Programms hat den wesentlichen Vorteil, daß für den Anwender die Möglichkeit besteht, bei einem Groß-Projekt mit mehreren Projektbeteiligten ein einheitliches Planungs-System zu verwenden.

Das PPS-Programm erfordert mindestens folgende Maschinen-Konfiguration:

- Kernspeicherkapazität von ca. 80 K Bytes (abhängig von der gewählten Größe des Arbeitsbereichs)
- ein externer Datenbestand als PPS-Datenspeicher
- drei externe Datenbestände als Zwischenspeicher
- ein Lochkartenleser oder vergleichbares Eingabegerät
- ein Schnelldrucker mit mindestens 132 Druckstellen

Der PPS-Datenspeicher ist so aufgebaut, daß jederzeit auf einen früheren Planungsstand des Projektes zurückgegriffen werden kann – die Historie der Planung wird nur auf Wunsch des Benutzers gelöscht. Dadurch werden Analysen und Vergleiche unterschiedlicher Planungszustände, sowie das Ändern von Planungsdaten erleichtert.

Es gibt keine praktisch relevanten Eingabebeschränkungen hinsichtlich Anzahl der Vorgänge, Anordnungsbeziehungen, Abteilungen, Kostenstellen oder -Arten, Einsatzmittelarten usw.

Der *output des PPS-Programmsystems* bietet dem Anwender ungewöhnlich viele Möglichkeiten.

○ Informationsverdichtung:
  - Teilaufgaben- und Meilensteinberichte im Zeitteil
  - Verdichtung entsprechend Kostenträger- oder Kostenartenschlüsseln im Kostenteil

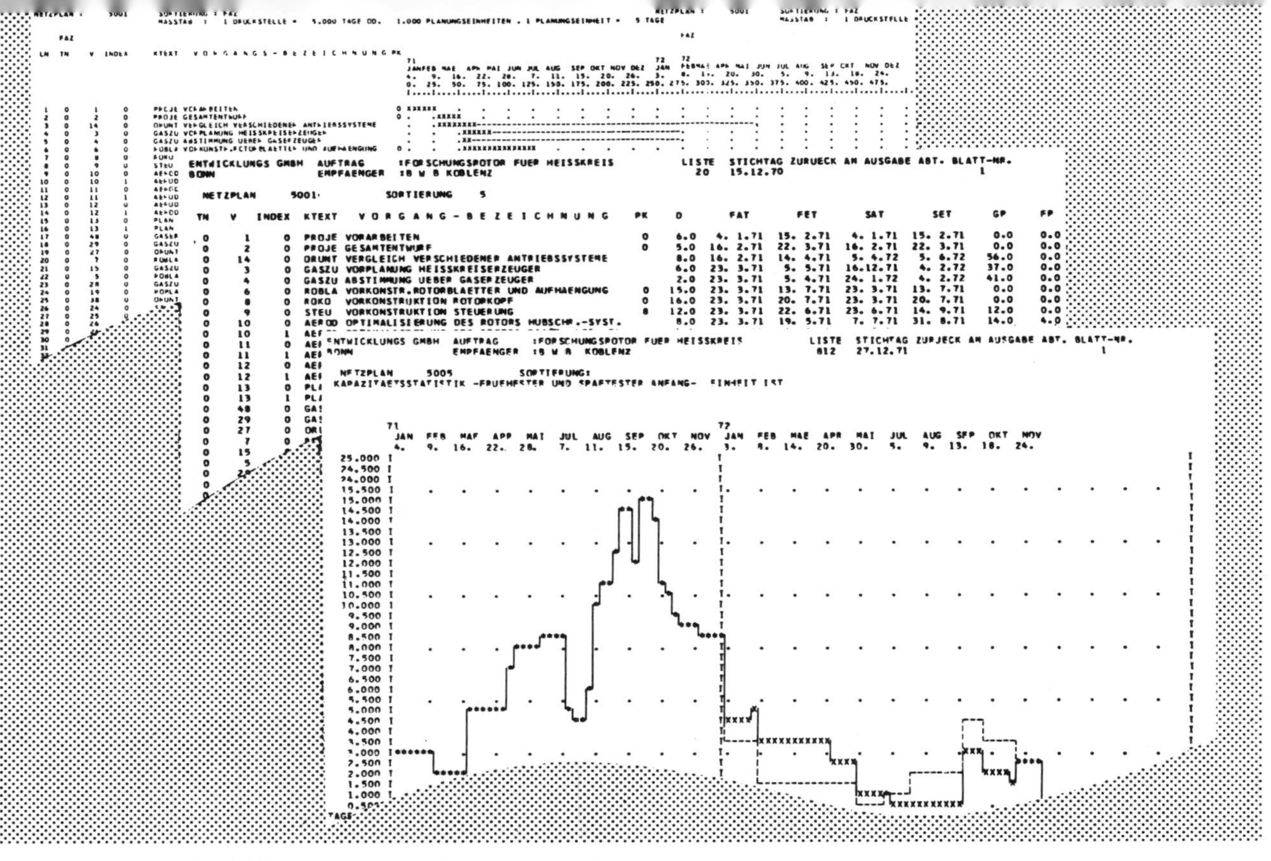

ENTWICKLUNGS GMBH AUFTRAG :FORSCHUNGSROTOR FUER HEISSKREIS LISTE STICHTAG ZURUECK AM AUSGABE ABT. BLATT-NR.
BONN EMPFAENGER :B W B KOBLENZ 20 15.12.70 1

NETZPLAN 5001 SORTIERUNG 5

TN	V	INDEX	KTEXT	VORGANG-BEZEICHNUNG	PK	D	FAT	FET	SAT	SET	GP	FP
0	1	0	PROJE	VORARBEITEN	0	6.0	4. 1.71	15. 2.71	4. 1.71	15. 2.71	0.0	0.0
0	2	0	PROJE	GESAMTENTWURF	0	5.0	16. 2.71	22. 3.71	16. 2.71	22. 3.71	0.0	0.0
0	14	0	DRUNT	VERGLEICH VERSCHIEDENER ANTRIEBSSYSTEME		8.0	16. 2.71	14. 4.71	5. 4.72	5. 6.72	56.0	0.0
0	3	0	GASZU	VORPLANUNG HEISSKREISERZEUGER		6.0	23. 3.71	5. 5.71	16.12.71	4. 2.72	37.0	0.0
0	4	0	GASZU	ABSTIMMUNG UEBER GASERZEUGER		2.0	23. 3.71	5. 4.71	24. 1.72	4. 2.72	41.0	0.0
0	6	0	ROBLA	VORKONSTR.ROTORBLAETTER UND AUFHAENGUNG	0	15.0	23. 3.71	13. 7.71	23. 3.71	13. 7.71	0.0	0.0
0	8	0	ROKO	VORKONSTRUKTION ROTORKOPF	0	16.0	23. 3.71	20. 7.71	23. 3.71	20. 7.71	0.0	0.0
0	9	0	STEU	VORKONSTRUKTION STEUERUNG	8	12.0	23. 3.71	22. 6.71	23. 6.71	14. 9.71	12.0	0.0
0	10	0	AERОD	OPTIMALISIERUNG DES ROTORS HUBSCHR.-SYST.		8.0	23. 3.71	19. 5.71	7. 7.71	31. 8.71	14.0	4.0

ENTWICKLUNGS GMBH AUFTRAG :FORSCHUNGSROTOR FUER HEISSKREIS LISTE STICHTAG ZURUECK AM AUSGABE ABT. BLATT-NR.
BONN EMPFAENGER :B W B KOBLENZ 812 27.12.71 1

NETZPLAN 5005 SORTIERUNG:
KAPAZITAETSSTATISTIK -FRUEHESTER UND SPAETESTER ANFANG- EINHEIT IST

Bild 6.3: Beispiele für PPS-Planungsergebnisse

- o Verschiedene graphische Ausgaben über Schnelldrucker:
  - Balkendiagramme für Vorgänge und Teilaufgaben
  - Kostenanfall über der Zeit
  - Kapazitätsbedarf
  - Zeit-Soll-Ist-Vergleich

- o Maximal 5-fache Sortierung mindestens nach allen in einer Liste enthaltenen numerischen oder Alfa-Begriffen.

- o Verschiedene Möglichkeiten der Einschränkungen des Outputs:
  - Angabe von Zeitintervallen oder Pufferzeitschranken
  - Auswahl von Abteilungen, Arbeitspaketen usw.
  - Benutzung von Listen, in denen nur noch die Vorgänge des Restprojektes enthalten sind.

Das PPS-Programm-System unterstützt die Projektverfolgung durch verschiedene Funktionen:

- Bereitstellung verschiedener Abfragelisten
- Input-Formate für Zeit-Kosten-Ist-Daten
- Updating von Zeit- und Kostenplanungsdaten
- Durchführung von Soll-Ist-Vergleichen für Zeit- und Kostendaten

Das Programm führt eine *umfassende Fehlerprüfung* durch: Es gibt mehr als 160 Fehlernachrichten. Dabei wird unterschieden zwischen Fehlern, die (aus Gründen der Logik) zum Abbruch des Programmlaufs führen, und Warnungen, die den Benutzer auf eine nicht korrekte Eingabe hinweisen.

Neben dem PPS-Programm-System existieren autonome Hilfsprogramme:

1. Programm zur Beschriftung von Aufklebe-Etiketten für Vorgangsknoten zur Erleichterung der zeichnerischen Darstellung von Vorgangsknoten-Netzplänen. Diese Etiketten können vom Programm wahlweise ohne oder mit Terminangaben ausgedruckt werden. Der Druck erfolgt auf Spezialpapier.

2. Für die Benutzung auf Rechenanlagen, deren Betriebs-System Time-Sharing erlaubt, steht ein eingeschränkter Dialogteil zum PPS-System zur Verfügung, der das Arbeiten mit dem PPS-Programm vereinfacht:

   - Ausgewählte Daten können angezeigt,
   - Änderungen vorgenommen und
   - der PPS-Rechenlauf angestoßen

   werden.

Die autonomen Hilfsprogramme sind nur über den PPS-Datenspeicher mit dem System verknüpft und nicht Bestandteil einer Installation.

6.4 Überblick über die Anwendung des PPS-Systems

Das PPS-System wird von einer großen Firmenzahl (z. Zt. ca. 65) nahezu aller Branchen für Projekte verschiedener Art eingesetzt.

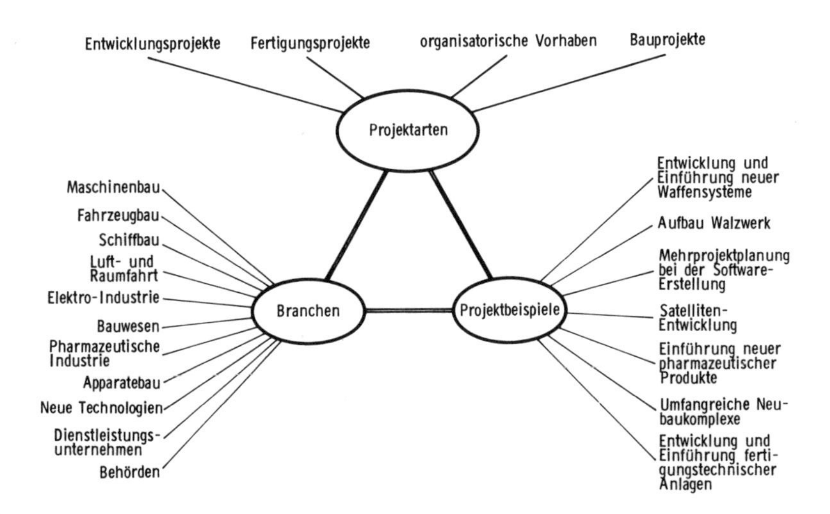

Bild 6.4: Beispiel für Anwendungsbereiche des PPS-Systems

Die *Installation des PPS-Programm-Systems* wird normalerweise durch die Firma DORNIER SYSTEM vorgenommen. Bei IBM-Anlagen (Serien 360 und 370) wird das Programm je nach Betriebssystem im allgemeinen in übersetzter Form oder als Load-Modul auf Magnetband zur Verfügung gestellt. Bei anderen Anlagen wird die Installation auf der Basis des Quellenprogramms von einem DORNIER-Mitarbeiter vorgenommen.

Die Benutzer haben die Wahl zwischen den folgenden *Ausbaustufen des Systems:*

- Zeitteil
- Zeit- und Kostenteil
- Zeit-, Kosten- und Kapazitätsteil (Gesamtsystem).

Das PPS-Programm-System wird ständig bei DORNIER gewartet. Mit Hilfe eines geeigneten Betreuungs-Programmes ist die gleichmäßige Wartung der Versionen für alle EDV-Anlagen-Typen sichergestellt. Sie erfolgt auf der Grundlage eigener System-Benutzung bzw. einem ständigen Kontakt mit den Anwendern und erhält wesentliche Impulse von der intensiven Betreuung der PPS-Programm-Benutzer durch die DORNIER-Entwicklungs-Gruppe. Diese Betreuung umfaßt vor allem:

- Anwenderberatung bezüglich einer für den jeweiligen Anwendungsfall geeigneten Handhabung des Programms
- Entgegennahme, Prüfung und eventuelle Realisierung von Anregungen zur Programm-Verbesserung
- Versorgung der Benutzer mit Informationen über den Stand des Programms und mit verbesserten Versionen.

In einzelnen Fällen werden von den PPS-Entwicklern bei DORNIER über den Rahmen der normalen Betreuung hinaus auch firmen- oder *projektspezifische Zusatzentwicklungen zum PPS-Programm* durchgeführt. Es handelt sich dabei vorwiegend um die Auswertung von Daten aus dem PPS-Datenspeicher und ihre geeignete Darstellung in speziellen Listen, oder die Verknüpfung des PPS-Programms über Datenspeicher mit anderen Programm-Systemen durch Zwischenprogramme.

6.5 Systemdokumentation-Einweisung

Für ein System von der Komplexität des PPS-Systems spielt die Dokumentation des Systems eine wesentliche Rolle. Es sind insgesamt vier Schriften über das PPS-System verfügbar:

1. Ausführliche Kurzbeschreibung über das PPS-System
2. Die offiziell gültige detaillierte System-Beschreibung: „Netzplantechnik-PPS-System, ein Mittel zur Planung, Steuerung und Überwachung von Projekten", herausgegeben vom Bundesminister der Verteidigung (Anm. 4 s. S. 167)
3. Installationsanleitung mit Hinweisen zur selbständigen Implementierung des PPS-Programm-Systems auf den verschiedenen EDV-Anlagen-Typen
4. Programm-Beschreibung, ausschließlich gedacht für Programmier-Spezialisten, die in das Programm eingreifen.

Die gesamte Dokumentation ist in deutscher Sprache vorhanden. Für internationale Projekte sind eine englische Programm-Version (englische Listen-Überschriften), eine kurze Einführung in das PPS-System in englischer Sprache und die englische Übersetzung des PPS-Handbuches (siehe oben 2.) verfügbar. Die Übersetzung des PPS-Systems in die französische Sprache ist geplant.

6.6 Abschließende Betrachtung

Die Bedeutung von Projekt-Management-Methoden zur systematischen Führung von Projekten ist längst unbestritten – vielfach wurden sie zu Handwerkszeugen, an die ständige Anforderungen gestellt werden. Das PPS-System ist ein Projektplanungs- und Projektsteuerungsverfahren, das diesen Anforderungen Rechnung trägt.

Ein besonderes Merkmal des PPS-Systems ist seine Fähigkeit zur Anpassung an die im Laufe des Planungsprozesses sich herausbildenden Erfahrungen und Forderungen einer fortschrittlichen Projektführung. PPS ist kein „festgeschriebenes" Planungssystem, sondern wird ständig weiterentwickelt und verbessert.
Es sei jedoch auch hier daran erinnert, daß ein noch so gutes Projektplanungssystem weder die Qualität einer Projektführung ersetzt, noch den materiellen Inhalt verbessert, den es als einen Fahrplan im Zeitablauf der zu erbringenden Leistungen beschreibt.

Seine Anwendung verpflichtet jedoch die Beteiligten zu erhöhter kritischer Sorgfalt in der Planung durch den Zwang zur Definition des Projektablaufes. PPS ist eine reaktionsfähige „Warnanlage", wenn Termine, Kosten und/oder Kapazitäten außer Plan geraten; durch Erhöhung der Transparenz fordert das PPS-System die Projektverantwortlichen zum intelligenten Reagieren heraus.

Anmerkungen

1) Entwickelt wurde das PPS-System im Auftrag des Bundesministeriums der Verteidigung bei DORNIER in Friedrichshafen.
2) Wahrscheinliche, pessimistische und optimistische Werte.
3) Z. B. Kostenstellen.
4) Zu beziehen beim Beuth-Vertrieb in 5000 Köln, Friesenplatz 16.

C Anwendungen

Dr.-Ing. R. Hichert

C 1
Vorgehensweise zur Einführung eines Planungssystems für den Entwicklungs- und Konstruktionsbereich

Bei der Einführung von Planungssystemen geht es neben der Lösung fachlich/organisatorischer Probleme vor allem auch um die Lösung psychologisch/sozialer Probleme.

Vereinfachend kann der Einführungsprozeß in den 6 Phasen von Bild 1.1 dargestellt werden, wobei die Vorgehensweise im Detail vom Führungskonzept des betrachtenden Unternehmens abhängt[2].

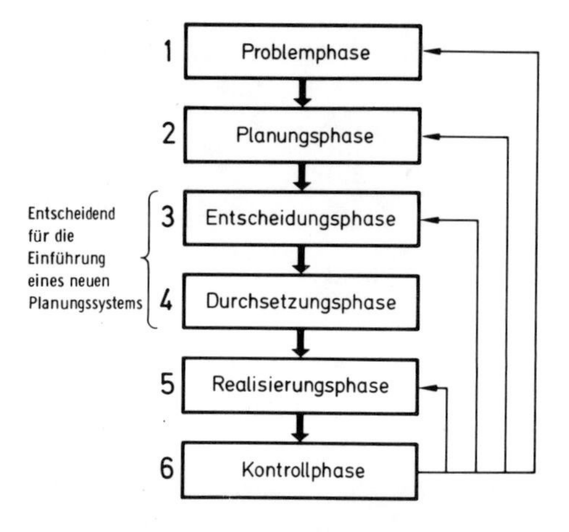

Bild 1.1: Ablauf von organisatorischen Umstellungen[1]

Während die rein fachlichen Fragen mit Hilfe von Checklisten geklärt werden können, um sicherzustellen, daß keine wesentlichen Aktivitäten vergessen werden, so liegen die größten Einführungsprobleme doch fast immer in der Motivation der Mitarbeiter. Ein Planungssystem kann nur dann erfolgreich sein, wenn die betroffenen Mitarbeiter das System bejahen und aktiv nutzen, wobei Vorbereitung und Schulung wiederum von den Gegebenheiten der jeweiligen

Firma abhängen[2]. Diese Gegebenheiten sind mit den 5 in Bild 1.2 wiedergegebenen Determinanten charakterisiert.

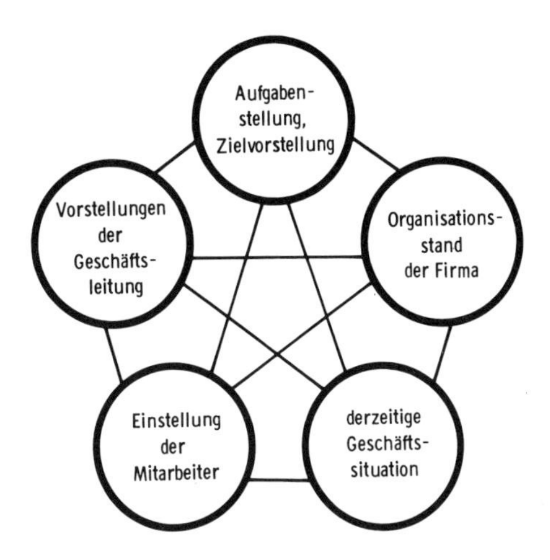

Bild 1.2: Determinanten zur Bestimmung der Einführungsvorgehensweise in einem Unternehmen (in Anlehnung an[2])

Da eine Einführung gegen den Willen der Konstrukteure scheitern muß, sind folgende Punkte für eine erfolgreiche Führungskonzeption von Bedeutung[2]:

- Klare Definition der Zielsetzung
- Einschaltung der Mitarbeiter in den Entscheidungsprozeß
- Einarbeitung der Vorstellungen der Konstrukteure
- Selbststeuerung mit Hilfe des Planungssystems
- Periodische Erfolgskontrolle.

In jedem Fall wird eine *Verhaltensänderung* angestrebt, die aber nur dann bereitwillig erfolgt, wenn sie von einer *Einstellungsänderung* getragen wird.

Nach der Dissonanztheorie von Festinger[3] strebt jeder Mensch nach Übereinstimmung zwischen seiner Einstellung und seinen Handlungen, d. h. der tut bereitwillig nur das, wovon er überzeugt ist.

Wirken neue Erkennntnisse auf ihn ein oder wird er zu Handlungen veranlaßt, von denen er nicht überzeugt ist, so tritt *Dissonanz* zwischen seiner Einstellung und seinem Verhalten auf. Die Dissonanz ist hierbei um so größer, je größer die Bedeutung des Vorganges für den Betreffenden ist[2].

Eine „Dissonanzreduktion" ist vor allem dann zu erreichen, wenn folgende Hinweise beachtet werden:

- die Situation erzwungener Verhaltensänderungen sollte vermieden werden.
- Je größer der Anpassungsdruck, um so geringer ist die Wahrscheinlichkeit einer Änderung der persönlichen Einstellung.
- Die Gefahr einer Ablehnung eines neuen Planungssystems ist zu Beginn der Einführung am größten, wenn nämlich nur spärliche Informationen über das neue System durchsickern.
- Eine Information sollte deshalb rechtzeitig und umfassend erfolgen.
- Alle Vorteile des Systems für die Firma und für den einzelnen Mitarbeiter sollten geschildert werden. Es darf auch nicht versäumt werden, die negativen Posten aufzuzählen, da sie andernfalls als Argumente gegen das System aufgebaut werden können.

In diesem Zusammenhang soll auf das Betriebsverfassungsgesetz (BetrVG) von 1972[4)] verwiesen werden, das verschiedene Beteiligungsrechte der Mitarbeiter bzw. des Betriebsrats unterscheidet (vgl. BetrVG 4. Teil: Mitwirkung und Mitbestimmung der Arbeitnehmer).

„Die Beteiligungsrechte des Betriebsrats beginnen mit dem Anspruch auf Information, allgemein als schwächstes Mitwirkungsrecht bezeichnet. Sie steigern sich über das Beratungs- und Anhörungsrecht bis hin zur vollen Mitbestimmung, die teils als Widerspruchs- und Vetorecht (§§ 98 II und 99), teils als Zustimmungsrecht (z. B. §§ 87, 94, 98 I, 103) oder als erzwingbare Initiative, wie in den §§ 95 II, 104 und 109, ausgestaltet ist."[5)]

Im Zusammenhang mit dem vorliegenden Problem sind dabei folgende Paragraphen von Interesse:

§ 87 Mitbestimmungsrechte (bei sozialen Angelegenheiten) (Auszug)

„Der Betriebsrat hat, soweit eine gesetzliche oder tarifliche Regelung nicht besteht, in folgenden Angelegenheiten mitzubestimmen:

2. Beginn und Ende der täglichen Arbeitszeit einschließlich der Pausen sowie Verteilung der Arbeitszeit auf die einzelnen Wochentage;
3. Vorübergehende Verkürzung oder Verlängerung der betriebsüblichen Arbeitszeit;
5. Aufstellung allgemeiner Urlaubsgrundsätze und des Urlaubsplans sowie die Festsetzung der zeitlichen Lage des Urlaubs für einzelne Arbeitnehmer, wenn zwischen dem Arbeitgeber und den beteiligten Arbeitnehmern kein Einverständnis erzielt wird;
6. Einführung und Anwendung von technischen Einrichtungen, die dazu bestimmt sind, das Verhalten oder die Leistung der Arbeitnehmer zu überwachen."[4)]

§ 90 Unterrichtungs- und Beratungsrechte (bei der Gestaltung von Arbeitsplatz, Arbeitsablauf und Arbeitsumgebung)

„Der Arbeitgeber hat den Betriebsrat über die Planung
1. von Neu-, Um- und Erweiterungsbauten von Fabrikations-, Verwaltungs- und sonstigen betrieblichen Räumen,
2. von technischen Anlagen,
3. von Arbeitsverfahren und Arbeitsabläufen oder
4. der Arbeitsplätze

rechtzeitig zu unterrichten und die vorgesehenen Maßnahmen in besonderem Hinblick auf ihre Auswirkungen auf die Art der Arbeit und die Anforderungen an die Arbeitnehmer mit ihm zu beraten. Arbeitgeber und Betriebsrat sollen dabei die gesicherten arbeitswissenschaftlichen Erkenntnisse über die menschengerechte Gestaltung der Arbeit berücksichtigen."[4]

Ziel dieser Bestimmungen ist die rechtzeitige Beratung zwischen Arbeitgeber und Betriebsrat. Erfahrungsgemäß gibt es dabei die größten Meinungsunterschiede zur Frage der Iststunden- bzw. Arbeitsfortschrittserfassung in Entwicklung und Konstruktion – vor allem dann, wenn neben der groben Erfassung der Kosten für das Rechnungswesen zusätzliche Kenngrößen zur Planzeitfindung wie Schwierigkeitsgrad oder Formatzahlen miterfaßt werden sollen.

Hierbei muß allen Beteiligten klar sein, daß ein Planungssystem nicht konzipiert werden sollte, um die Leistungen der einzelnen Mitarbeiter zu kontrollieren, sondern dazu dienen sollte, mit Hilfe realistischer Daten eine bessere Vorausschau und damit einen reibungsloseren Ablauf zu garantieren.

Zusammenfassend gibt Bild 1.3 eine Übersicht über die Punkte, die einer Erfahrung bei der Einführung eines neuen bzw. in wesentlichen Zügen geänderten Planungssystems Probleme aufwerfen.

Diese Probleme sollen im folgenden zunächst alle stichwortartig charakterisiert werden (vgl.[7]). Anschließend werden Hinweise zur Einführungsorganisation im engeren Sinne gegeben.

- Kapazitätseinheiten:
  Was ist die geeignete Aufbauorganisation im Entwicklungsbereich? Soll auf Arbeitsgruppen oder auf einzelne Personen geplant werden?

- Planungszyklus:
  Soll ein Neuaufwurf der Planung täglich, wöchentlich oder monatlich erfolgen?

- Planungsstelle:
  Wer übernimmt die Aufgaben der Planung? Werden Vollzeitplaner gestellt oder soll die Aufgabe von den Gruppenleitern wahrgenommen werden?

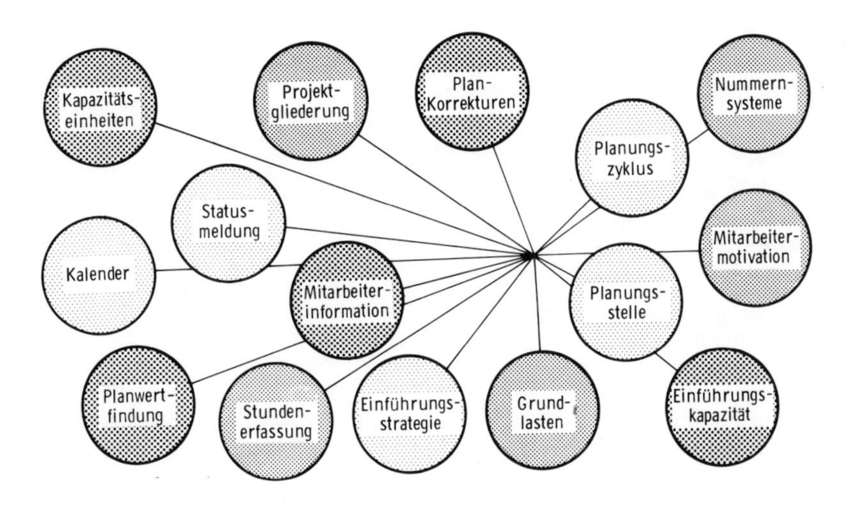

Bild 1.3: Problemschwerpunkte bei der Einführung eines Planungssystems für den Entwicklungsbereich

- Stundenerfassung:
  Sollen wöchentliche oder monatliche Stundennachweise geführt werden? Wie sind die Überschneidungen zur Gleitzeiterfassung zu lösen?

- Projektentstehung:
  Woher kommen Entwicklungsprojekte? In welchen Schritten werden sie zur Durchführung vorbereitet? Gibt es ein Auftragswesen?

- Planwertfindung:
  Welche Möglichkeiten gibt es? Können Planzeitkataloge erstellt werden?

- Projektgliederung:
  Was ist die geeignete Projektstruktur? Wie fein sollen Projekte aufgeschlüsselt werden?

- Plankorrekturen:
  Wie können – vor allem kurzfristige – Plankorrekturen berücksichtigt werden?

- Nummernsysteme:
  Können die vorhandenen Nummernsysteme für Aufträge, Angebote, Arbeitsgruppen, Mitarbeiter usw. übernommen werden?

- Kalender:
  Soll beispielsweise mit dem Gregorianischen Kalender oder mit einem Wochenkalender gearbeitet werden?

- Grundlasten:
  Auf welche vorhandenen Auswertungen kann zurückgegriffen werden, um den nicht planbaren Anteil an der Arbeitszeit zu erfassen?

- Planungsergebnisse:
  Wie soll die Gestaltung der Planungsergebnisse erfolgen? Wie ist der Listenverteiler zu bestimmen?

- Schnittstellenprobleme:
  Wo liegen beispielsweise die Schnittstellen zur Budgeterstellung, zur Nachkalkulation und zur Fertigungssteuerung?

- Einführungsstrategie:
  Wie sieht der Zeitplan für die Einführung des neuen Systems aus?

- Einführungskapazität:
  Welche Mitarbeiter sind verantwortlich für die Konzeption und Realisierung des neuen Planungssystems?

- Mitarbeiterinformation:
  Wie soll die Information/Schulung der Beteiligten und Betroffenen erfolgen?

- Mitarbeitermotivation:
  Wie können die betroffenen Mitarbeiter zur Mitarbeit an einem neuen Planungssystem motiviert werden?

Die Einführung eines Planungssystems für den Entwicklungsbereich ist in aller Regel ein umfangreiches Projekt und sollte demnach auch mit den bekannten Methoden der Projektplanung abgewickelt werden.

Dazu gehört einerseits die Schaffung der finanziellen und personellen Voraussetzungen, andererseits aber auch die geeignete Projektstrukturierung in einzelne Phasen und die richtige Projektorganisation.

Diese Projektorganisation sollte sich aus folgenden Institutionen zusammensetzen:

Projektleiter:
verantwortlich für den gesamten Projektablauf bei großen Entwicklungsbereichen sollte er voll für diese Aufgabe abgestellt sein, möglichst sollte es sich um den späteren Planungsverantwortlichen handeln.

Projektteam:
fünf bis sechs Mitarbeiter aus den betroffenen Abteilungen, die sich aktiv an der Projektarbeit mit einem Teil ihrer Arbeitszeit beteiligen.

Entscheidungsausschuß:
Management-Ausschuß, der über die Mittelbereitstellung und die generelle Vorgehensweise entscheidet.

Berater:
entweder externe Beratungsfirma oder ein erfahrener Mitarbeiter aus einem Zentralbereich des Unternehmens.

Eine der ersten wesentlichsten Aufgaben der Einführungsarbeit im Projektteam besteht in der Festlegung der „Parameter" des vorgesehenen Modells. Diese — auch als Ausbaustufen bzw. Komfortgrad zu kennzeichnenden — Modellcharakteristika werden in Bild 1.4 in drei Gruppen eingeteilt: Die prinzipiell vorgesehenen Funktionen, die geplante Integration mit anderen Bereichen und die Häufigkeit der Neuplanung (Aktualität).

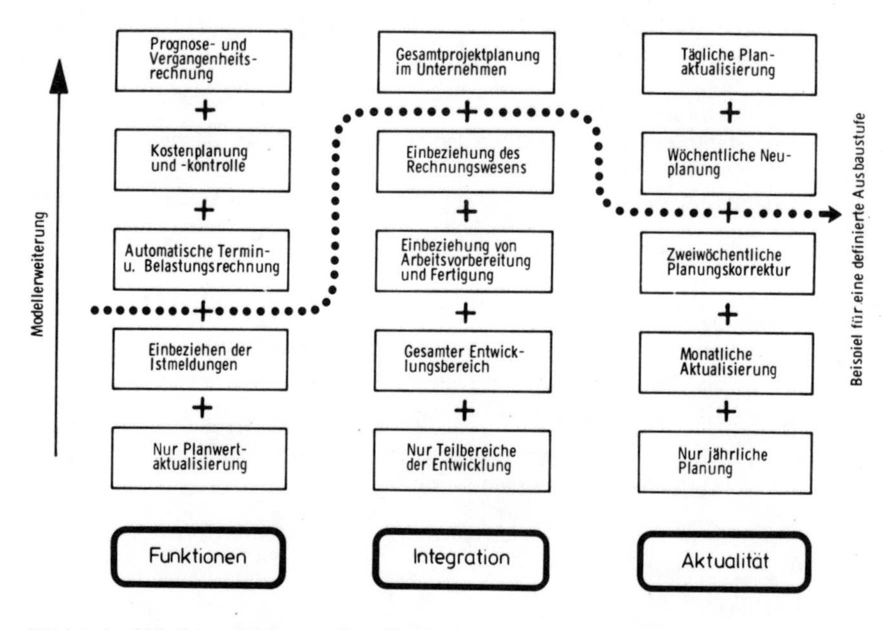

Bild 1.4: Mögliche Ausbaustufen (Modellerweiterungen) eines Planungssystems für die Entwicklung

Mit der Festlegung dieser drei Aspekte ist bereits eine wesentliche Charakterisierung des späteren Systems gegeben. Es kann z. B. gesagt werden, daß mit zunehmender „Höhe" der angestrebten Ausbaustufe die Verwendung eines EDV-orientierten Planungssystems an Bedeutung zunimmt.

Wenn neben den organisatorischen Aspekten (Einführungsinstitutionen, Ausbaustufen usw.) auch Lösungsvorschläge zu den weiter oben genannten fachlichen Problemen vorliegen, muß die Frage nach der geeigneten Einführungsstrategie entschieden werden.

Bild 1.5 zeigt schematisch eine Form der Vorgehensweise bei der zunächst alle Funktionen des konzipierten Systems in einer Abteilung getestet werden, bevor mit dem weiteren Ausbau des Systems in weiteren Abteilungen vorangegangen wird.

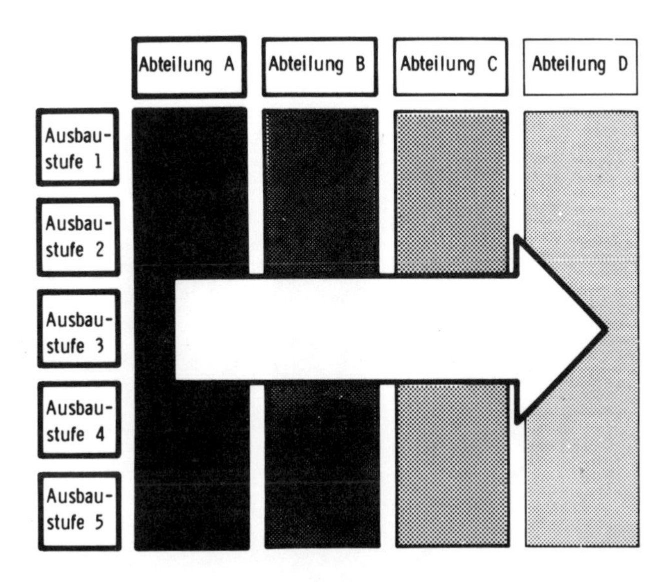

Bild 1.5: Einführungsstrategie I für ein Planungssystem

Im Gegensatz zeigt Bild 1.6 eine Gesamteinführung des Systems mit einer Einfachversion, z. B. nur mit der Stundenerfassung und -auswertung. Wenn dann hier genügend Erfahrungen gesammelt worden sind, kann ein Ausbau mit den weiteren Funktionen schrittweise erfolgen.
Die Erfahrung zeigt aber, daß die wenigsten Reibungsverluste mit der in Bild 1.7 schematisch dargestellten Mischform erreicht werden kann.

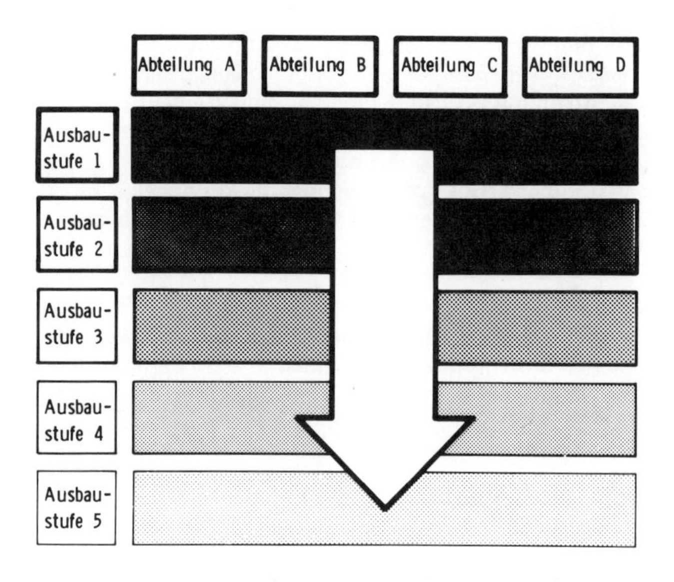

Bild 1.6: Einführungsstrategie II für ein Planungssystem

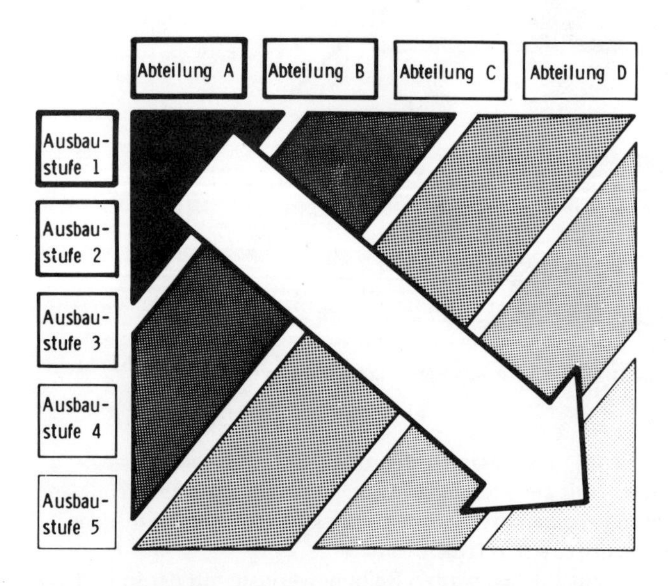

Bild 1.7: Einführungsstrategie III für ein Planungssystem

Die Frage nach dem zeitlichen Ablauf der Einführung läßt sich nicht allgemeingültig behandeln, da in der Praxis zu unterschiedliche Randbedingungen vorliegen können.

Als Darstellung einer möglichen Vorgehensweise bzw. als Anregung hierzu soll auf den in Bild 1.8 wiedergegebenen Balkenplan verwiesen werden.

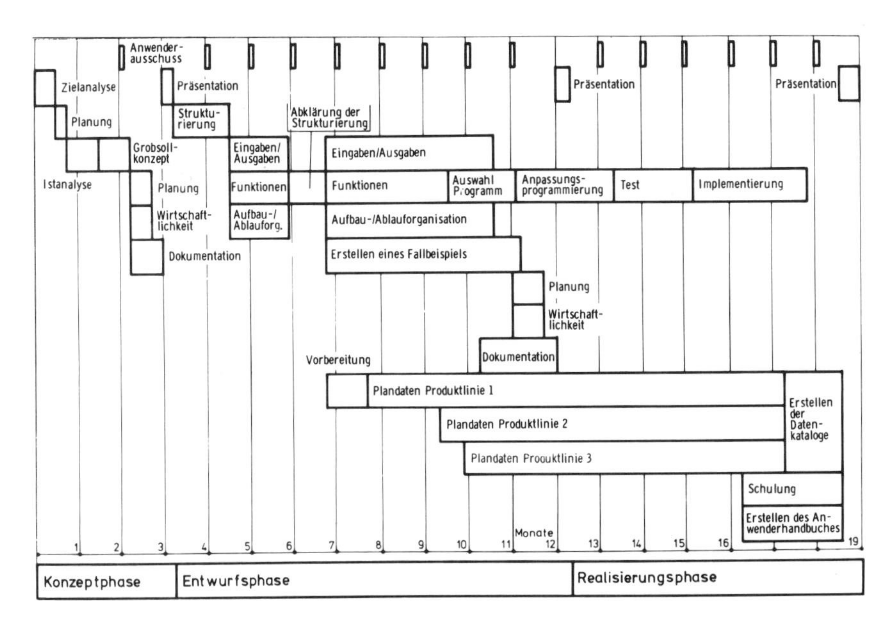

Bild 1.8: Balkenplan zur Einführung eines Entwicklungsplanungssystems (Beispiel)[8]

Ing. (grad.)/REFA-Ing. R. Kainz, Dipl.-Ing. N. Wild

C 2
Planzeiten als Grundlage für eine realistische Entwicklungsplanung

2.1 Allgemeines

Konzipierung, Gestaltung und Detaillierung sind die Phasen der Entwicklung mit den Ergebnissen wie

- Lösungskonzept
- Entwurf
- Zusammenstellung
- Einzelteilzeichnungen
- Stücklisten.

Die Zeit, die für die Erarbeitung dieser Ergebnisse aufgebracht werden muß, bestimmt maßgeblich die Termine und Kosten der Entwicklung. Das Verbrauchen von Zeit in Planung und Durchführung bezieht sich auf Vorgänge, Aktivitäten, Tätigkeiten, Leistungen und dergleichen oder – nach DIN 69 900 – auf „zeitforderndes Geschehen".

2.2 Probleme der Zeitplanung

Eine Zeitplanung ist im Entwicklungs- und Konstruktionsbereich dann möglich, wenn es gelingt, das zeitfordernde Geschehen mit definiertem Anfang und Ende

- überschaubar
- klassifizierbar
- vorherbestimmbar
- meß- und kontrollierbar

zu machen, um somit die ermittelten Zeiten Vorgängen, Aktivitäten usw. zuordnen zu können.

Die Probleme der Zeitplanung im Entwicklungs- und Konstruktionsbereich liegen im unterschiedlichen Umfang geistig-schöpferischer Tätigkeiten und sogenannter Routinetätigkeiten. Gelingt es, die geistig schöpferischen Tätigkeiten und die *Routinetätigkeiten* meßbar, kontrollierbar und vorhersehbar zu machen, besteht die Chance, eine langfristige Planung erstellen zu können, Engpässe beim Personal und den Hilfsmitteln zu erkennen, Kapazitäten auszutauschen, Termine einzuhalten, Überstunden abzubauen usw.

Die *schöpferischen Anteile* sind beim Konzipieren und Gestalten am größten und beim Detaillieren bzw. Zeichnen gering. Der Routineanteil besteht zumeist aus logischen Verknüpfungen und aus Arbeiten schematischer Art, die sich auf Erfahrung stützen.

Die Ermittlung der Zeiten für diese Anteile erfordert zum einen eine detaillierte Strukturierung und Klassifizierung der Konstruktionsaufgaben und -tätigkeiten sowie zum anderen die Anwendung von geeigneten Systemen zur Zeiterfassung bzw. -festlegung.

Hierbei bieten sich zwar grundsätzlich die aus der Fertigung bekannten Verfahren und Systeme an, gegen deren Einsatz jedoch schwerwiegende Gründe stehen.

Die Verwendung vorhandener Soll-Zeiten (z. B. Systeme vorbestimmter Zeiten) scheitert in der Regel daran, daß ein großer Teil der Tätigkeiten in der Konstruktion nicht in der erforderlichen Tiefe vorherbestimmt werden kann.

Die Ermittlung von Soll-Zeiten durch Schätzen, Befragen usw. führt nicht zu der von der Planung geforderten Genauigkeit und ist daher bestenfalls für die Festlegung von Grob-Zeiten für langfristige Zwecke geeignet.

Die Anwendung statistischer Verfahren, z. B. *Multimomentaufnahmen,* ist für die Ermittlung von relativen Zeitanteilen (z. B. Verteilzeitanteil) möglich. Bearbeitungszeiten können infolge des fehlenden Bezugs zu den Konstruktionsaufgaben mit diesen Verfahren nicht ermittelt werden.

Die Erfassung von Ist-Zeiten ist in der Konstruktion möglich, jedoch sollten *Fremdaufnahmen* aus psychologischen und wirtschaftlichen Gründen nicht durchgeführt werden.

Die Erfassung der Ist-Zeiten mit Hilfe einer detaillierten *Selbstaufschreibung* der Mitarbeiter führt in der Regel zu ausreichend genauen Ergebnissen und erscheint langfristig als geeignetste Vorgehensweise zur Zeitermittlung im Entwicklungs- und Konstruktionsbereich.

2.3 Klassifizierung von Konstruktionsaufgaben

Konstruktionsaufgaben entstehen aus den Absatz- und Produktionszielen eines Unternehmens. So kann es sich um kundenbezogene Auftragskonstruktionen oder um Neukonstruktionen für Markt- oder Lagerfertigung handeln.

Zu klassifizieren sind die wesentlichen Bestandteile der Konstruktionsaufgabe:

- Objekte
- Tätigkeiten
- Einflußgrößen

Mit der Objekt- oder *Erzeugnisbeschreibung* beginnt die erste Klassifizierungsaufgabe. *Klassifizieren* heißt dabei Einteilen einer Klasse oder Menge in Teilklassen, Unterklassen oder Untergruppen. Jede Klasse soll artgleiche Informationsobjekte umfassen, die aufgrund ihrer Leistungs- und Beschaffenheitsmerkmale zusammengehören. Im Anlagen- und Maschinenbau ist die Komplexität durch Stufen darzustellen. Bild 2.1 zeigt als Beispiel einen Generalnummernplan mit Klassenbegriffen: Erzeugnisse, Baugruppen, Zeichnungs-Einzelteile, Kaufteile, Materialien.

Klassifizieren lassen sich die Komplexitätsstufen in beschreibenden Worten oder Nummern. Zu alphabetisch geordneten Gattungsbegriffen gehören weiter aufgeteilt alphabetisch geordnete Gruppenbegriffe. Die Gruppenbegriffe verweisen schließlich auf 3-stellige Varianten, die aus Bauform, Maßen, Gewichten bestehen.

Weiterhin klassifiziert werden müssen die Tätigkeiten und deren Einflußgrößen wie

- Tätigkeitsart (direkt, indirekt)
- Tätigkeitsbezeichnung (Entwerfen, Zeichnen usw.)
- Tätigkeitsanlaß (Neuauftrag, Änderung usw.)
- Art der Zeichnung
- Zeichnungsformat
- Zeichnungsschwierigkeit
- Ausführungsart (Ansicht, Schnitt, Skizze)
- Anzahl Stücklistenpositionen
- Änderungs- bzw. Wiederverwendungsgrad

Diese Klassifizierung stellt die Grundlage für die Erfassung und Verarbeitung der Zeiten für Konstruktionsaufgaben dar und ist für den Aufbau von Planzeitkatalogen unabdingbar.

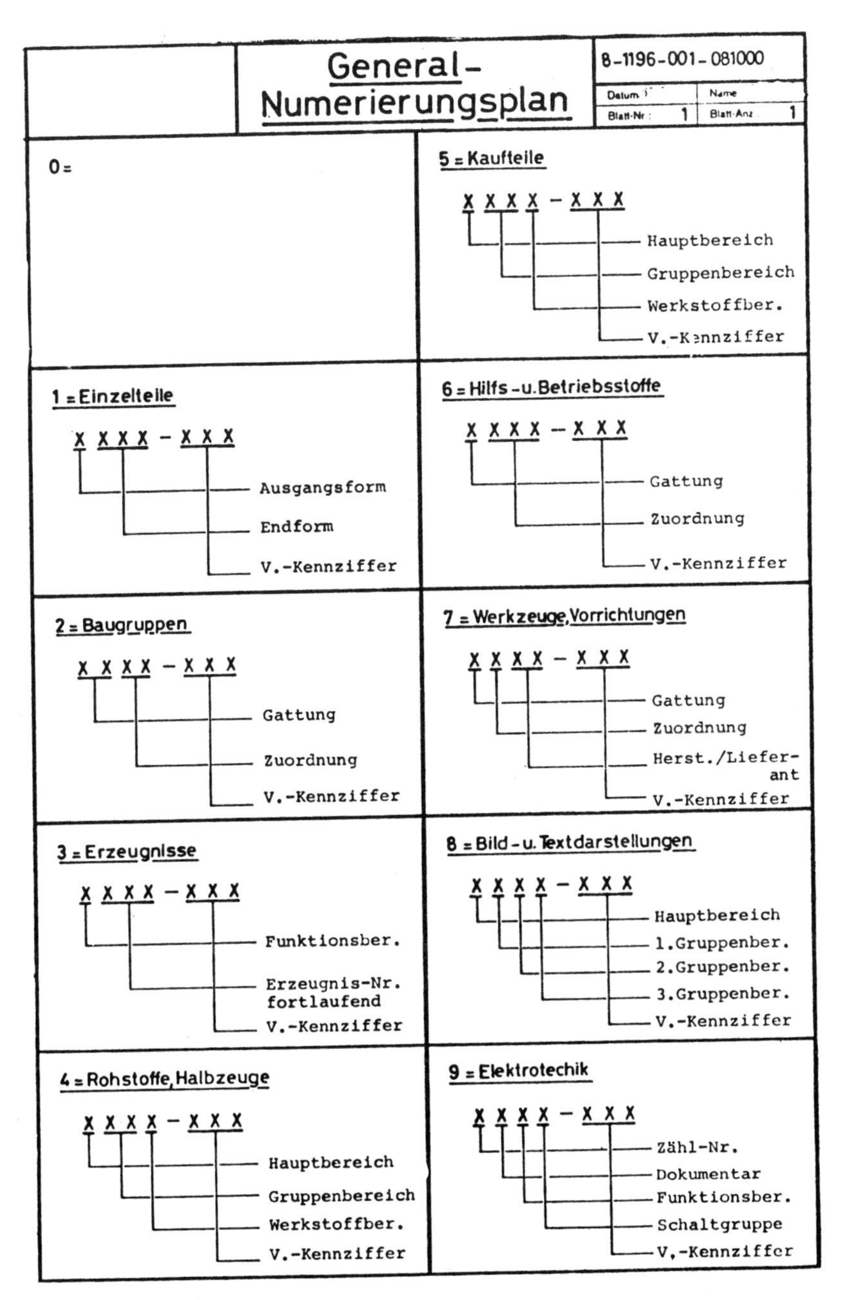

Bild 2.1: Generalnummernplan

2.4 Systematische Isterfassung

Ziel der systematischen Erfassung von Ist-Zeiten ist der Aufbau von *Planzeitkatalogen* für die zeitliche Bewertung von Angeboten und Aufträgen. Die zweckmäßigste Methode ist die permanente Zeit- und Tätigkeitserfassung durch Selbstaufschreibung der Mitarbeiter. Bild 2.2 zeigt den Aufbau des Tätigkeitsberichtes für eine Werkzeugkonstruktion.

Die erfaßten Ist-Zeiten werden in Planzeitkatalogen abgespeichert und zur Festlegung der Soll-Zeiten verwendet.

Die Codierung der Zeiten erfolgt mit Hilfe des festgelegten Klassifizierungssystems für Objekte, Tätigkeiten und Einflußgrößen.

Die Planzeiten werden durch neue Ist-Werte permanent aktualisiert und beinhalten daher nach einer entsprechenden Erfassungszeit einen hohen Genauigkeitsgrad.

Je mehr dokumentierte und klassifizierte Zeitwerte vorliegen, desto umfangreicher wird die Orientierung nach Vergangenheitswerten und umso kleiner der Unterschied zwischen der Planzeit und der tatsächlich gebrauchten Istzeit.

2.5 Praxisbeispiele

2.5.1 Globales Schätzen im Anlagenbau

– Ist-Auswertung:

Auftrag	Bezeichnung	Wert	Konstruktionszeit
1.1234.7	Flutbecken	10 000 DM	50 Std.
1.1245.7	Flutbecken	20 000 DM	100 Std.

Je 1000 DM Auftragswert wurden 5 Stunden Konstruktionsaufwand erbracht.

– Planzeitfindung:

$$\text{Konstruktionszeit} = \frac{\text{Angebot in DM} \cdot 5\ \text{Std.}}{1000\ \text{DM}}$$

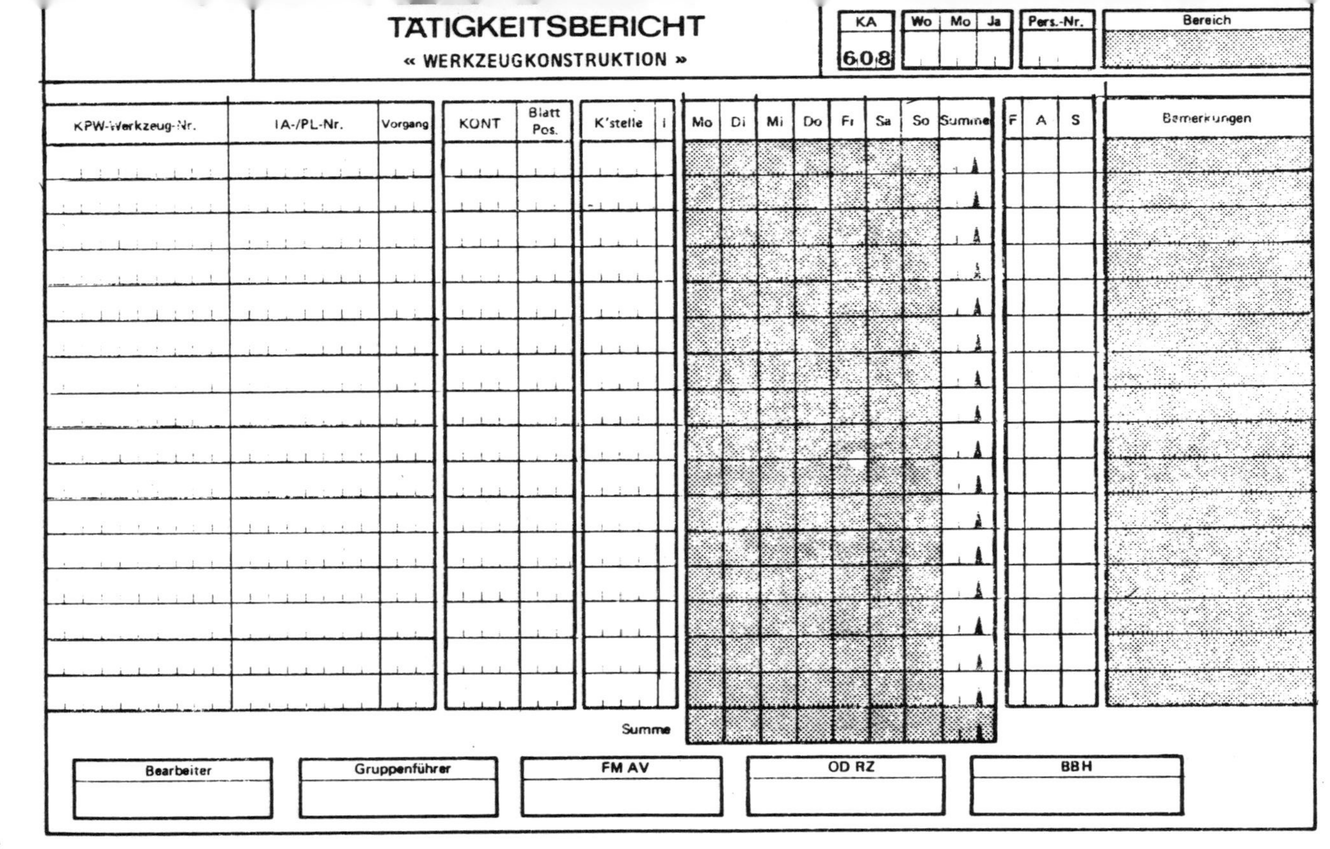

TÄTIGKEITSBERICHT
« WERKZEUGKONSTRUKTION »

KA	Wo	Mo	Ja	Pers.-Nr.	Bereich
608					

KPW-Werkzeug-Nr.	IA-/PL-Nr.	Vorgang	KONT	Blatt Pos.	K'stelle	i	Mo	Di	Mi	Do	Fr	Sa	So	Summe	F	A	S	Bemerkungen
					Summe													

Bearbeiter	Gruppenführer	FM AV	OD RZ	BBH

Bild 2.2: Tätigkeitsbericht in der Werkzeugkonstruktion

2.5.2 Globales Schätzen im Werkzeugbau

– Ist-Auswertung:

Auftrag	Bezeichnung	Werkzeugbau	Konstruktion
50 03 47	4-fach Form	3000 Std.	450 Std.
54 07 18	2-fach Form	2000 Std.	200 Std.

Der Konstruktionsaufwand beläuft sich auf 10 bis 13,5 %.

– Planzeitfindung:

Konstruktionszeit = Werkzeugbauzeit · 0,1 . . . 0,135

2.5.3 Vergleichendes Schätzen im Transportgerätebau[1)]

– Ist-Auswertung:

Auftrag	Bezeichnung	Wert	Konstruktionszeit
47.1453	Transport	100 000 DM	200 Std.
47.6917	Transport	150 000 DM	300 Std.
47.1158	Transport	250 000 DM	400 Std.
47.8364	Transport	300 000 DM	420 Std.
47.1371	Transport	400 000 DM	480 Std.

Je 1000 DM Auftragswert wurden zwischen 1,2 und 2 Stunden Konstruktionsaufwand erbracht.

Auftrag	Wert	Wertklasse
47.1453	100 000 DM	1 (2 Std./1000 DM)
47.6917	150 000 DM	1 (2 Std./1000 DM)
47.1158	250 000 DM	2 (1,6 Std./1000 DM)
47.8364	300 000 DM	3 (1,4 Std./1000 DM)
47.1371	400 000 DM	4 (1,2 Std./1000 DM)

– Planzeitfindung:

$$\text{Konstruktionszeit} = \frac{\text{Angebotswert in DM}}{\text{1000 DM}} \cdot \text{Zeit der Wertklasse}$$

Beispiel:
Angebotswert 170 000 DM
Nach Interpolation zwischen Wertklasse 1 und 2 ergibt sich

$$\frac{170\,000\text{ DM}}{1000\text{ DM}} \cdot 1{,}9\text{ Std.} = 323\text{ Std.}$$

2.5.4 Planzeitbestimmung mit Zeichnungsformat und Schwierigkeitsgrad[2)]

– Ist-Auswertung für manuelle Zeichenarbeit:

Schwierigkeitsgrad	Zeitbedarf je DIN A 4
1	0,5 Std.
2	1,0 Std.
3	1,5 Std.
4	2,0 Std.
5	2,5 Std.
6	3,0 Std.
7	3,5 Std.
8	4,0 Std.
9	4,5 Std.
10	5,0 Std.

– Ist-Auswertung für Entwurfsarbeiten:

Schwierigkeit	Komplexitätsfaktor
einfach	2
schwierig	4
sehr schwierig	7
schöpferisch	10

– Planzeitfindung:
  – Schätzung der Anzahl Zeichnungen und deren Größe
  – Ermittlung der Zeit für manuelle Zeichenarbeit und Addition der Einzelzeiten
  – Ermittlung des Komplexitätsfaktors je DIN A 4-Feld, Multiplikation mit der zugehörigen Einzelzeit und Addition der Einzelzeiten
  – Addition der Zeitsummen für manuelle Zeichenarbeit und Entwurfsarbeiten.

2.5.5 Planzeitbestimmung mit Einflußgrößen in der Formenkonstruktion

- Ist-Auswertung (Auszug: Planzeitkatalog)
  - Tätigkeit: Werkzeugentwurf
  - Material: Duroplast
  - Technologie: Spritzpressen
  - Konturklasse: mittel
  - Hinterschneidungsebenen: 2
  - Nestzahl: 4
  - Einzelteile: 88

  Mittelwert der erfaßten Zeiten: 124 Std.
  Toleranzbereich: ± 6 Std.

- Planzeitfindung:
  - Erfassung der Einflußgrößen des zu entwerfenden Werkzeuges
  - Quantifizierung der Einflußgrößen
  - Codierung des Werkzeugentwurfs anhand des Klassifizierungssystems der Einflußgrößen
  - Aufsuchen der Codierung im Planzeitkatalog
  - Eventuelle Interpolation der abgespeicherten Werte
  - Entnahme des Zeitwertes aus dem Planzeitkatalog

Betriebswirt (staatl. gepr.) R. Ulenberg

C 3
Systematische Ist-Stunden-Auswertung zur Findung von Planzeiten im Maschinenbau

3.1 Vorstellung des Unternehmens

Die KLEINEWEFERS GMBH in Krefeld ist als Herstellerin von Textil- und Papierveredelungsmaschinen ein typischer Einzelfertiger mit folgenden Produktgruppenbereichen:

Auf dem Textilmaschinensektor:

- Druckmaschinen
- Anlagen für das Mercerisieren, Bleichen, Waschen und Färben von textilen Geweben.

Auf dem Papiermaschinensektor:

- Satinierkalander
- Prägekalander und Walzwerke
- Rollenpack- und Transportanlagen.

Innerhalb der Produktgruppenbereiche existiert eine erhebliche Typenvielfalt. Hinzu kommt ein starker Anpassungszwang von seiten des Marktes, der häufig zu individuellen Problemlösungen führt und damit Variantenkonstruktionen auslöst.

Die Belegschaft umfaßt ca. 900 Mitarbeiter, von denen etwa 115 Mitarbeiter den technischen Abteilungen zuzurechnen sind. Der Umsatz liegt in einer Größenordnung von etwa 130 Mio DM.

3.2 Voraussetzungen zur Planzeitfindung

Im Rahmen einer Vorbereitungsphase ist die Schaffung folgender organisatorischen Voraussetzungen erforderlich:

- frühzeitige Information, Schulung und Mitwirkung aller mittelbar oder unmittelbar betroffenen Mitarbeiter zur Vermeidung psychologischer Barrieren (Ziele und geplantes Vorgehen erläutern)
- Untersuchung und Optimierung der organisatorischen Abläufe im Konstruktionsbüro
- Aufbau einer eindeutigen Erzeugnisgliederung
- Aufbau eines Klassifizierungssystems, um eine Differenzierung des gesamten Konstruktionsgeschehens zu ermöglichen, z. B. Unterteilung von Tätigkeiten nach Konstruktions- oder Produktphasen. Die Identifikation erfolgt über ein Nummernsystem
- Ermittlung der pro Konstruktionsgruppe vorhandenen Brutto- und Netto-Personalkapazität unter Verwendung der statistischen Ausfallzeiten (Krankheit, Urlaub und sonstige Abwesenheit etc.) je Vollzeitkraft im Jahresdurchschnitt. (Eine Voraussetzung, die für alle Formen der Arbeitsablaufplanung gilt.)
- Untersuchung der Mitarbeiterstruktur in den Konstruktionsabteilungen.

3.3 Grundlagen und Durchführung der Planzeitfindung

Ausgangspunkt jeglicher Planzeitfindung ist die Archivierung von Vergangenheitswerten, also eine auftragsgebundene Konstruktionsstatistik, die Aussagen über Ist-Zeiten pro abgeschlossener Tätigkeit – bezogen auf die angewendeten Planungsparameter – vermittelt. Zu diesem Zwecke werden Zeiterfassungsbelege verwendet, die sich in ihrer Ausgestaltung je nach Tätigkeitsart unterscheiden.

Bild 3.1 zeigt beispielsweise einen Zeiterfassungsbeleg für die Tätigkeit „technisches Auslegen", also für die Konzipierungsphase. Für die übrigen Phasen des Konstruktionsablaufes Detaillieren und technisches Abwickeln (Stücklistenbearbeitung) werden abgewandelte Zeiterfassungsbelege verwendet.

Bei den Untersuchungen während der Vorbereitungsphase wurden folgende *Klassifizierungsmerkmale* ausgewählt:

- Produktgruppenbereich
- Erzeugnis

Bereich TEXTIL
Abteilung KON. I

Zeiterfassung Techn. Auslegen

Monat April Jahr 1979

Status * Fu.E	F/E	KN	Komm. Nr.	Tage / KA	1	2	3	4	5	6	7	8	9	10	11	12	13	14	15	16	17	18	19	20	21	22	23	24	25	26	27	28	29	30	31	Total
	E	0431	121.03.470	1.2		5																														5
*	E	1412	921.00.930	1.1		2,5	7	2	8	8,5			6	6,5																						40,5
	E	1009	124.06.120	1.3											7,5	6																				13,5
	E	0935	124.07.360	1.2																	1,5															1,5
	E	0527	124.07.240	1.2																	3,5															3,5
	E	0319	123.01.510	1.2																	2,5															2,5
	E	0102	122.10.110	1.2																		2														2
	E	0718	122.10.120	1.2																		3,5														3,5
	E	0108	122.10.130	1.2																		3														3
	E	1102	127.05.750	1.3																			5	7,5												12,5
	E	0615	123.01.540	1.2																							3,5									3,5
	E	0211	123.01.460	1.2																							4									4
	E	0812	123.01.550	1.2																							1,5									1,5
*	F	0401	923.01.470	1.1																								8	7,5	6	6,5			5		33
Sonstiges						0,5	1,5	6					2	1,5	0,5	2,5					0,5	0,5	2	1				0,5	0,5	2	2,5			3		27
Urlaub u. Krankheit																																				
Tagessummen						8	8,5	8	8	8,5			8	8	8	8,5					8	9	7	8,5			9	8,5	8	8	9			8		156,5

* Fu. E = Forschung u. Entwicklung ggf. ankreuzen
F = Fortgesetzt
E = Ende

Name Müller
Unterschrift (Mitarbeiter) Müller
Unterschrift (Abteilungsleiter) [signature]

Bild 3.1: Beleg zur Zeiterfassung (Beispiel) (Anm. 1 s. S.197)

- Baueinheit/Baugruppe
- Konstruktionsart
- Tätigkeitsart
- Kostenstelle.

Die Kommissionsnummer (8-stellig) unterscheidet den Produktgruppenbereich, die Erzeugnisgattung, die Erzeugnistypengruppe sowie die Auftragsfolge.

Über eine 4-stellige sogenannte „Konstruktionsnummer" (KN) wird die jeweils bearbeitete Baueinheit und Baugruppe angesprochen. Vorausgesetzt wird die Existenz einer *Komplexgruppenliste,* die alle maximal möglichen Baugruppen pro Baueinheit bzw. Erzeugnis bei stets gleichbleibender Kennzeichnung der einzelnen Gruppe enthält.

Bezüglich der Konstruktionsarten (KA) wird zwischen Neukonstruktion, Anpassungskonstruktion und Variantenkonstruktion unterschieden. Für die Tätigkeiten wurden die drei Möglichkeiten technisches Auslegen (Konzipieren), Detaillieren und technisches Abwickeln (Stücklistenbearbeitung) zugelassen. Die Kostenstellenbezeichnungen beziehen sich jeweils auf eine Konstruktionsabteilung (ca. 30 bis 40 Mitarbeiter).

Im Rahmen der Vorbereitung wurde für die Konstruktionsart „Neukonstruktion" und die Tätigkeit „Detaillieren" – bezogen auf eine bestimmte Erzeugnisreihe – der Versuch unternommen, den Zeitaufwand für die Zeichnungserstellung in Abhängigkeit von Format und Detaillierungsgrad (Schwärzungsgrad) zu ermitteln. Für alle Formatgrößen wurden einheitliche Detaillierungsgrade ausgewählt, ausgehend von einer niedrigsten Stufe 1 bis zur höchsten Detaillierungsstufe 5. Als Ergebnis entstand ein „Planzeitkatalog", der die Zeitwerte für die Zeichnungserstellung in Abhängigkeit von Zeichnungsformat und Detaillierungsgrad enthält.

Wesentliche Bedeutung wird heute einer möglichst genauen und frühzeitigen Festlegung der jeweiligen Konstruktionsaufgabe nach den oben angeführten Kriterien beigemessen, da hiervon wesentlich die Aussagefähigkeit der erlangten Ist- bzw. Planzeiten abhängt. Aus dieser Überlegung heraus wird zur eindeutigen Formulierung und Klassifizierung des Konstruktionsproblems ein *Konstruktionsantrag* erstellt, in dem alle technischen und planerischen Kriterien Berücksichtigung finden (vgl. Bild 3.2).

Nach unseren bisherigen Erfahrungen ist die Baugruppe für die größte Zahl der Anwendungsbereiche die am ehesten geeignete Planungsgröße. Dies gilt insbesondere für die Abteilungen, die sich ausschließlich mit der *Stücklistenbearbeitung* (technisches Abwickeln) befassen. In diesem Tätigkeitsbereich konnten relativ schnell verläßliche Planzeiten aus den Zeitaufschreibungen gewonnen werden.

KONSTRUKTIONS-ANTRAG

★ Durchlauf 4fach-Satz (falls Auftrag)
1. KL/PL 2. Planer 3. KL/PL

Funktionseinheit	WOB	Antriebsseite
Waschmaschine SN 150	1800	re ☐ li ☒

★ Verteiler

Original	weiß	tex KL/PL
1. Kopie	grün	tex KT/KN/KE/PK
2. Kopie	blau	Beleg für Planer
3. Kopie	rosa	Antragsteller
4. Kopie	weiß	Beleg Antragsteller

Gründe für die Beantragung einer Neu- bzw. Modifikationskonstruktion. (Hinweise über ähnliche Konstruktionen nicht vergessen und verwendbare Unterlagen beifügen!)

Gemäß der Anweisung der Bereichsleitung sind folgende konstruktive Änderungen durchzuführen:

1) Im Einlaß-Wasserschloß entfällt die eingeschweißte indirekte Heizung.

2) Die breitenabhängige Haube ist in der Blechdicke von 2 auf 1,5 mm zu ändern.

3) in Warenlaufrichtung gesehen sinddie letzte Trenn- und Abschlußwand nach beiliegender Skizze abzuändern.

Antragsteller

Auftrags-Nr.: 124.07.430

Projekt-/Offert-Nr.: 79/14573

Antragsteller in tex: TAF

Datum Antragstellung: 10.4.79

gewünschter Termin: 18.Woche 79

Anlagen zum Konstr.-Antrag (bitte ankreuzen und beifügen)

1. Skizze ☒
2. Checkliste ☐
3. Energiefragebogen ☐
4. Kopie Auftr.-Zettel ☒
5. Zeichnungen/Stücklisten ☐
6. Auftragsmappe ☒
7. .... ☐

Gewünschte Erledigung

1. Für Anfragen/Angebote/Kalkulation
   - Entwurf ☒
   - Offertzeichnung ☐
   - Detailkonstruktion ☐
   - kpl. für Kalkulation ☒
   - .... ☐
   - .... ☐
2. Auftragsbearbeitung kpl. mit allen Unterlagen ☒

Antragstellung gilt für:
- diesen Einzelauftrag ☒
- diese FE generell ☒
- das Gesamtprogramm ☒

tex KL

Begründung für die Ablehnung

Ablehnung ☐

Eingang tex KL: 11.4.79

Unterschrift: [Unterschrift]

Konstr.-Auftr.-Nr.	Folge-Nr.
0914	1

Beginn	Ende
211	226

verantwortl. Konstrukteur: Jansen

voraussichtl. Fertigstellung: 18.Woche 79

endgültige Fertigstellung: 19.Woche 79

Zeichnungsbeschreibung					Planzeit (Std.)			KA	benötigte Zeit (Std.)			
F	D	ZA	Ident-Nr.	Ä	Zeich.	tech. Ausl.	Gesamt	Tät.	Zeich.	tech. Ausl.	Gesamt	K
1	5	01	8647911		025	045	0070	12	032	043	0075	

Bild 3.2: Konstruktions-Antrag (Beispiel) (Anm. 2 s. S. 197)

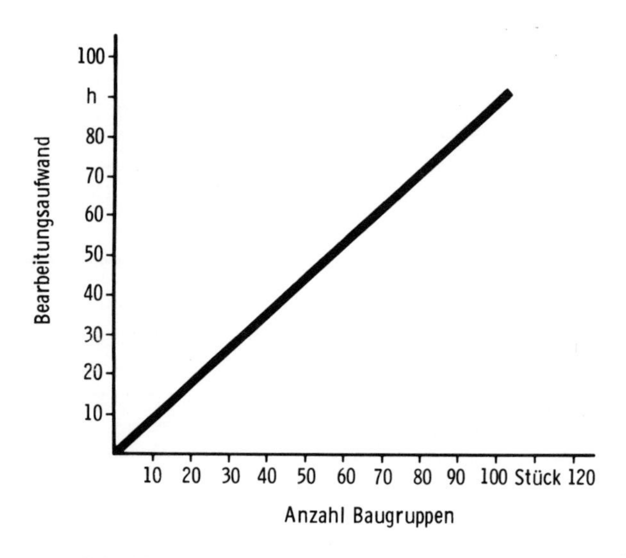

Bild 3.3: Zusammenhang zwischen Bearbeitungsaufwand und Anzahl konstruktiver Baugruppen bei der Stücklistenbearbeitung

Bild 3.3 zeigt für eine bestimmte Erzeugnisgruppe das Verhältnis von Anzahl Baugruppen und aufgewendeter Zeit für die Stücklistenbearbeitung. Beispielsweise läßt sich die Aussage machen, daß bei einem Auftrag mit ca. 60 Baugruppen ein Zeitaufwand von ca. 54 Stunden Stücklistenbearbeitung notwendig ist, oder anders ausgedrückt, mit einer verfügbaren Zeit von 54 Stunden können ca. 60 Baugruppen bearbeitet werden. Es soll betont werden, daß sich dieses Verfahren besonders dort anbietet, wo die Arbeitsinhalte – bezogen auf die angewendeten Parameter – verhältnismäßig geringen Schwankungen unterliegen.

Anders verhält es sich jedoch üblicherweise in der *Konzipierungsphase.* Je nach Konstruktionsart verändern sich die Problemstellungen und Inhalte häufig, d. h. Schwierigkeitsgrad und Änderungsumfang sind stets wechselnde Einflußgrößen auf die Bearbeitungszeiten in der Konstruktion. Es ist daher dem Problem der *Klassenbildung* bzw. Aufgabenzerlegung besondere Aufmerksamkeit zu widmen. Aufgrund der bisher gesammelten Erfahrungen werden in den einzelnen Produktgruppenbereichen unterschiedliche Beschreibungsmodelle eingesetzt. Ausgangspunkt war z. B. im Produktgruppenbereich „Papier" die jeweilige Erzeugnisreihe, z. B. Satinier-Walzwerke. Bei dieser Erzeugnisreihe zeigte die Überprüfung aller pro Auftrag aufgewendeten Konstruktionsstunden außerordentlich starke Abweichungen, so daß diese Beschreibungsstufe keine brauchbaren Ergebnisse lieferte. Der nächste Schritt bestand darin, diese Erzeugnisreihe auf andere

Möglichkeiten zur weitergehenden Erzeugnisgliederung hin zu überprüfen. Hierbei wurden die Walzwerke nach Druckvermögen, Walzenzahl und Bauform unterteilt und innerhalb der einzelnen Baueinheiten die Anzahl der Baugruppen – unterteilt nach Anzahl wiederverwendeter und neu zu bearbeitender Baugruppen – in Relation zur beanspruchten Konstruktionszeit gesetzt. Selbstverständlich wurden gleichzeitig Konstruktions- und Tätigkeitsart erfaßt. Den hierfür verwendeten Planzeitkatalog zeigt Bild 3.4. Durch ständig mitgeführte Mittelwertbildungen konnten für die einzelnen Klassen brauchbare Planzeiten gefunden werden.

Im Produktgruppenbereich „Textil" wurde für die Konstruktionsphase ebenfalls eine größere Planungsgenauigkeit mit Hilfe weiterreichender Beschreibungsmodelle erreicht. Zwar wird auch hier das Zeitverhalten pro Erzeugnistyp und Baugruppe beobachtet, jedoch wird zusätzlich der Umfang des Änderungsvolumens quantifiziert. Unterteilt wird in drei Gruppen: Änderungsumfang groß (d. h. mehr als 150 Stunden), mittel (zwischen 60 und 150 Stunden) und wenig (bis 60 Stunden). Hier werden also die Einflußgrößen mit Hilfe gestufter Mittelwerte statistisch erfaßt.

In regelmäßigen Abständen wird eine Gegenüberstellung der ausgewählten Planzeiten mit den festgestellten Ist-Werten durchgeführt, um bei extremen Abweichungen die Ursachen aufzuspüren. Gleichzeitig wird entschieden, ob diese Extremwerte für die neue Mittelwertbildung berücksichtigt werden sollen oder nicht.

3.4 Zusammenfassung

Eine Planzeitfindung für den Konstruktionsbereich ist zweifellos mit besonderen Schwierigkeiten behaftet, wenn man beispielsweise einen Vergleich mit den Gegebenheiten in der Produktion zieht. Die Problemstellungen wechseln ständig, so daß die Wiederholung gleicher Aufgaben nahezu ausgeschlossen werden kann. Es wurde darauf hingewiesen, daß eine klare Erzeugnisgliederung, Festlegung von Planungsgrößen und Klassenbildung grundlegende Voraussetzungen sind, um die Zusammenhänge von Konstruktionsart, Tätigkeit und der Konstruktionszeit erkennen zu können. An Planungsparametern bieten sich sicherlich weit mehr Alternativen an, als hier behandelt werden konnten – z. B. Schwierigkeitsgrad der Konstruktion, Bekanntheitsgrad der Konstruktion, Stücklistenumfang und dergleichen. Wesentlich ist aber, daß sie signifikant sind, d. h. eine deutliche Gliederung bei der Klassenbildung zulassen, zum Zeitpunkt der Planung vorliegen und leicht herstellbar sind.

Planzeitkatalog		Funktionseinheit : Kalander
Produktgruppenbereich Papier	Maschinengattung Satinierkalander	Maschinentyp K 120 / 12 B 3

Zeitraum	Auftrag	Funktion		Baueinheiten 0	1	2	3	4	5	6	7	8	9	10	Σ
10- 12/77	211.03.470	K	h	214	135	20	22	115,5	163	195,5	36	75,5	-	-	976,5
			KA / Bgr.	1.2 / 4	1.2 / 6	1.3 / 5	1.2 / 2	1.2 / 12	1.2 / 9	1.2 / 3	1.2 / 4	1.1 / 4	- / -	- / -	49
		D	h	100,5	217	91	58	81,5	224	137	67	34	-	-	1010
			Bgr.	5	6	6	2	14	9	3	5	4	-	-	54
		S	h	90,5	47	32	7,5	82	61	14	19,5	22	13,5	-	389
			Bgr.	19	9	8	2	18	12	3	5	5	3	-	84
4- 7/78	211.03.620	K	h	273	173,5	-	56,5	130	182	231	34	31,5	-	-	1111,5
			KA / Bgr.	1.2 / 5	1.2 / 8		1.2 / 2	1.2 / 14	1.3 / 10	1.3 / 3	1.2 / 4	1.2 / 2			48
		D	h	89	175,5	-	43,5	101	275,5	152	59	48	-	-	943,5
			Bgr.	5	8		2	15	10	3	4	3	-	-	50
		S	h	101	54	-	10,5	95	42,5	15,5	17	25	8,5	-	369
			Bgr.	21	11	-	2	19	10	3	5	3	2	-	76
9- 12/78	211.03.770	K	h	253	147	43	35	146	189	211,5	37,5	64,5	-	-	1126,5
			KA / Bgr.	1.2 / 5	1.2 / 5	1.1 / 8	1.2 / 2	1.1 / 3	1.3 / 10	1.3 / 3	1.2 / 4	1.2 / 4	- / -	- / -	44
		D	h	94	180	82,5	61	74,5	212	164	61,5	56	-	-	985,5
			Bgr.	6	6	8	2	4	10	3	5	4	-	-	48
		S	h	89	39,5	38	15,5	94	44	18	32,5	26	-	-	396,5
			Bgr.	18	9	8	3	18	10	3	6	6	-	-	81
11/78- 2/79	211.03.810	K	h	194,5	103	32,5	19	103	141,5	167	27	63,5	-	-	851
			KA / Bgr.	1.2 / 4	1.2 / 7	1.2 / 4	1.2 / 2	1.2 / 13	1.2 / 9	1.2 / 2	1.2 / 3	1.2 / 4	- / -	- / -	48
		D	h	73	165	74,5	12,5	80	230,5	143	33,5	49	-	-	861
			Bgr.	4	7	4	2	15	10	2	3	4	-	-	51
		S	h	83	40,5	35	11,5	86,5	43	15	23	18,5	-	-	356
			Bgr.	17	10	7	2	18	10	3	5	5	-	-	77
1/79- 4/79	211.03.860	K	h	233	161	39,5	25	127,5	170,5	201	34,5	89	14,5	-	1095,5
			KA / Bgr.	1.2 / 6	1.2 / 8	1.2 / 4	1.2 / 3	1.2 / 14	1.3 / 12	1.3 / 3	1.2 / 3	1.2 / 5	1.1 / 2	- / -	60
		D	h	123	185,5	71	48	89,5	237	140	61,5	50,5	18	-	1024
			Bgr.	6	9	4	3	14	12	3	4	5	2	-	62
		S	h	95,5	57	40,5	14,5	91	59	16,5	18	23,5	11	-	426,5
			Bgr.	20	12	8	3	19	12	3	5	6	2	-	90

Bild 2.4: Planzeitkatalog (Beispiel) (Anm. 3, S. 197)

Anmerkungen

1) Zeichenerklärung

F. u. E. = Arbeiten für Forschung und Entwicklung
F = Arbeiten werden über Monatswechsel hinaus fortgesetzt
E = Arbeiten sind im Berichtsmonat abgeschlossen worden
KN = Konstruktions-Nr. (identifiziert Baueinheiten und Baugruppen)
Komm.
Nr. = Kommissions-Nr. (identifiziert Produktgruppenbereich, Erzeugnisgattung, Erzeugnistypengruppe, Auftragsfolge)
KA = Konstruktionsart
1.1 Neukonstruktion
1.2 Anpassungskonstruktion (Weiterentwicklungen und Änderungen)
1.3 Variantenkonstruktion (Prinzipkonstruktion)

2) Zeichenerklärung:

WOB = Walzenoberflächenbreite der Maschine
F = Zeichnungsformat
D = Detaillierungsgrad (Schwärzungsgrad der Zeichnung)
ZA = Zeichnungsart (01 = Einzelteilzeichnung)
KA = Konstruktionsart
1.1 Neukonstruktion
1.2 Anpassungskonstruktion (Weiterentwicklungen und Änderungen)
1.3 Variantenkonstruktion (Prinzipkonstruktion)

3) Zeichenerklärung:

K = Entwerfen
D = Detaillieren
S = Sonstiges einschließlich Stücklistenbearbeitung
KA = Konstruktionsart
1.1 Neukonstruktion
1.2 Anpassungskonstruktion (Weiterentwicklungen und Änderungen)
1.3 Variantenkonstruktion (Prinzipkonstruktion)
h = benötigte Stunden

Ing. (grad.) H.-W. Reimold

C 4
Planung der Entwicklung in der Kraftfahrzeugzulieferindustrie

4.1 Kurzbeschreibung des Unternehmens und des F+E-Bereichs

Das Unternehmen zählt mit über 1000 Beschäftigten zu einem der führenden Kraftfahrzeug-Zulieferer auf dem Gebiet der Wärmeübertragung. Ein Teil der Produkte findet auch in anderen Industriebereichen Absatz.

Aus verschiedenen Gründen wird angestrebt, einen weit gestreuten Kundenkreis zu beliefern. Die Auswirkungen sind ein breites Spektrum an Produktarten und entsprechend vielfältige Anforderungen an die Entwicklung. Im F+E-Bereich arbeiten etwa 80 Mitarbeiter. Ihre Aufgabe ist es, neue Produkte zu entwickeln, bestehende zu modifizieren oder weiter zu verbessern.

4.2 Probleme der Entwicklungsplanung

Es werden zwei Hauptarten von Entwicklungs-Aufträgen unterschieden:

- Grundlagen-Entwicklungen (forschungsbezogen) und
- Kundenprojekt-Entwicklungen (anwendungsbezogen).

Planungsprobleme treten in verstärktem Maße dann auf, wenn kurzfristige Kundenprojekt-Entwicklungen hereinzunehmen sind, wobei die anderen bereits laufenden Arbeiten möglichst ohne Verzögerung fortgeführt werden sollen. Diese Situation ist zumindest typisch für Zulieferer und die negativen Auswirkungen in bezug auf eine gute Planung waren deutlich zu vermerken.

Die bisherigen Planungen im F+E-Bereich wurden ausschließlich auf manuelle Weise mit Hilfe von Auftrags-Bestandslisten und Plantafeln ausgeführt. Diese Lösung hat sich jedoch als nicht zufriedenstellend gezeigt. Daher wurde eine Verbesserung angestrebt.

4.3 Kapazitäts-Erkennung durch eine Ist-Stunden-Analyse

Um Kenntnis über die wirklichen Zeitaufwendungen der einzelnen Mitarbeiter zu erhalten, führte man in Zusammenarbeit mit dem IPA (Anm. 1 s. S. 204) nach gründlicher Vorbereitung und Gesprächen mit allen Mitarbeitern unter Hinzuziehung des Betriebsrats eine Ist-Stunden-Analyse durch.

4.3.1 Durchführung der Ist-Stunden-Analyse

Aus erfahrenen Mitarbeitern der einzelnen Abteilungen wurde ein Ausschuß gebildet, der sich mit der Vorbereitung beschäftigte. Bild 4.1 zeigt das erarbeitete Erfassungsformular, das mit einer Organisation-Anweisung herausgegeben wurde, die zum Beispiel regelte:

Name	Pers.-Nr.-	gesehen	Wo		Jahr		Gruppe				Stundenerfassung
			1	2	3	4	5	6	7	8	

Auftrags-Nummer (15 16 17 18 19 20 21 22 23 24)	Aufg. Nr. (25 26)	Tätigk.-art* (27 28 29)	Bemerkungen	Mo	Di	Mi	Do	Fr	Sa	Ges.
P P 0 0 0 0 0 0	0 0	1	Beanstandungen pauschal erfaßt							
	0 0	2	Allgemeine Bürotätigkeit							
	0 0	3	Organisation, Fuhrung, Planung							
	0 0	4	Allgemeine Instandhaltung, Wartung							
	0 0	5	Fort / Weiterbildung, Tagungen, Lehrgänge, Seminare							
	0 0	6	Messebesuch							
	0 0	7	Sonstige bezahlte Abwesenheit							
	0 0	8	Sonstiges (Betriebsrat, Betriebsversammlung .....)							
	0 0	9	Unbezahlte Abwesenheit							
	0 1	0	Urlaub							
	0 1	1	Krankheit							
* Erläuterungen siehe Ruckseite			Summe der Stunden							
			Davon Überstunden							

Bild 4.1: Formular zur Stundenerfassung

- Erfassungszeitraum (hier: 5 Wochen)
- tägliches Ausfüllen und wöchentliche Abgabe
- Erfassung aller mehr als einstündigen Tätigkeiten
- Auf- und Abrunden auf volle Stunden

I Projektnummern

Nr.	Projekt	Nummer
1	Kundenauftrag/Kommission	5stellige Auftragsnr.
2	Kundenanfrage	10stellige Anfragenr.
3	Änderungsantrag/ Änderungsmitteilung	4stellige Änderungsnr.
4	Interner Entwicklungs-auftrag	6stellige TE-Nr. (z. B. TE 1038)
5	Interner Konstruktions-auftrag	6stellige TK-Nr. (z. B. TK 1038)
6	Interner Versuchsauftrag	6stellige TV-Nr. (z. B. TV 1038)
7	Interner Technologieauftrag	6stellige TT-Nr. (z. B. TT 1038)

Die Projektnummern 4 – 7 werden vom jeweiligen Bereichsleiter vergeben.

II Tätigkeitsschlüssel

Nr.	Tätigkeit
*110	Konstruktion
*120	Auslegung, Konzipieren, Berechnen
*130	Kontrollieren (Zeichnungen, Stücklisten . . .)
140	Besprechung
150	Allg. Auftragsbearbeitung } Vorbereitung, Terminüberwachung, Korrespondenz . . .
160	Allg. Anfragebearbeitung } Vorbereitung, Terminüberwachung, Korrespondenz . . .
170	Zeichnen
180	Auftragsbearbeitung < 1 h
190	Anfragebearbeitung < 1 h
210	Versuchsaufbau
220	Meßtätigkeit
230	Auswertung
240	Serienbetreuung, Überwachung von Betriebseinrichtungen
250	Überwachung laufender Versuche
260	Kundenbezogene Untersuchungen
270	Bearbeitung von Vorrichtung und Werkzeugen
280	Musterbestellung
310	Hilfestellung Betrieb/Einkauf/Verkauf
320	Informationsbeschaffung und Dokumentation
330	Pausen, Kopieren
340	Reisen (Kunden, Lieferanten . . .)
350	Normung, Liefervorschriften
360	EDV-Arbeiten
370	Fremdfabrikat-Untersuchung

*) Die Tätigkeitsnummern 110 – 130 dürfen nur in Verbindung mit einer Projektnummer angewandt werden.

Bild 4.1a: Erläuterung zum Formular „Stundenerfassung" (Bild 4.1)

– Ansatz von täglich 8 Normal-Arbeitsstunden und gegebenenfalls von genehmigten Überzeit-Arbeitsstunden
– Keine Berücksichtigung von Gleitzeit-Einflüssen

Zum Zeitpunkt der Erfassung bestanden mehrere Auftrags-Nummernsysteme, die man zunächst alle bestehen ließ. Für Urlaub, Krankheit usw. wurden spezielle Nummern festgelegt.
Die Daten wurden mit Hilfe einer EDV-Anlage ausgewertet.

4.3.2 Analyse der Ist-Stunden-Erfassung

Bild 4.2 zeigt, daß von der Gesamtzeit 80 % auf Aufträge mit Nummern und 20 % auf nicht benummerungsfähige Tätigkeiten entfielen.

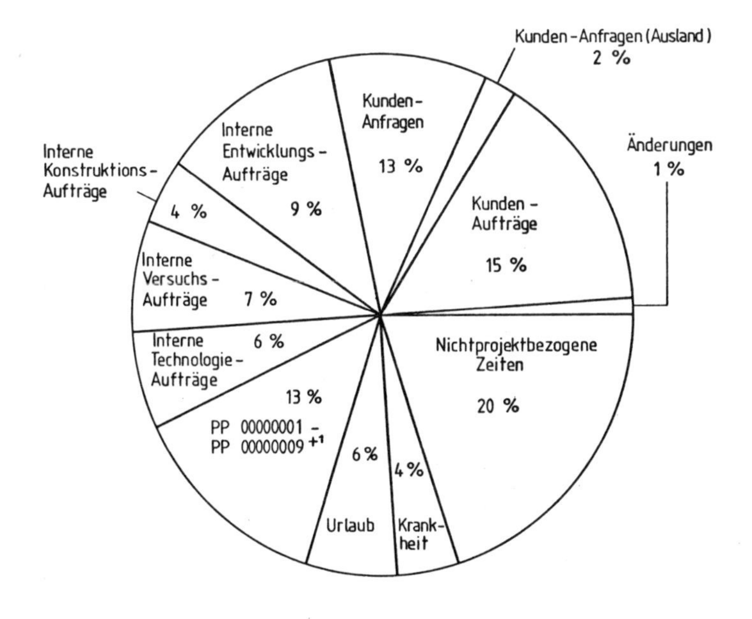

Bild 4.2: Prozentuale Verteilung der erfaßten Ist-Stunden (Beobachtungszeitraum 5 Wochen)

Bild 4.3 gibt einen Zusammenhang zwischen Aufträgen, Bearbeitungsdauer und Stundenkapazität.

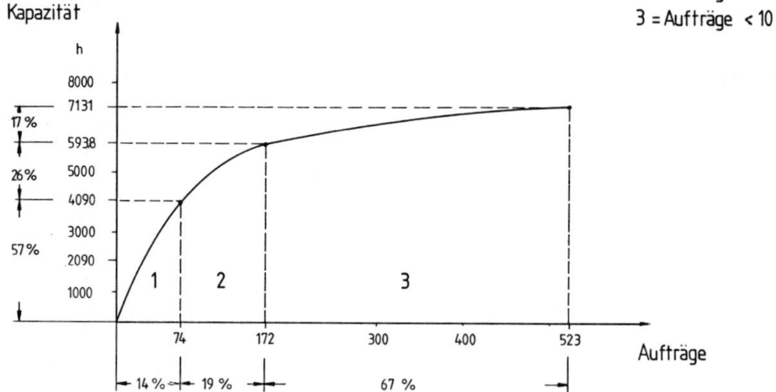

Bild 4.3: Verteilung der Nettokapazität auf Auftragsklassen

- Es wurden 523 Aufträge in 7131 Stunden bearbeitet, die 57 % der Bruttokapazität an Stunden darstellten.
- 33 % aller Aufträge über 10 Stunden Bearbeitungsdauer belegten 83 % der Netto-Stunden-Kapazität.

Besonders der letzte Punkt gab zu erkennen, daß es interessant sein würde, sich einer besseren Planung gerade dieser Aufträge anzunehmen.

4.4 Lösung durch eine EDV-unterstützte Planung

4.4.1 Einsatz von MINIPLAN in einem Pilotversuch

In einem 20-wöchigen Pilotversuch, der zunächst in zwei Entwicklungs-Abteilungen durchgeführt wurde, sollten mit dem dialogorientierten Planungssystem MINIPLAN Erfahrungen gesammelt werden, jedoch noch ohne ein Modul für Netzplanberechnung.

4.4.2 Erarbeitung der Ablauf-Organisation

Eine Organisations-Anweisung führte zum Beispiel aus:

- Benummerungsmodus der Aufträge (Reduzierung der Nummernsysteme)
- Splittern der Aufträge in Aufgaben und Angabe des voraussichtlichen Zeitaufwandes pro Aufgabe und der einzelnen Termine
- Festlegung der kleinsten Arbeitsgruppen, der sogenannten Kapazitäten und ihrer prozentualen Einsatzraten.

4.4.3 Datenverarbeitung

Zur Verfügung stand ein Prozeßrechner DIETZ X 2 mit 128 KB Festspeicher, Plattenspeicher-Einheiten und dezentralen Bildschirmen mit Druckern.
Für die EDV-Arbeiten wurden Mitarbeiter ohne besondere EDV-Vorkenntnisse eingesetzt.
Nach Laden der Basisdaten, wie Kapazitäten, Einsatzraten usw. erfolgte die Eingabe aller Aufträge und Aufgaben. Diese Arbeit stellte den größten Teil der Vorbereitungs-Tätigkeiten dar.
Im Voraus bekannte Fehlzeiten, wie Urlaub, Kurse usw. behandelte man wie Aufträge und speicherte sie ebenfalls ein.
Die Eingabe neuer Aufträge oder Änderungen erfolgte einmal pro Woche.

Das System MINIPLAN ermöglicht verschiedene Ausgabenlisten, die auf die spezielle Verantwortlichkeiten zugeschnitten sind, wodurch die Papierflut klein gehalten werden kann.

Ein Beispiel für ein KAPAZITÄTSBEZOGENES BELASTUNGSDIAGRAMM zeigt Bild 2.5 des Beitrages „MINIPLAN – dialogorientierte Entwicklungsplanung mit dem Kleinrechner". Es dient zur Erkennung der Auslastung und Einplanung neuer Aufträge.

Ein AUFTRAGSBEZOGENER BALKENPLAN, der alle Daten des gesplitterten Auftrages wiedergibt, ist in Bild 2.4 des oben genannten Beitrages abgebildet.

Eine KAPAZITÄTSBEZOGENE TABELLE, die die Planzeit für die einzelnen Aufgaben-Wochen angibt, ist in Bild 2.6 des oben genannten Beitrages dargestellt.

4.4.4 Ergebnisse

Die vom System MINIPLAN gelieferten Listen erwiesen sich als ein brauchbares Planungshilfsmittel. Die Transparenz wurde wesentlich erhöht und Kapazitäts-Engpässe waren frühzeitiger zu erkennen.

Die Mitarbeiter gewöhnten sich rasch an die Zeitaufschreibung, die auch nicht als Kontrolle angesehen wurde. Allerdings unterschätzten sie anfangs die meisten

Zeiten für die Auftrags-Bearbeitungsdauer. Vermerkt werden muß jedoch ein relativ hoher Zeitaufwand für die Arbeit am EDV-System. Besonders die Terminänderungen, z. B. durch Einschieben eiliger Aufträge (siehe Abschn. 2), waren zeitintensiv. Pro Mitarbeiter und Woche fielen ca. 1 Stunde EDV-Arbeit an.

4.5 Zusammenfassung und Ausblick

Am Beispiel eines Kraftfahrzeug-Zulieferers wurde die Problemstellung der Planung im F+E-Bereich, der Istzustand und die Lösung durch die Anwendung des EDV-unterstützten Planungssystems MINIPLAN beschrieben. Der Einführung von MINIPLAN ging eine Ist-Stunden-Analyse voraus. Das System, zunächst in einem Pilotversuch erprobt, erfordert einen gewissen, von der Problemstellung des Anwenders abhängigen Zeitaufwand, der durch eine Programmweiterentwicklung reduziert werden sollte.

Mit MINIPLAN konnte jedoch eine wesentliche Verbesserung der Planung im F+E-Bereich erzielt werden. Es ist vor allem dann interessant, wenn die Arbeiten mehrerer F+E-Bereiche koordiniert werden müssen.

Anmerkung

1) Fraunhofer Institut für Produktionstechnik und Automatisierung, Stuttgart.

Ing. (grad.) E. Eich

C 5
Termin- und Kapazitätsplanung in der Konstruktion einer Großwerkzeugmaschinen-Einzelfertigung

5.1 Anforderungen und Merkmale

Die Einzelfertigung stellt an die Termin- und Kapazitätsplanung in der Konstruktion andere Anforderungen als die Serienfertigung. Das liegt hauptsächlich daran, daß die Zahl der zu planenden Einzelaufträge und deren einzelne Termine vergleichsweise groß ist, daß aber trotzdem eine ausreichende Flexibilität bei der Kapazitätsverteilung und eine schnelle Reaktion auf Störgrößen – wie z. B. durch Prioritätsänderungen – vorhanden sein muß. Über allem steht natürlich die unerbittliche Forderung des Benutzers, mit kleinstmöglichem Aufwand die bestmögliche Handhabung und Übersicht zu haben.

Das hier beschriebene Termin- und Kapazitätsplanungssystem WAKOPLAN wurde nach diesen Gesichtspunkten speziell für den Entwicklungs- und Konstruktionsbereich konzipiert. Die dabei zugrunde gelegten Anforderungen sind zuvor von den Konstruktionspraktikern, die mit diesem Planungssystem arbeiten sollen, selbst festgelegt worden.

Diese Anforderungen im einzelnen:

- WAKOPLAN soll nur eine Grobplanung sein. Das heißt: es sollen pro Arbeitstage-Dekade die *verfügbare* Kapazität mit der für die Terminerfüllung der vorliegenden Aufträge *notwendigen* Kapazität verglichen werden. Die Summenspalte soll in den einzelnen Dekaden die Kapazitätsüber- oder -unterdeckungen aufzeigen.
- Bei Kapazitätsunterdeckungen soll erkennbar sein, welche Maßnahmen notwendig sind: seien es Terminveränderungen nach Abstimmung mit Vertrieb und Produktion oder Kapazitätsaufstockungen, z. B. durch Einschalten von Auswärtsbüros.
- WAKOPLAN soll keine Feinplanung, d. h. keine personenbezogene Planung sein. Die Arbeitsverteilung im einzelnen soll nach wie vor vom Abteilungs- oder Gruppenleiter selbst durchgeführt werden, gestützt auf den vom Computer geschriebenen Grobplan. Es soll so auf unkomplizierte Art und

Weise auf Störfaktoren wie Erkrankungen, nicht eingeplanter Urlaub und Planungsfehler reagiert werden können.

- Die Abteilungsleiter sollen bei der Erstellung des Planes nur mit dem Allernotwendigsten belastet werden; und zwar nur mit der Schätzung des erforderlichen Konstruktionsaufwandes, dessen Zahlen in bereits vorausgefüllte Formulare einzutragen sind.
- Die Terminplanung soll von einer zentralen Planungsstelle aus erfolgen. Diese hat durch ihren ständigen Kontakt mit der Fertigungsplanung, dem Vertrieb und der Materialwirtschaft sowie durch ihre Koordinierungstätigkeit den besten Überblick über alle Terminprobleme.
- WAKOPLAN soll bewußt eine „Insellösung" sein. Das heißt, es soll – im Sinne einer bestmöglichen Flexibilität – nicht integriert sein in andere Programmsysteme des Betriebes.
- Zu jedem beliebigen Zeitpunkt muß schnell und unkompliziert ein neuer Planungslauf möglich sein. Auf jede veränderte Situation – z. B. durch eingeschobene Aufträge oder geänderte Prioritäten – muß sofort reagiert werden können.
- Der Terminplan soll sehr übersichtlich sein. Anstatt tabellarischer Terminlisten soll eine vorwiegend graphische Darstellung gewählt werden.
- Aus dem Terminplanungssystem müssen eventuell notwendige personelle Konsequenzen abgeleitet werden können.
- Die Terminplanung soll auf den vorhandenen Kleinrechnern PRIME 350 und HP 9830 B laufen können.

5.2 Organisation der Termin- und Kapazitätsplanung und der Planungsablauf

Die Planung erfolgt – wie bereits erwähnt – für sämtliche Konstruktionsabteilungen von einer zentralen Planungsstelle der Konstruktionsleitung (KLP, vgl. Bild 5.1) aus. Sie ist mit einer Person besetzt und als Stabsstelle der Konstruktionsleitung unterstellt.

Als zu verarbeitende Planungsdaten sind pro Auftrag acht Einzeltermine vorgesehen, vgl. die nachfolgende Übersicht.

In der größten Abteilung (Elektrokonstruktion) ergeben sich somit bei etwa 60 gleichzeitig laufenden Aufträgen insgesamt 60 x 4 = 240 einzuplanende Einzeltermine.

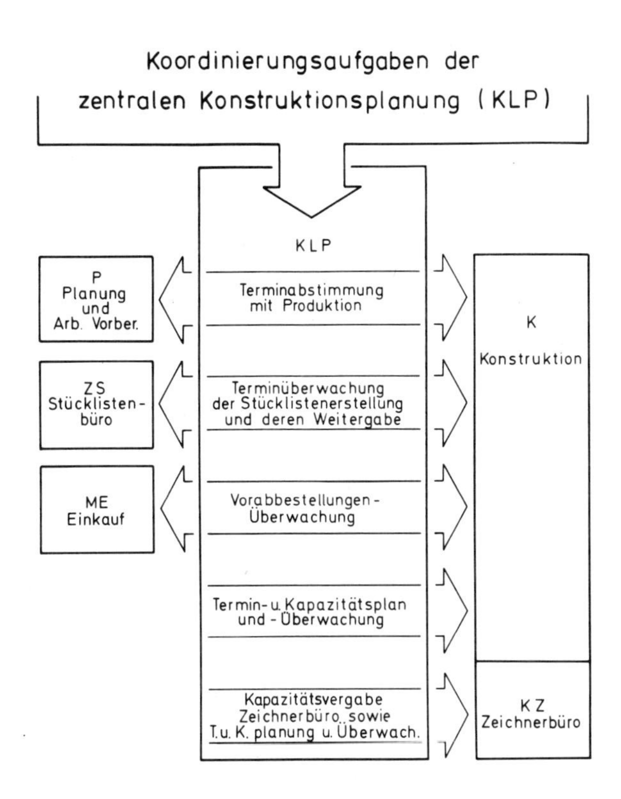

Bild 5.1: Koordinierungsaufgaben der zentralen Konstruktionsplanung (KLP)

Mechanische Konstruktion:
- Grundentwurf und terminbestimmende, vorab zu disponierende Teile (G)
- Hauptgruppen (H)
- Nebengruppen (N)
- Liefertermin (L)

Elektro-Konstruktion:
- Beginn Elektro-Konstruktion (B)
- Elektro-Stücklisten (S)
- Installationspläne (P)
- Korrekturpläne bei Auslieferung (E)

5.3 Der Planungsablauf

Ausgangspunkt der Planung sind die Formblätter „Kapazitätsbedarf" und „Auftrags-Solltermine".

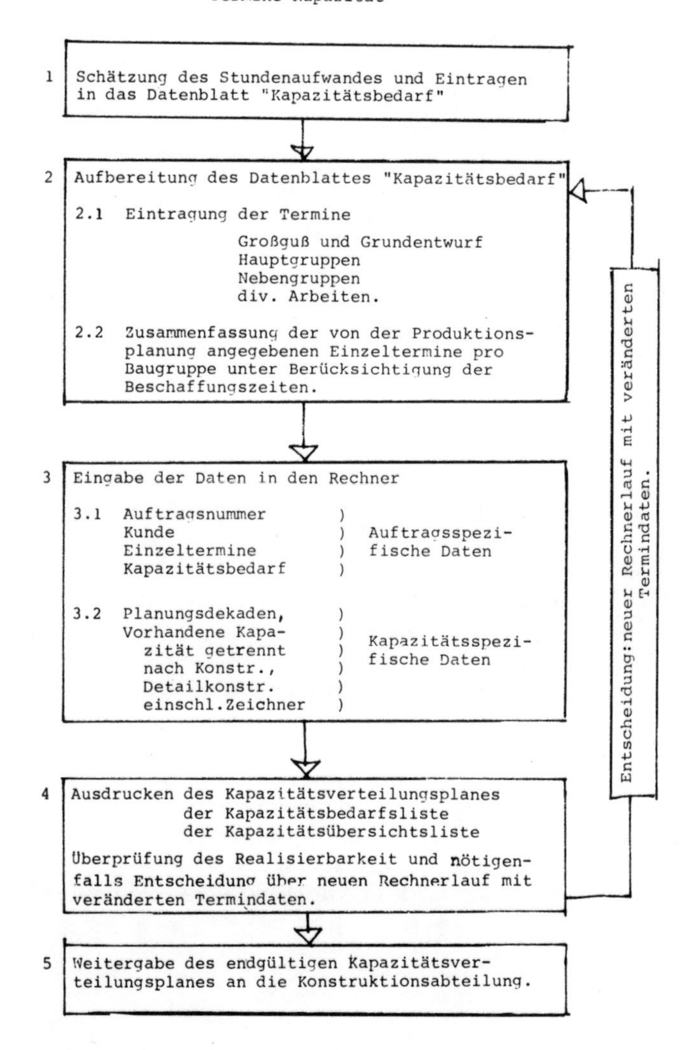

Bild 5.2: Planungsschritte für WAKOPLAN

In das Formblatt „Kapazitätsbedarf" (vgl. Bild 5.3) trägt der Abteilungsleiter die für den Auftrag geschätzten Konstruktionsstunden ein, differenziert nach den

	Kapazitätsbedarf Abtlg.: KKS	Kunde: SUL Auftrg. Nr.: 2.4313.08 Masch. Type: 30-10S 3030/3

	Auftrags - Solltermine	2325		2335		2370		2570		
	Einzelne Kapazitäten in Std	Konstr.	Detail	Konstr.	Detail	Konstr.	Detail	Konstr.	Detail	Summe
Gr	Benennung	G	G	H	H	N	N	L	L	
Großguß - Grundentwurf										
00	Grundentwurf		10							10
	Änderungen am Großguß		30							30
Hauptgruppen										
01	Längenzeichng.-Stückliste				8					8
02	Ständer größeren Durchg.			5	5					10
09	Querb. verlg. Fahrweg-Stückl.				10					10
53	Unterschl.-Änderung-Balligsch			10	6					16
59	Unterschl.-Änderung-Balligsch			10	6					16
59	Zyl. u. Winkelabzieheinrichtg.				5					5
Nebengruppen										
04	Schilder - Sprache						5			5
33	Hauptrohrltg. ändern						15			15
36	Sonderzubehör						10			10
37	Kühlaggregat						8			8
div. Arbeiten										
	Fundamentpl. / Lagepl. / Belastg.-Pl.						10			10
	Montagebetreuung							10	5	15
	Abnahmebespr. u. Andg.							5		5
	Schema, Ersatzteillisten								10	10
	Information f. Bed.-Anleitg.							10		10
	Techn. Dokumentation								10	10
	Summe/Std	/	40	25	40	/	48	25	25	203
	Manntage	/	5	3	5	/	6	3	3	~25

Bild 5.3: Formblatt „Kapazitätsbedarf" bei WAKOPLAN

vorgegebenen Prioritätsgesichtspunkten. Die oberste Zeile „Auftrags-Solltermine" wird von der zentralen Terminplanung KLP ausgefüllt.

Das Formblatt „Auftrags-Solltermine" (vgl. Bild 5.4) wird von der Fertigungsplanung erstellt. Es enthält die baugruppenbezogenen Termindaten für die Auftragsbearbeitung in der Konstruktion, die KLP in das Formblatt „Kapazitätsbedarf" überträgt.

Der Inhalt der Kapazitäts-Formulare wird in den Rechner eingegeben. Das Ergebnis des Rechnerlaufes sind zwei Tabellen und ein Diagramm:

Die *Übersichtsliste* (vgl. Bild 5.5) der auftragsbezogenen Termin- und Kapazitätsbedarfsdaten stellt die Dokumentation der eingegebenen Daten dar.

Die *Kapazitätsübersicht* (vgl. Bild 5.6) stellt – bezogen auf Planungsdekaden – den Vergleich der vorhandenen mit der erforderlichen Kapazität dar.

Die dritte Spalte dieser Liste (Überschrift „FREI") zeigt die Über- oder Unterdeckung der vorhandenen Kapazität pro Dekade.

Bild 5.6 enthält außerdem als wichtige Planungszahl den

$$\text{Beschäftigungsgrad} = \frac{\text{erforderliche Kapazität insgesamt für die jeweils anstehenden Aufträge}}{\text{durchschnittlich vorhandene Kapazität pro Dekade}}$$

Er ist in der Kapazitätsübersicht aus der Summenspalte „S" der Spalte „ERFORDERLICH" abzulesen, und zwar in der Weise, daß die mit Stern versehenen Dekaden zusammengezählt werden. Das ist dann die Anzahl der vollbeschäftigten Dekaden, jedoch unter der unrealistischen Annahme, daß der gesamte Arbeitsvorrat ohne Berücksichtigung von Terminen nach vorne zusammengeschoben ist.

Trägt man diesen Beschäftigungsgrad in z. B. monatlichen Abständen fortlaufend in ein Diagramm ein, so erhält man nach einer genügenden Anzahl von Jahren eine wertvolle Unterlage für die Personaldisposition. Aus dem so gewonnenen Kurvenverlauf der Vergangenheits-Auslastung läßt sich leicht eine Durchschnittsauslastung definieren, die wiederum die Basis für die Trendbetrachtungen am Diagrammende bildet, das heißt also an dem Punkt, der den gegenwärtigen Zustand darstellt.

Der *Kapazitätsverteilungsplan* (vgl. Bild 5.7) zeigt auf, ab wann und wie lange mit welcher Kapazität ein Auftrag bearbeitet werden muß – bezogen auf die Einzeltermine G, H, N und L – um ihn termingerecht abschließen zu können.

Auftrags-Solltermine

Datum: 1977-07-27
Ausst.: PTKnoch-grü
Festleg.: 1

Auftrag	Kunde	Type	PM	MB 2520 3.7.78
2.4313.08	SUL	30-10S3030/3	10/78	ME 2570 6.10.78

E i n z e l t e r m i n e

Gruppe	KLP	PA FB	FE	Gruppe	KLP	PA FB	FE
01 Bett	2430	2450	2520	53Unt.Schl.	2405	2425	2495
Tisch	2435	2455	2525	Schleifs.	2425	2445	2515
02	2435	2455	2525	57	2430	2450	2520
04	2450	2470	2540	59Schleifs.	2405	2425	2495
05	2430	2450	2520	60	2420	2440	2510
07	2430	2450	2520	91	2450	2470	2500
08	2430	2450	2520	92	2465	2485	2515
09 Querb.	2410	2430	2500	93	2475	2495	2525
Trav.	2430	2450	2520	93,5	2435	2455	2525
10	2410	2430	2500				
11	2410	2430	2500				
13	2425	2445	2515				
16	2410	2430	2500				
29	2425	2445	2515				
30	2415	2435	2505				
31	2415	2435	2505				
32	2425	2445	2515				
33	2435	2455	2525				
34	2435	2455	2525				
35	2435	2455	2525				
36	2460	2480	2550				
37	2430	2450	2520				
38	2435	2455	2525				
43	2425	2445	2515				

PT 004/05.74

Kaufteile I: FE ./. 4 wochen
Kaufteile II: ME ./. 4 Wochen

Verteiler: KLP 2x, MD 2x, PA 3x,
MMK, ML, PL, KAG PT 5x

Bild 5.4: Formblatt „Auftrags-Solltermine" bei WAKOPLAN

MASCHINEN-UEBERSICHT / KAPAZITAETSPLANUNG KKS STAND 2320

N	MASCHINE	TERMINE ABGABE				ERFORDERLICHER ZEITAUFWAND GRUPPE / TERMIN								
		G	H	N	L	K/G	D/G	K/H	D/H	K/N	D/N	K/L	D/L	SUM
1	2.4312.10 STIM	2210	2210	2275	2400	0	0	0	0	0	0	0	6	6
2	2.4404.09 STIM	2210	2210	2230	2340	0	0	0	0	0	0	0	5	5
3	2.4210.09 STIM	2210	2210	2290	2365	0	0	0	0	0	0	0	4	4
4	2.4500.06 HEN	2210	2210	2260	2385	0	0	0	0	0	0	0	5	5
5	2.4600.03 HEC	2350	2435	2470	2670	0	0	16	55	8	45	4	6	134
6	2.4211.02 STIM	2210	2210	2320	2380	0	0	0	0	0	0	0	6	6
7	2.4501.03 VWW	2365	2390	2490	2670	0	10	0	12	0	25	10	10	67
8	2.4313.05 ITALI	2219	2235	2300	2410	0	0	0	0	0	0	0	6	6
9	2.4500.10 KOREA	2300	2325	2340	2505	0	0	0	0	5	5	5	5	20
10	2.9400.32 ENTW	2235	2235	2400	2430	0	0	0	0	0	15	3	3	21
11*	2.4313.08 SUL	2325	2335	2370	2570	0	5	3	5	0	6	3	3	25
12	2.4107.08 GRO	2330	2340	2390	2585	0	5	3	5	6	6	3	3	31
13	2.4600.02 DEMA	2210	2210	2355	2400	0	0	0	0	0	3	5	0	8
14	2.4313.09 MAN	2330	2340	2410	2595	0	3	2	3	0	9	4	4	25
15	2.0400.30 ENTW	2280	2340	2380	2400	0	0	0	0	8	10	0	0	18
16	2.4212.03 RUM	2340	2350	2420	2605	3	3	5	5	2	9	4	4	35
17	2.9400.35 ENTW	2270	2320	2340	2360	0	0	0	0	9	10	0	0	19
18	2.4406.04 ZAY	2290	2320	2325	2480	0	0	0	0	4	3	4	4	15
19	2.4501.01 JAP	2355	2385	2455	2630	0	20	0	31	0	63	10	10	134
20	2.4501.02 FRA	2360	2375	2470	2670	5	2	2	10	0	20	5	5	49

ERFORDERLICHE KAPAZITAETS-SUMME (MANNTAGE) GEPLANT 633

Bild 5.5: Übersichtsliste bei WAKOPLAN (Anm. 1 s. S. 216)

KAPAZITAETS-UEBERSICHT KKS (MANNTAGE)

DEKADE	-- VORHANDEN--			--ERFORDERLICH--			---FREI---		
	K	D	S	K	D	S	K	D	S
2320	16	24	40	23*	15*	38*	-7	9	2
2330	16	24	40	6*	36*	42*	10	-12	-2
2340	16	24	40	24*	19*	43*	-8	5	-3
2350	16	24	40	11*	23*	34*	5	1	6
2360	16	24	40	9*	28*	37*	7	-4	3
2370	16	24	40	0*	36*	36*	16	-12	4
2380	16	24	40	1*	38*	39*	15	-14	1
2390	16	24	40	4	35*	39*	12	-11	1
2400	16	24	40	0	33*	33*	16	-9	7
2410	16	24	40	0	29*	29*	16	-5	11
2420	16	24	40	3	24*	27*	13	0	13
2430	16	24	40	4	20*	24*	12	4	16
2440	16	24	40	4	20*	24*	12	4	16
2450	16	24	40	0	25*	25*	16	-1	15
2460	16	24	40	0	33*	33	16	-9	7
2470	16	24	40	4	17*	21	12	7	19
2480	16	24	40	0	10*	10	16	14	30
2490	16	24	40	5	6*	11	11	18	29

VORGEPLANT IM PLANUNGSZEITRAUM 545
VORGEPL. REST AUSSERHALB PL.-ZEITRAUM 88

Bild 5.6: Kapazitätsübersicht bei WAKOPLAN

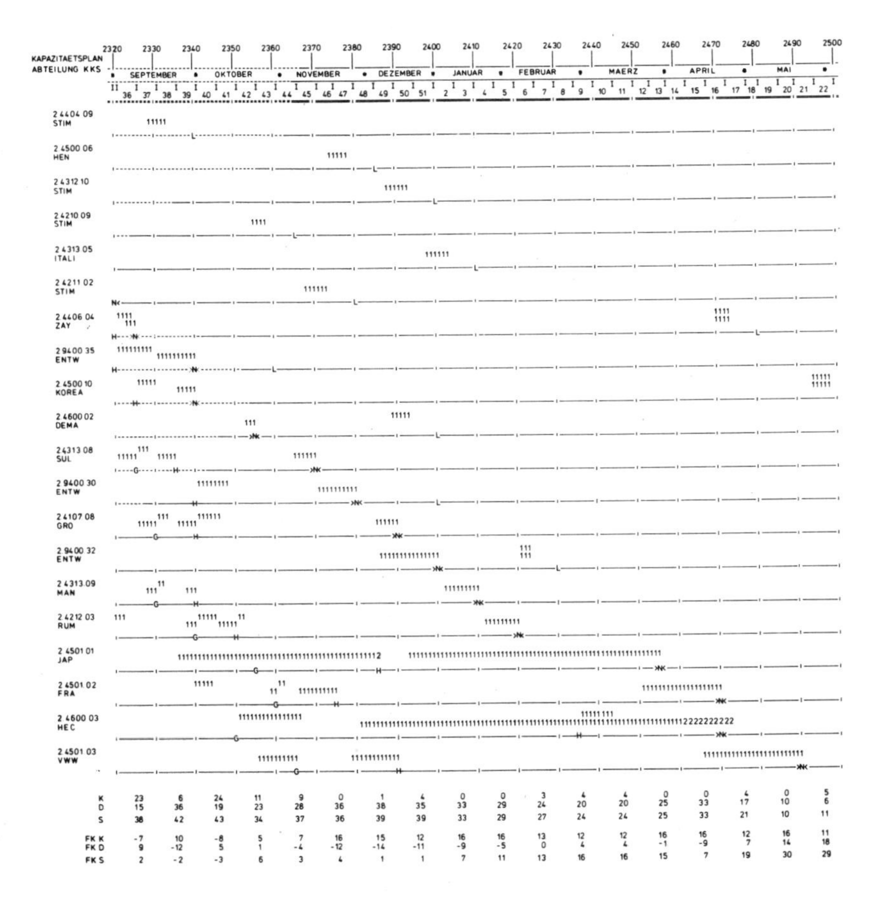

Bild 5.7: Kapazitätsverteilungsplan bei WAKOPLAN

Von besonderer Wichtigkeit sind die drei untersten Zeilen hinsichtlich der freien Kapazität der Konstruktion (FK K), der Detailkonstruktion (FK D) oder der Summe (FK S) aus beiden. Mit ihnen kann der Abteilungs- oder Gruppenleiter leicht überschlägig abschätzen, ob ein personeller Ausgleich von Minusbeträgen durch benachbarte Plusbeträge unter Ausnutzung des eigenen individuellen Planungsspielsraumes möglich ist, oder ob Fehlbeträge durch Fremdhilfe abgedeckt werden können. Dieser Kapazitätsverteilungsplan bietet genügend Raum für handschriftliche Notizen und Bemerkungen, z. B. über die Arbeitsverteilung nach Personen.

5.4 Die bisherigen Erfahrungen mit WAKOPLAN

Nach mehrjährigem Gebrauch wird dieses Planungssystem von den Abteilungs- und Gruppenleitern in der Konstruktion als völlig ausreichend angesehen. Die Rechnerausdrucke (vgl. Bild 5.5, 5.6 und 5.7) werden von den Anwendern als übersichtlich bezeichnet und sind auch für die Kommunikation mit anderen Betriebsbereichen gut geeignet. Es bestehen derzeitig keine Wünsche nach Erweiterung oder Verfeinerung des Systems.

Durch die unkomplizierte Handhabung ist es einfach, bei Bedarf sofort einen neuen, den geänderten Verhältnissen entsprechenden Plan zu erstellen.

Der Zeitaufwand für die Erstellung eines Terminplanes soll am Beispiel eines mechanischen Konstruktionsbüros mit 25 laufenden Einzelaufträgen (davon 5 Auftragszugänge/Monat) und einer Kapazität von 48 Manntagen pro Dekade erläutert werden (Planungszyklus: Monatsbeginn zu Monatsbeginn):

Die Aufbereitung der Kapazitätsbedarfsdaten erfolgt gemeinsam durch den Konstruktions-Abteilungsleiter und die zentrale Konstruktionsplanung (KLP) anhand des Pflichtenheftes des einzuplanenden Maschinenauftrages. Gemeinsam wird der Konstruktionsaufwand pro Baugruppe geschätzt und anschließend in das Datenblatt „Kapazitätsbedarf" (vgl. Bild 5.3) eingetragen. Der Zeitaufwand hierfür ist mit ca. 1 Stunde anzusetzen.

- Eingabe am Rechner durch KLP und nachträgliche Korrekturen: ca. 2 Stunden
- Rechenzeit mit 2 Ausdrucken:
  Tischrechner HP9830 B ca. 1 Stunde
  Kleinrechner PRIME 350 ca. 3 Minuten

Zusätzliche Planungsläufe während der Planungsperiode aufgrund von geänderten Prioritäten sind relativ selten. Der Aufwand der *Eingabe* beträgt dann bei kleineren Änderungen (z. B. durch einen eingeschobenen Auftrag) nur wenige Minuten, während die *Rechenzeit* mit Ausdrucken des neuen Planes etwa die gleiche Zeit wie für die Neuerstellung benötigt.

5.5 Information über den Anwender

Anwender:
Werkzeugmaschinenfabrik Adolf Waldrich Coburg.
870 Beschäftigte, davon 95 in der Konstruktion einschließlich Versuchsabteilung.

Produkt:
Mittelgroße bis zu größten Werkzeugmaschinen für die Zerspanungsarten Fräsen, Schleifen und Hobeln sowie Sondermaschinen der Schwerzerspanung (ein großer Anteil NC-gesteuert).

Anwendung
von WAKOPLAN in den vier Abteilungen Fräsen, Schleifen, Hobel- und Sondermaschinen, Elektro-Konstruktion.

Verteilung
der Konstruktionsarten in diesen Abteilungen:
70 % kundenabhängige Sonderkonstruktionen
5 % Standardkonstruktionen
20 % Entwicklungskonstruktionen
5 % Änderungskonstruktionen.

Vorhandene Rechner in der Konstruktion: PRIME 350 und HP 9830 B

Vorhandener Rechner für Betriebsorganisation, Kostenrechnung, Verwaltung: UNIVAC 90/30 (Auf diesem Rechner wird auch die Abrechnung der Konstruktionsstunden pro Auftrag durchgeführt. Sie ist nach Kostenstellen und Hauptbaugruppen unterteilt, sowohl mit monatlichen Zwischenständen als auch Endabrechnungen jedes einzelnen Auftrags. Die Stundenaufschreibung erfolgt täglich auf vorbereiteten Formularen.

Anmerkung

1) Erläuterungen zu den Bildern 5.5 bis 5.7:

G	Grundentwurf/Großguß Fertigstellungstermin
H	Hauptgruppen Fertigstellungstermin
N	Nebengruppen Fertigstellungstermin
L	Liefertermin Fertigstellungstermin
B	Beginn der Elektrokonstruktion
S	Elektro-Stücklisten
P	Installationspläne
E	Korrekturpläne bei Auslieferung
K/G	Konstruktion/Grundentwurf/Großguß
D/G	Detailkonstruktion/Grundentwurf/Großguß

K/H	Konstruktion/Hauptgruppen		
D/H	Detailkonstruktion/Hauptgruppen		
K/N	Konstruktion/Nebengruppen		
D/N	Detailkonstruktion/Nebengruppen		
K/L	Detailkonstruktion/Liefertermin		
K	Konstruktions-Kapazität	)	(ca. 20 % Abzug für
D	Detailkonstr.-Kapazität (einschl. Zeichner)	)	laufende Arbeiten)
S	Summe Konstr. + Detailkonstr.-Kapazität		
*	Beschäftigungsgrad		
FK K	Freie Kapazität – Konstruktion		
FK D	Freie Kapazität – Detailkonstruktion		
FK S	Freie Kapazität – Summe aus Konstr. + Detailkonstr.		

Ing. (grad.) U. Vetter, Ing. D. Böhme

C 6
Entwicklungsplanung in der Werkzeugmaschinen-Konstruktion bei Kleinserienfertigung

6.1 Zielsetzung und Aufgabenstellung

Nach der Wandlung des Investitionsgütermarktes vom Verkäufermarkt in einen Käufermarkt änderten sich die Bedingungen für den Maschinenbauer.

Diesem Wandel mußte sich auch die Firma Schaudt Maschinenbau GmbH, Stuttgart, anpassen. Ihr Produktionsprogramm besteht aus Außenrundschleifmaschinen aller Automatisierungsstufen. Die Firma Schaudt beschäftigt ca. 800 Mitarbeiter, von denen ca. 10 % im Entwicklungs- und Konstruktionsbereich beschäftigt sind.

Kürzere Lieferzeiten erzwangen kurze Durchlaufzeiten, hohe Termintreue forderte eine genaue Planung dieser Durchläufe. Ein sich verstärkender Einfluß des Kunden auf die funktionale und konstruktive Gestaltung des Erzeugnisses hatte höheren konstruktiven Aufwand zur Folge. Die schrumpfenden Innovationszeiträume, gesetzlich bedingte Einflüsse, der steigende Kostendruck und die Verschlechterung der Ertragslage waren weitere Faktoren, die zur Steigerung der Effizienz zwangen. Neben den anderen Bereichen eines Unternehmens galt es, auch die Konstruktion planerisch zu erfassen. Es mußte ein Instrument geschaffen werden, mit dessen Hilfe die kundenabhängigen und kundenunabhängigen Konstruktionsarbeiten hinsichtlich Aufwand, Terminen und Kapazitäten erfaßt werden können. Dies sollte so geschehen, daß die Veränderungen in festgelegten Zeitintervallen fortgeschrieben werden.

Mit diesem Instrument galt es, sowohl die Auftragsklärung über den Vertrieb, die Beschaffung über die Materialwirtschaft, als auch die Produktion selbst so mit der Konstruktion zu verknüpfen, daß optimale Durchlaufbedingungen für das zu erzeugende Produkt geschaffen werden. Das Planungssystem sollte auch zur Koordinierung zwischen den einzelnen Bereichen und Abteilungen der Konstruktion dienen.

6.2 Voraussetzungen

Um ein solches Planungssystem mit relativ geringem Aufwand erstellen und einsetzen zu können, waren verschiedene Voraussetzungen notwendig:

- Die Auftragsabwicklung innerhalb der Konstruktion hatte mit den korrespondierenden Bereichen Vertrieb, Materialwirtschaft und Produktion einem bestimmten Ablauf zu gehorchen,
- der genaue Auftragsumfang hatte vorzuliegen,
- daraus wurde der Konstruktionsumfang abgeleitet,
- aus dem Konstruktionsaufwand resultierte Beschaffungs- und Fertigungsumfang.

Zusätzlich mußte die Produktion in der Lage sein, die voraussichtlichen Durchlaufzeiten der für den jeweiligen Auftrag entwickelten neuen Teile/Einheiten zu bestimmen.

6.3 Systemaufbau

6.3.1 Systemprinzip

Das Prinzip der Entwicklungsplanung beruht auf der Kapazitätsterminierung. Grundlage der Terminbetrachtungen ist folgender Grundsatz, auf dem die gesamte Planung basiert:

  Liefertermin der Maschine
– Fertigungs- bzw. Beschaffungszeit der zu entwickelnden Teile/Einheiten
= spätester Konstruktions-Endtermin (= „Grenzende")
– Konstruktionszeit
= spätester Konstruktions-Beginntermin (= „Planstart")

Sämtliche Tätigkeiten der Konstruktion werden in der vorgesehenen Reihenfolge der Bearbeitung mit dem geschätzten Zeitaufwand (= „Planzeit") auf die einzelnen Mitarbeiter (= „Planstelle") verteilt. Die Tätigkeiten werden lückenlos aneinandergereiht.

Dabei sind *Ausfallzeiten*, wie Urlaub, Krankheit, Dienstreisen o. ä. ebenso zu berücksichtigen wie die *„Pufferzeiten"*, die dann entstehen, wenn Arbeiten erst ab einem bestimmten Zeitpunkt begonnen werden können und der davorliegende Zeitraum noch keine eingeplanten Arbeiten enthält.

Jede Planstelle wird zu 100 % verplant. Um *Einsatzreserven* für nicht vorhersehbare Arbeiten und Ausfallzeiten zur Verfügung zu haben, ist in jeder Abteilung bei einer Planstelle ein fiktiver Auftrag mit einer fiktiven Planzeit als Zeitreserve vorgesehen.

Die kleinste *Zeiteinheit* ist der Arbeitstag. Die Kalendertermine werden über einen Fabrikkalender codiert eingesetzt. Die Terminrechnung basiert auf der Addition von Terminen:

Auftrag 1:	Start	323 (Durchlaufzeit: 5 Tage)
	Ende	313 + 5 = 328
Auftrag 2:	Start	328 (Durchlaufzeit: 6 Tage)
	Ende	328 + 6 = 334
Probe:	Start 1	323
	Ende 2	323 + 5 + 6 = 334

6.3.2 Begriffsdefinition

Die *Planstelle* wird durch eine dreistellige Zahl definiert, aus der die Abteilung, die Gruppe und der Mitarbeiter hervorgehen.

Der *Auftragsnummer* werden die eingeplanten Zeiten zugeordnet. Dabei kann die Auftragsnummer „echt" oder „fiktiv" sein. Zu den echten Auftragsnummern zählen Kunden-/Maschinenaufträge, Umbau- und Reparaturaufträge. Zu den fiktiven Aufträgen sind Arbeiten zu den Angeboten, Entwicklungen oder Änderungen des Erzeugnisses zu rechnen. Jede dieser Auftragsarten ist an der Auftragsnummer zu erkennen.

Ausfallzeiten sind sämtliche nicht konstruktive Zeiten, wie Urlaub, Krankheit, Dienstreisen und Betriebsrattätigkeit. Die Ausfallzeiten sind einer fiktiven Auftragsnummer zugeordnet.

Der *Konstruktionsumfang* wird in Kurzfassung beschrieben. Bestimmte wiederkehrende Tätigkeiten können durch in einer Codierliste enthaltene Kurzbezeichnungen dokumentiert werden (z. B. S = Studie, E = Entwurf, D = Detailkonstruktion).

Als *Grenzende* wird der späteste Konstruktions-Endtermin bezeichnet, der durch die Produktion vorgegeben wird. Damit ist die jeweilige Tätigkeit der Konstruktion an den Liefertermin der Maschine gekoppelt.
Da die Konstruktionskapazität – vom Grenzende ausgehend – rückwärts, und nicht – von der gerade freien Kapazität ausgehend – vorwärts verplant wird, ist eine optimale Nutzung möglich.

Folge-Korrektur: Im Normalfall werden die Tätigkeiten in der Reihenfolge der Grenzenden bearbeitet. Bestimmte Voraussetzungen können eine gesonderte Reihenfolge bedingen. Diese Angabe – Folgekorrektur bezeichnet – wird vom Rechner ausgedruckt.

Planzeit wird die für eine Tätigkeit geschätzte Bearbeitungszeit genannt, die zur Durchführung dieser Tätigkeit erforderlich ist. Sie entspricht der Arbeitszeit der jeweiligen Planstelle.

Unter Planstart wird der Konstruktions-Starttermin verstanden. Der Termin der ersten eingeplanten Tätigkeit einer jeden Planstelle wird als Planstart-Basis bezeichnet. Diese Basis verändert sich in Abhängigkeit des letzten abgeschlossenen Konstruktionsauftrages über der Zeitachse.

Das *Planende* entspricht dem vorgesehenen Konstruktions-Endtermin einer eingeplanten Tätigkeit für eine Planstelle. Dieser Termin errechnet sich aus dem Planende des unmittelbar vorhergehenden Auftrages und der Planzeit des betreffenden Auftrages.

Da zwischen Konstruktions-Endtermin, dem Planende und der eigentlichen Verfügbarkeit der neuen Zeichnungen noch Tätigkeiten, wie Zeichnungskontrolle, Freigabe, Pausen und Verteilen liegen, wird neben dem Planende ein um sieben Tage versetzter *Verfügbarkeitstermin* mit angegeben.

Die *Planabweichung* entsteht aus der Differenz zwischen Planende und Grenzende. Eine positive Planabweichung bedeutet Nachlauf bzw. Verzug.

Die *Belegungsgrenze* gibt – entsprechend der Planstartbasis – innerhalb einer Planstelle das Planende des letzten eingeplanten Auftrages an.

Freie Zeiten = Pufferzeiten sind Zeiten zwischen eingeplanten Aufträgen. Sie sind auch bei jeder Planstelle nach dem Grenzende des letzten Auftrages vorhanden.

6.3.3 Ausgabelisten der Entwicklungsplanung

Mit Hilfe der EDV werden die verschiedenen erfaßten Daten verarbeitet und in Listenform ausgedruckt. Diese Listen heißen:

- Auftragsliste (vgl. Bild 6.1)
- Planstellenliste (vgl. Bild 6.2)
- Planstartliste (vgl. Bild 6.3)
- Planendeliste (entsprechend Bild 6.3)
- Liste Belegungsgrenze als Balkendiagramm (Bild 6.4).

KONSTRUKTIONSPLANUNG / AUFTRAGSLISTE VOM 07.09.79 (260)

PLANSTELLE	KONSTRUKTIONSUMFANG	GRENZ-ENDE	PL.START	PL.ZEIT	PLAN-ENDE	PL.ABWCHG		BEMERKUNG
				11*				
118 306 C5C5N 500	GM DO BRASIL (OPEL)		LIEFERG.430	PROGR.05/80	PRUEFST.360			
600 TA	EPL-HALLPL+ZUB.	360 ZR-367	094	0	094 ZR-101	266-	TA	NEU
232 MUELL	ZUBEHOER	268 ZR-275	256	0	272 ZR-279	4+		NEU
402 WOESS	STEUERUNG	286 ZR-293	277	0	282 ZR-289	4-		NEU
426 SCHIN	D* STEUERUNG	286 ZR-293	281	0	287 ZR-294	1+		NEU
232 MUELL	SPRITZWASSERABSCHUETZUNG	290 ZR-297	282	0	290 ZR-297			NEU
				0*				
118 307 C5C5N 500	OPEL RUESSELSHEIM		LIEFERG.484	PROGR.08/80	PRUEFST.420			
600 TA	EPL-HALLPL+PRUEFUNG	420 ZR-427	094	0	094 ZR-101	326-	TA	NEU
001 V1	TI- MITT. VOM 10.07.	235 ZR-242	258	0	258 ZR-265	23+		NEU
232 MUELL	ZUBEHOER	268 ZR-275	256	0	272 ZR-279	4+		NEU
232 MUELL	SPRITZWASSERABSCHUETZUNG	290 ZR-297	282	0	290 ZR-297			NEU
425 DEUSS	STEUERUNG	292 ZR-299	285	5	290 ZR-297	2-		NEU
422 KAIS	STEUERUNG	360 ZR-367	303	7	310 ZR-317	50-		NEU
				12*				
118 308 C700NT 800	VW SALZGITTER		LIEFERG.412	PROGR.04/80	PRUEFST.338			
213 KAUF	ZUBEHOER	285 ZR-292	263	6	269 ZR-276	16-		NEU
422 KAIS	STEUERUNG	288 ZR-295	277	3	280 ZR-287	8-		NEU
401 GRUE	PROGRAMM	278 ZR-285	285	15	300 ZR-307	22+		NEU
				24*				

Bild 6.1: Auftragsliste (Beispiel)

KONSTRUKTIONSPLANUNG / PLANSTELLENLISTE VOM 24.08.79 (250)

PLANSTELLE	AUFTRAGS-NR.	KONSTRUKTIONS-UMFANG	GRENZ-ENDE	FOLGE-KORREKT.	PLAN-START	PLAN-ZEIT	PLAN-ENDE	PLAN-ABWCHG.	BEMERKUNG
244 TREM.		PLANSTART-BASIS				245	245		
	001 000	URLAUB VON 245 BIS 250		226	245	5	250		
	102 041	PNEUM. U. SCHUTZH	285	240.1	250	6	256	-	NEU
	118 131	PNEUM. U. SCHUTZH	285	240.2	250		256	-	NEU
	118 262	ZUBEHOER	280	.1	256	24	280		NEU
	118 264	ZUBEHOER	280	.2	256		280		NEU
	090 050	VERRIEGELUNG E..V (1)		289	280	7	287		GR.KL
	118 181	ZUBEHOER	310	.1	287	16	303	-	NEU
	118 182	ZUBEHOER	310	.2	287		303	-	NEU
	118 340	ZUBEHOER	310	.2	287		303	-	NEU
	118 341	ZUBEHOER	310	.2	287		303	-	NEU
	118 339	ZUBEHOER	320		303	16	319	-	NEU
	019 999	PUFFERZEIT		330	319	9	328		
	019 999	EINSATZRESERVE		348	328	20	348		
				PLANSTELLENSUMME		103*			
				GRUPPENSUMME		266**			

Bild 6.2: Planstellenliste (Beispiel)

KONSTRUKTIONSPLANUNG / TERMINLISTE "PLAN-START" 7.09.79

PLANSTELLE	AUFTRAGS-NR.	KONSTRUKTIONS-UMFANG	GRENZ-ENDE	PLAN-START	PLAN-ZEIT	PLAN-ENDE		PLAN-ABWCHG.	BEMERKUNG
401 GRUE	118 199	PROGRAMM	225	226	6	232	ZR-239	7+	TEIL1 NEU
					6**				
422 KAIS	118 223	STEUERUNG	255	232	13	245	ZR-252	10-	NEU
426 SCHIN	118 245	D* STEUERUNG	230	232	13	245	ZR-252	15+	NEU
341 KOEN	118 351	MASCH.UNTERBAU	285	238	27	265	ZR-272	20-	TEIL2 NEU
					53**				
332 EGGER	118 181	KUNDENABH.GRUNDAUSST. VW	270	240	30	270	ZR-277		NEU
332 EGGER	117 977	KUNDENABH.GRUNDAUSST.VW	270	240		270	ZR-277		NEU
332 EGGER	118 182	KUNDENABH.GRUNDAUSST. VW	270	240		270	ZR-277		NEU
332 EGGER	118 258	KUNDENABH.GRUNDAUSST.VW	270	240		270	ZR-277		NEU
332 EGGER	118 259	KUNDENABH.GRUNDAUSST. VW	270	240		270	ZR-277		NEU
332 EGGER	118 260	KUNDENABH.GRUNDAUSST.VW	270	240		270	ZR-277		NEU
332 EGGER	118 263	KUNDENABH.GRUNDAUSST. VW	270	240		270	ZR-277		NEU
332 EGGER	118 265	KUNDENABH.GRUNDAUSST. VW	270	240		270	ZR-277		NEU
332 EGGER	118 266	KUNDENABH.GRUNDAUSST. VW	270	240		270	ZR-277		NEU
332 EGGER	118 267	KUNDENABH.GRUNDAUSST. VW	270	240		270	ZR-277		NEU
332 EGGER	118 268	KUNDENABH.GRUNDAUSST. VW	270	240		270	ZR-277		NEU
332 EGGER	118 339	KUNDENABH.GRUNDAUSST. VW	270	240		270	ZR-277		NEU
332 EGGER	118 340	KUNDENABH.GRUNDAUSST. VW	270	240		270	ZR-277		NEU
332 EGGER	118 341	KUNDENABH.GRUNDAUSST.VW	270	240		270	ZR-277		NEU
432 RIST	118 302	STEUERUNG	250	240	12	252	ZR-259	2+	NEU
403 SCHN.	118 236	STEUERUNG		242	5	247	ZR-254		
342 WOER	118 351	MASCH.UNTERBAU	285	245	28	273	ZR-280	12-	NEU
425 DEUSS	118 262	D* STEUERUNG		245	2	247	ZR-254		
426 SCHIN	118 230	PROGRAMM		245	4	249	ZR-256		

Bild 6.3: Planstartliste (Beispiel)

```
                                   KONSTRUKTIONSPLANUNG / LISTE "BELEGUNGS-GRENZE" VOM 07.09.79 (260)

PLANSTELLE  260       270       280       290       300       310       320       330       340       350
------------|---------|---------|---------|---------|---------|---------|---------|---------|---------|--------
201 MAI     **--*******************---

PLANSTELLE  260       270       280       290       300       310       320       330       340       350
------------|---------|---------|---------|---------|---------|---------|---------|---------|---------|--------
211 LIEBL   1111**************************1111111111111111111*****PPPPPPPPUUUU222222222222222222222222222222222
212 HALL    11111111122222**********************************************PPPPPPPPPPPPPPUUUPPPPPPPPPPPPP*********
213 KAUF    **UU*******EEEEEEEEEEEEEFFEEEEEE*********************************PPPPPPUUU*******
214 NUS.    *******************************************************************PPPPPPPUUU222222

PLANSTELLE  260       270       280       290       300       310       320       330       340       350
------------|---------|---------|---------|---------|---------|---------|---------|---------|---------|--------
221 SCHEM   *********3333333333333****
222 SCHEF   UUUUUUUUUUU***************
223 GEORG   **************************22223333333333333333333333333333333333323333333PPPPPPPPPPPPPPPPEEEEEEEEEEEEE
224 KURZ    UUUUUUUUUUU******************EEEEEEEEEEEEEEEEEEE
225 GAUGE   **************************3333333333

PLANSTELLE  260       270       280       290       300       310       320       330       340       350
------------|---------|---------|---------|---------|---------|---------|---------|---------|---------|--------
231 RIETH   U2222222222**********222222222222********************
232 MUELL   *************PPPPPPPPPP********
233 ZELL    **11****22222222***********************PPPPPPPPPEEEEEEEEEEEEEEEEEEEE
234 STARK   ****************************PPPPPPPPPPPPPPPPP***************

PLANSTELLE  260       270       280       290       300       310       320       330       340       350
------------|---------|---------|---------|---------|---------|---------|---------|---------|---------|--------
241 HEER    1111111***1111111111***
242 HOLD    **UUUU*******EEE1111111111111111111111
243 PTSCH   111111***********1111111111111***************111111111-
244 TREM.   *********************1111111********************************PPPPPPPPEEEEEEEEEEEEEEEEEEEE

PLANSTELLE  260       270       280       290       300       310       320       330       340       350
------------|---------|---------|---------|---------|---------|---------|---------|---------|---------|--------
251 WILL    *********1111111111111111111******************222222222222222
```

* Auftragsbearbeitung; – Entwicklungsarbeiten ohne Priorität; 1, 2, 3 Entwicklungsarbeiten mit Priorität 1, 2 oder 3; K = Krankheit; U = Urlaub; P = Pufferzeit; E = Einsatzreserve

Bild 6.4: Liste Belegungsgrenze (Beispiel)

In der *Auftragsliste* sind sämtliche eingeplanten Aufträge, nach der Auftragsnummer geordnet, aufgeführt. Jeder einzelne Auftrag ist mit einer Überschriftszeile versehen, aus der z. B. der Maschinentyp, der Kunde, der Liefertermin und der Prüfstandstermin hervorgehen. Wenn bei einem Auftrag die Planzeit Null angegeben ist, so erfordert dieser Auftrag – oder Teilauftrag – keine eigene Konstruktionsarbeit. Diese Konstruktionsarbeit wird durch einen anderen Auftrag mit erledigt, der parallel eingeplant wurde, aber zu einer anderen Maschine gehört.

In der *Planstellenliste* sind die von einer Planstelle zu bearbeitenden Aufträge zusammengestellt, geordnet nach der Bearbeitungsreihenfolge. In dieser Liste sind unter fiktiven Planstellen auch die Tätigkeiten aufgeführt, die z. B. von einer Verkaufsabteilung zur technischen Klärung beim Kunden erbracht werden müssen, um die konstruktiven Arbeiten beginnen bzw. termingerecht beenden zu können.

In einer weiteren fiktiven Planstelle sind sämtliche Aufträge zusammengefaßt, die wegen unvollständiger Klärung nicht eingeplant werden können.

Die Listen *Planstart* und in entsprechender Weise *Planende* dienen zur Terminüberwachung der laufenden Aufträge.

Die Liste *Belegungsgrenze* zeigt übersichtlich, nach Planstellen geordnet, die Belegung der Planstellen über der Zeitachse.

6.4 Fortschreibung der Entwicklungsplanung

Im 14-tägigen Rhythmus findet unter dem Vorsitz der Konstruktionsleitung eine *Planungssitzung* statt, an der neben der Entwicklung/Konstruktion die Bereiche Vertrieb, Materialwirtschaft und Produktion teilnehmen.

Das Einplanen läuft nach einer festgelegten Reihenfolge ab:

- Im ersten Teil werden die *Veränderungen* an bereits eingeplanten Aufträgen durchgesprochen; diese Veränderungen können durch Kundenwünsche (Bereich Vertrieb), durch die Konstruktion, durch die Produktion oder auch einmal durch die Materialwirtschaft bedingt sein.
- Im zweiten Teil werden die *neuen* einzuplanenden Aufträge behandelt und nach Festlegung des Grenzendes durch die Produktion eingeplant.

Besprochen wird die

- Technik, also Diskussion des Inhalts des Auftrags, einschließlich Verfahrenstechnik.
- Abgrenzung des Auftrags gegenüber dem Kunden und dem Hersteller der Maschine: ist der Auftrag vollständig und richtig?
- Koordinierung zwischen den verschiedenen Bereichen nach Termin und Technik; so wird festgelegt, wann der Vertrieb welche Informationen bereitstellen muß. Der Einkauf gibt bekannt, wann welche Teile zu bestellen sind und die Produktion gibt die Grenzenden, gestuft nach Durchlaufzeit, bekannt.
- Festgelegt wird, ob bestimmte Baugruppen im voraus zu disponieren sind.
- Im dritten Teil werden die *auftragsunabhängigen* Arbeiten verplant. Hierzu gehören z. B. Weiterentwicklungen und Änderungen an den bestehenden Erzeugnissen.

Verplanbare Zeiten sind dabei in der Reihenfolge:

- Freie Zeiten, Pufferzeiten, Einsatzreserven,
- Entwicklungsarbeiten mit Priorität 3,
- Entwicklungsarbeiten mit Priorität 2.

Hierbei bedeutet:
Entwicklungspriorität 1 *muß* durchgeführt werden; diese Arbeiten dürfen *nicht* verschoben werden. Entwicklungspriorität 2 und 3 sind die in der Dringlichkeit nächsten Stufen. Begonnen wird daher mit dem Verschieben der Arbeiten der Entwicklungspriorität 3.

6.5 EDV-Unterstützung

Für die Fortschreibung und für den Ausdruck der neuen Planungslisten wird die Datenverarbeitung (DV) eingesetzt. In der ersten Phase erfolgt dies allerdings auf einer relativ einfachen Basis, die hier beschrieben werden soll. Zur Eingabe der Daten werden Ablochbelege verwendet, als Datenträger dienen Lochkarten, die nach Abschluß der Verarbeitung von der DV an die für die Planung zuständige Abteilung zurückgegeben werden. Diese Karten dienen als Basis für die nächste DV-Verarbeitung.

Die Lochkarten bestehen aus folgenden Kartenarten:

- der Auftragsüberschriftskarte
- der Planstellenkarte
- der Planstartbasiskarte
- der Auftragskarte.

Kodierliste

	Eintragung der bestehenden Kodierungen in Lochbeleg Konstruktionsplanung Planungskarte (Beiblatt) Spalte				Ausdruck in den Listen unter Auftrags-Nr.	Klartext-Ausdruck in den Listen
	23	26	30	33		
	1 0 1					ZUBEHOER TEILX
	1 0 2					HYDRAULIKPLAN
	1 0 3					BEWEGUNGSDIAMGRAMM
	1 0 4					BEWEG.DIAGR. U. HYDR.PLAN
	1 0 5					SCHLEIFSITUATION
1*)	1 0 6	X				E* MAGANZIN TEILX
1*)	1 0 7	X				D* MAGANZIN TEILX
1*)	1 0 8	X				E* PORT.MAGANZIN TEILX
1*)	1 0 9	X				D* PORT.MAGAZIN TEILX
1*)	1 1 0	X				MAGANZIN-ZUBEHOER TEILX
1*)	1 2 0	X				E* STEUERUNG TEILX
1*)	1 2 1	X				D* STEUERUNG TEILX
1*)	1 2 2	X				UE* STEUERUNG TEILX
1*)	1 2 3	X				AE* STEUERUNG TEILX
1*)	1 2 4	X				RI* STEUERUNG TEILX
1*)	1 2 5	X				STEUERUNG TEILX
	1 2 6					GERAETELISTE
1*)	1 2 7	X				INBETRIEBNAHME TEILX
	1 2 8					D* STEUERUNG U. EL.ANLAGE
	1 2 9					UE* STEUERUNG U.EL.ANLAGE
	1 3 0					AE* STEUERUNG U.EL.ANLAGE
	1 3 1					RI* STEUERUNG U.EL.ANLAGE
	1 3 2					STEUERUNG U. EL. ANLAGE
	1 3 3					UE* EL.ANLAGE
	1 3 4					AE* EL.ANLAGE
	1 3 5					RI* EL.ANLAGE
	1 3 6					EL.ANLAGE
	1 4 0	X X X X	X X X	X		TAM-MITT.VOMXX.XX.U.XX.XX
	1 4 1	X X X X	X X X	X		TAO-MITT.VOMXX.XX.U.XX.XX
	1 4 2	X X X X	X X X	X		TAE-MITT.VOMXX.XX.U.XX.XX
	1 4 3	X X X X	X X X	X		KBE-MITT.VOMXX.XX.U.XX.XX
	1 4 5	X X X X	X X X	X		KL -MITT.VOMXX.XX.U.XX.XX
	1 4 6	X X X X	X X X	X		TI -MITT.VOMXX.XX.U.XX.XX
	1 4 9	X X X X				OPERATIONSPLAN VOM XX.XX
2*)	1 5 0	X X X X	X X X	X		TA-MITT.VOM XX.XX.U.XX.XX
2*)	1 5 2	X X X X	X X X	X		FS.VOM XX.XX.U.XX.XX
	1 5 3					TECHNISCHE KLAERUNG
	1 5 4					EINPLANUNG GESAMT-AUFTRAG
	1 5 5					EINPLANUNG ELEKTROTECHNIK
	1 8 0				001000	URLAUB VON XXX BIS XXX
	1 8 1				001001	KRANKHEIT VON XXX BIS XXX
	1 9 0				019999	PUFFERZEIT
	1 9 1				019999	EINSATZRESERVE

1*) Im Ausdruck der Liste erscheint "Teil" nur wenn Spalte 26 im Lochbeleg ausgefüllt ist.

2*) Im Ausdruck der Liste erscheint ab "U" das weitere Datum nur wenn Spalte 30 - 33 im Lochbeleg ausgefüllt ist.

Bild 6.5: Codierliste

Die Veränderungen an bestehenden Lochkarten bzw. das Erstellen neuer Lochkarten erfolgt über entsprechende Lochbelege.

Mit Hilfe einer *Codierliste* (vgl. Bild 6.5) werden häufig wiederkehrende Texte verschlüsselt, um den Eingabeaufwand klein zu halten. Nicht in der Codierliste aufgeführte Texte müssen entsprechend abgekürzt eingetragen werden.

6.5 Auswertungsmöglichkeiten

Neben der eigentlichen Aufgabe, eine Planung im Entwicklungs- und Konstruktionsbereich durchführen zu können, ermöglicht das hier geschilderte Planungssystem weitere Auswertungen.

Hierzu zählt z. B. das errechnete Verhältnis zwischen kundenunabhängigen und kundenabhängigen Konstruktionszeiten im Berichtszeitraum. Ebenso können durchschnittliche Konstruktionszeiten pro Auftrag ermittelt werden. Der *Wiederholungsgrad* der Aufträge kann über die Planzeit Null festgestellt werden. Die Entwicklungs- und Konstruktionskosten lassen sich den Kostenträgern zuordnen. Dadurch entsteht ein „echtes" Kostenbild für jeden abgerechneten Auftrag.

Insgesamt gesehen ist dieses Planungssystem wegen seiner einfachen Handhabung einerseits und wegen seiner Auswertungsmöglichkeiten andererseits ein hervorragendes Instrument für die Konstruktions- und Entwicklungsleitung.

6.7 Zusammenfassung

Die Planungssitzung hat zu einem kontinuierlichen, geregelten Gedankenaustausch über den Ablauf aller im Auftrag befindlichen Maschinen geführt.

Die straffe Koordinierung aller Aktivitäten im Unternehmen erlaubt eine termingetreue Abwicklung unterschiedlicher Sonderausführungen.

Grundlage für die Planungssitzung und für die Arbeit aller Abteilungen muß ein einheitliches Planungssystem mit praxisgerechten Listen sein.

Der Planungsaufwand soll pro Planungsperiode nicht über 0,5 MT hinausgehen. Dabei ist die EDV-Verwaltung nicht mit eingerechnet.

Wird noch berücksichtigt, daß früher jede Abteilung irgendein Planungssystem hatte, das aber mit den anderen Systemen in der Sache und im Termin nicht abgestimmt war, so ergibt sich die Wirtschaftlichkeit schon durch Wegfall der verschiedenen Systeme.

Die Transparenz aller Vorgänge, besonders im Konstruktionsbereich, ist durch dieses System so groß, daß innerhalb weniger Stunden auch zu umfangreichen Angeboten oder Aufträgen nach Termin und Kapazität Stellung genommen werden kann. Dabei wird mit realistischen Daten gearbeitet.

Ing. (grad.) R. Moeres

C 7
Personenbezogene Planung im Gesamtbereich Technik eines Maschinenbauunternehmens

7.1 Vorstellung des Unternehmens

Das in der Firma Reifenhäuser KG praktizierte Planungssystem für den Gesamtbereich Technik (T-Bereich) hat seine direkten Vorläufer weder in der Fertigungssteuerung noch in der Netzplantechnik, sondern ist aus der eigenen, langjährigen Erfahrung in der Konstruktion entstanden.

Zum besseren Verständnis der vorhandenen Probleme soll die Firma Reifenhäuser KG kurz vorgestellt werden:

- Es handelt sich um ein Spezialunternehmen des Kunststoffmaschinenbaus, das Maschinen, Anlagen und komplette Fabriken auf dem gesamten Gebiet der Extrusion plant und erstellt.
- Anzahl der Beschäftigten: ca. 1 000 Mitarbeiter.
- Fertigungstyp: überwiegend Einzelfertigung mit ca. 40 % Sonderanteil am Gesamtumsatz.
- Auftragswerte: von ca. 20 000 DM bis 20 Mio. DM.
- Durchlaufzeit eines Auftrages: 3 Monate bis 2 Jahre.
- Zu verplanende Mitarbeiter im T-Bereich: 94 Mitarbeiter (Anm. 1 s. S. 240).
- Anzahl der pro Jahr eingeplanten Angebote: ca. 3000.
- Anzahl der pro Jahr eingeplanten Aufträge: ca. 700.
- Auftragsgliederung: durchschnittlich ca. 25 Einzelpositionen je Auftrag, wobei 5 bis 10 Positionen als Einzeltermine und Aufgaben in der Konstruktion einzuplanen sind.
- Umfang der wöchentlich vom Rechner erstellten Belastungsliste: ca. 800 Einzeltermine bzw. Konstruktionsaufgaben.

Die vorgenannten Zahlen verdeutlichen das Mengengerüst und die Komplexität der Aufträge.

7.2 Anforderungen an eine verbesserte Planung

Die bis Ende 1972 praktizierte Terminplanung und Überwachung (z. B. mit Stecktafeln und manuell geführten Listen) war unbefriedigend. Die Liefertermin-verzögerungen beruhten allzuoft auf nicht eingehaltenen Terminen der Konstruktion.

Es wurde bekannt, daß eine Terminierung nur dann aktuell und wirklichkeitsnah sein kann, wenn sie rechnerunterstützt abläuft.

In Gesprächen mit Mitarbeitern in den betroffenen Abteilungen wurden die in Bild 7.1 formulierten Anforderungen an das neue System gestellt.

Nicht angestrebt wurde: Hundertprozentiges, perfektes, alles integrierendes System, bei dem auf das Mitdenken verzichtet wird.

- Transparenz der Angebots-, Auftrags- und Entwicklungssituation (Ist-Zustand muß jederzeit erkennbar sein).
- Personenbezogene Kapazitätsbelastung.
- Abweichungen von Soll-Terminen sowie Engpässe müssen früh genug erkannt werden.
- Geplante und tatsächliche Abläufe müssen übereinstimmen (Reihenfolge, Abhängigkeiten und Überlappungen).
- Information bis zum Ausführenden muß gewährleistet sein.
- Durchlaufzeiten müssen real sein.
- Einfache Handhabung des Planungssystems: Änderungen müssen schnell und einfach durchführbar sein (um Punkt 4 erfüllen zu können).
- Planungssystem sollte mit kleinstmöglichem Aufwand schnell einführbar sein.

Bild 7.1: Anforderungen an das Planungssystem für den Gesamtbereich Technik

7.3 Planungsablauf im heutigen Planungssystem

Der generelle Ablauf des heutigen Planungssystems ist in Bild 7.2 dargestellt. Die wichtigsten Stufen werden im folgenden anhand eines Kundenauftrages (Anm. 2 s. S. 240) erläutert:

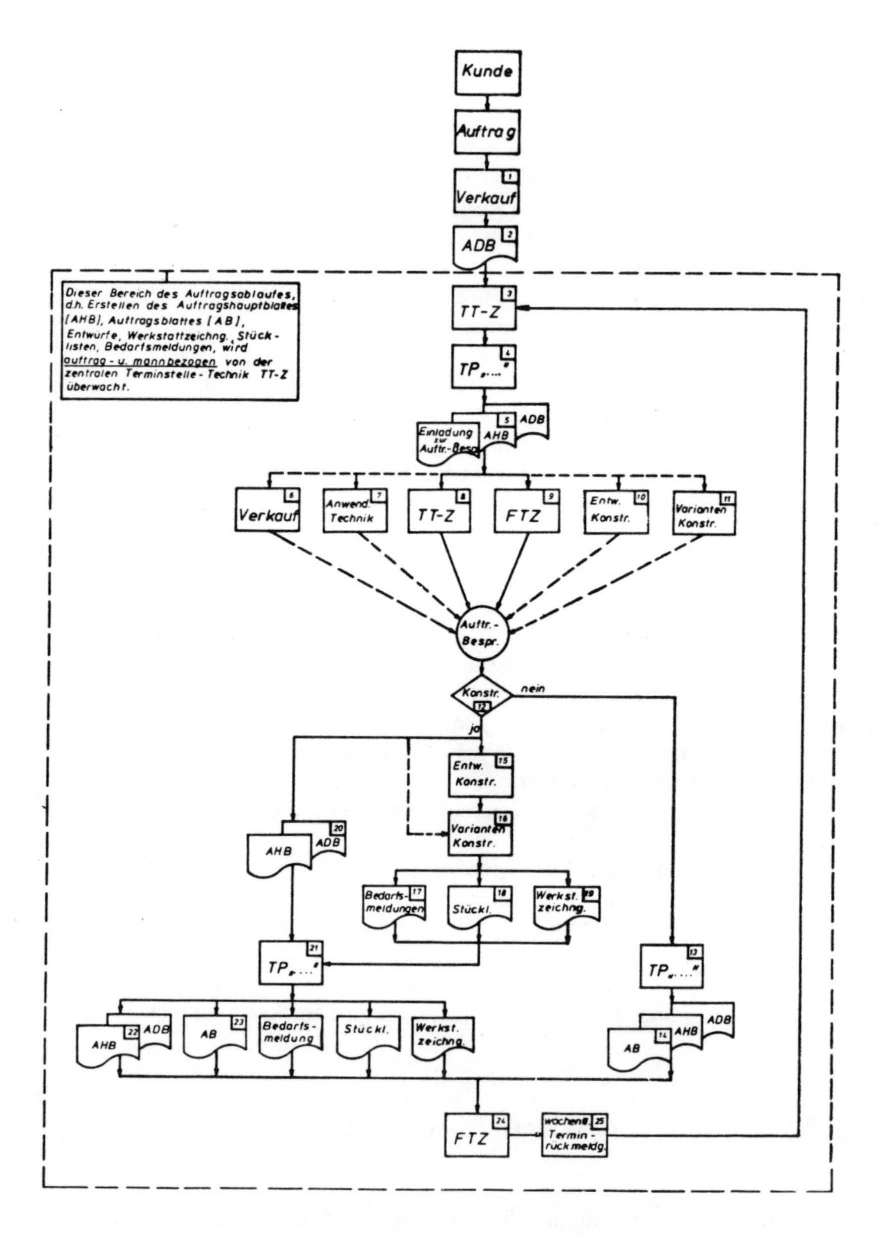

Bild 7.2: Ablaufschema der Auftragsabwicklung

Auftrags Nr. 1039079 10 | Fachbereich TPF

Leit-Auftrags Nr. 1105079 10
Projekt Nr. P 0025 79 10
Vorführung 6 1 1 0 0 78 10
Abweichung vom Projekt ja ☒ nein ☐

Kunden Nr. 4514
Besteller: Müller KG

Benennung der Lieferung: Tiefziehfolienanlage
Garantiezeit: 6 Monate

gewünschter Liefertermin: 26 10 79
von VK zugesagt ja ☒ nein ☐
Konventional-Strafe ja ☒ nein ☐
für Lieferung ab 09 11 79 ...... %, max. ...... %
Teillieferung zulässig? ja ☐ nein ☒

Vertreter: Schmitz Nr. 16
Sachbearbeiter: Klein Nr. 25
VK 1. Barth Datum 14 02 79

Abnehmer: Müller KG

Beschriftung: deutsch
Farbe: RAL 1014
Betriebsspannung Kraft = 3 x 380 V, V. 50 Hz,
mit Mp ☒ ohne Mp ☐ voll belastbar? ja ☒ nein ☐
Heizung = 3 x V, Hz,
mit Mp ☐ ohne Mp ☐

Auftragswert DM 575000
davon:
Eigenfertigung 575000
Fremdmaschinen
Abnahme
Dokumentation
Know-How
Lizenz von

	ja	nein	Kostenträger RKG	Kostenträger Kunde
Abnahme b. RKG	☒	☐	☐	☒
Rohstoff von RKG	☐	☒	☐	☐
Rohstoff vom Kunden	☐	☐	☐	☐
Abnahme b. Kunden	☐	☐	☐	☐
Montage b. Kunden	☐	☐	☐	☐

Gewünschter Montagebeginn: 31 10 79
Gewünschte Inbetriebnahme: 12 11 79

Aufstellungsplan, bis 07 09 79
2 fach in deutsch Sprache
Dokumentation, bis 12 10 79
2 fach in deutsch Sprache
Ersatzteilangebot, bis 26 10 79
2 fach in deutsch Sprache

Versicherung Haus/Haus; bis Grenze; bis Hafen
Versicherung durch RKG ☐ Kunden ☐
Vers. - Kostenträger RKG ☐ Kunde ☐

Lieferung: ab Werk, frei ......
Verpackungsvorschrift; unverpackt, verpackt, ..., seemäßig verpackt
Einfuhrlizenz gültig bis:
Akkr. - Verfall am:

Zahlungsbedingungen: 3 x 1/3 ☐, Rg. netto ☐

Datum	Auftragslegende
2.2.79	Eingang VK
7.2.79	Eingang TTZ
8.2.79	Eingang TPF

Auftragsbesprechung
Datum 14 02 79 Uhr 9³⁰

Teilnehmer aus:

VK	H. Barth
TPF	H. Klein
TT-Z	H. Müller
FTZ	H. Schmitz
TE	H. Jens
TPE	
TPK	H. Kron
TF	

TAK - Endabnahme	mechanisch	elektrisch
Datum		
Name		

von FTZ zugesagte Termin	
Montage-Start	3. 9. 79
Aufbau TAK - A	24. 9. 79
Einfahr-Start	28. 9. 79
Abbau TAK - A	
Endabnahme	
Versand	19. 10. 79
Montagebeginn b. Kunden	26. 10. 79
Inbetriebnahme b. Kunden	5. 11. 79

Verantwortlich	
Auftragsbearbeitung	H. Klein
Verfahrenstechnik	H. Schmitz

Endkontrolle	mechanisch	elektrisch
Datum		
Name		

Versand

AR
geliefert per: ......
am: ......
Versandanzeige - Nr. ......

Änderungs - Nr.	7	6	5	4	3	2	1
Bearbeiter					-		Schmitz
Datum							14.2.79
kopiert							[illegible]
Verteiler	A⁺	A⁺	A⁺	A⁺	A⁺	A⁺	A⁺

Bild 7.3: Auftragsdatenblatt ADB (Beispiel)

Bei Auftragseingang wird vom Verkauf ein *Auftragsdatenblatt* (ADB, vgl. Bild 7.3) ausgestellt, in dem u. a. der mit dem Kunden ausgehandelte Liefertermin eingetragen ist (aber noch nicht dem Kunden bestätigt wurde). Der Verkauf leitet das ADB weiter in die zentrale Terminstelle Technik (TT-Z). Hier setzt die Terminverfolgung ein. Mit Hilfe eines Bildschirm-Terminals wird der als Neuzugang gekennzeichnete Auftrag dem entsprechenden Fachbereich und Bearbeiter (TPL-Nr.) zugeteilt (vgl. Bild 7.7).

Nach Erhalt des Auftragsdatenblattes erstellt der Auftragsbearbeiter unter Zugrundelegung des zugehörigen Angebotes das *Auftragshauptblatt* (AHB), das einer Inhaltsangabe des Auftrages entspricht (vgl. Bild 7.4). Der Auftragsumfang wird hierbei genau fixiert, und unter Umständen führt der Bearbeiter noch notwendige Verhandlungen mit dem Verkauf bzw. den Kunden.

FA | FTZ | FP | FAP-P | FAP-1

Auftragshauptblatt | Auftrags-Nr.: 1/0390/79/1.0 | AHB-Nr.: 1

Menge	Ident-Nr.	Var.	Benennung	Bemerkungen	Pos.-Nr.	K-Art	Änd.-Nr.	Maschinen Nr.	AB-Blatt Nr.	Mont.-einheit	Bearb. von	FTZ-Term. Soll	Ist
1			Luftschlitzdüse 1000 mm		1	2		12320	1	21	TFK TPT	15.3	
1			Abblendung des Austrittspaltes bis 800 mm, manuell über Spindeln		2	2		12320	1	21	TFK TPT	21.3	
1			Randanblasdüsen		3	0		12320	1	21	TPT	15.2	
1			Abziehwerk AF-F1200-01-R		4	0		12321	2	19	TPT	15.2	
1			Gestell, einschl. Höhenverstellung		5	3		12321	2	19	TFK TPT	15.3	
1			Fahrwerk, motorisch		6	3		12321	2	19	TFK TPT	15.3	
2			Gießwalzen 1200 Ø x 1200 mm		7	2		12321	2	19	TFK TPT	24.3	
4			Umlenkwalzen Oberfläche Qualität 4		8	3		12321	2	19	TFK TPK	24.3	
1			Antrieb, Gleichstrom 50 kW		9	0		12321	2	19	TPT	15.3	

ausgestellt als Vorlage am ... von ...

Bemerkung:

Änd.-Nr.	7	6	5	4	3	2	1	
Bearbeiter								[illegible]
Datum								5.2
kopiert								[illegible]
Verteiler	A+	A+	A+	A+	A+	A+	A+	A+

1. Änderung 7/72, 2. Änderung 11/73, 3. Änderung 9/75, 4. Änderung 7/77 H 73 KB 4/72

Bild 7.4: Auftragshauptblatt AHB (Beispiel)

Innerhalb von 5 bis maximal 10 Arbeitstagen – je nach Auftragsumfang – muß die *Auftragsbesprechung* stattfinden, da sonst kostbare Zeit für Konstruktion und Fertigung verloren gehen kann.

Auftr.-Nr: 1/0390/79/10

An Herrn Abt. / Frau Fr.

mit der Bitte um

- ☐ Rücksprache
- ☐ Unterschrift
- ☐ Gegenzeichnung
- ☐ Kenntnisnahme
- ☐ Veranlassung
- ☐ Stellungnahme
- ☐ Anerkennung
- ☐ Prüfung
- ☐ sofortige Erledigung
- ☐ Rückgabe an Absender
- ☐ Ablage
- ☐ Anruf
- ☐ Weiterleitung an

Datum | Absender | Hausruf

Beschreibung der Anlage:

TIEFZIEHFOLIEN-ANLAGE

Vorinformation / Einladung zur Auftragsbesprechung

am 23.7.79 in 4 OG.

Uhrzeit $9^{\underline{30}}$

TEILNEHMER

TP	
TPS	HERR SCHMITZ
TT-Z	HERR KLEIN
FTZ	HERR MÜLLER
TE	HERR BARTH
TP-E	
TPF	
TPK	
TFK	HERR JENS
TFA	
VK	HERR VOGEL

Besondere Hinweise: 16.7.79 Kleinitz

Bild 7.5: Einladung zur Auftragsbesprechung (Beispiel)

Die Vorinformation bzw. Einladung zur Auftragsbesprechung (vgl. Bild 7.5) ermöglicht jedem Teilnehmer, entsprechende Vorbereitungen zu treffen, um die Besprechung mit einem Minimum an Zeitaufwand zu führen:

- die Fertigung (FTZ) kann sich ins Bild setzen, eventuelle Fragen telefonisch klären.
- Die Abteilungsleiter der Entwicklungs- und Variantenkonstruktion schätzen den Konstruktionsaufwand ab und klären, wer die Arbeiten ausführen soll.

Für die Planung in der Konstruktion stehen dabei folgende Hilfsmittel zur Verfügung:

- Planzeitkatalog (vgl. Bild 7.6)
- Belastungsliste (vgl. Bild 7.7)
- Übersichtsliste (vgl. Bild 7.8)

Die Grundlagen des *Planzeitkataloges* werden durch die systematische Stundenstatistik (vgl. Bild 7.9) geschaffen. Die Erfahrung hat gezeigt, daß unabdingbare Voraussetzung für eine realistische und aussagefähige Stundenstatistik die positive Einstellung des Konstruktionsleiters ist (Anm. 3 s. S.240).

Die *Belastungsliste* enthält die mannbezogene Planung der Aufträge sortiert nach aufsteigendem Starttermin.

Die *Übersichtsliste* enthält die Anschlußtermine für andere Abteilungen und hilft damit, Zusammenhänge zu erkennen.

Die Auftragsbesprechung dient nun dazu, alle bekannten Probleme aufeinander abzustimmen und die Termine festzulegen.

Hierbei hat der Entscheidungspunkt 12 in Bild 7.2 folgende Bedeutung: Nach der Auftragsbesprechung zeigt sich, daß entweder der Konstruktionsbereich betroffen ist oder nicht.

Im Falle „nein": Der Termin für den Auftragssachbearbeiter zur Erstellung der Auftragsblätter wird von der zentralen Terminstelle Fertigung (FTZ) festgelegt. Die gesamten Unterlagen gelangen zur FTZ, wobei eine Rückmeldung zur TT-Z erfolgt.

Im Falle „ja": Erst für diesen Fall entsteht das eigentliche Terminierungsproblem für den Bereich Technik, was im folgenden näher erläutert wird.

Die zentrale Terminstelle Technik (TT-Z) trägt manuell die in der Auftragsbesprechung vereinbarten Termine personenbezogen in die Belastungsliste ein, um sie spätestens am folgenden Tag in den Rechner (vgl. Abschn. 4) einzugeben.

BERICHT 420 STUNDENSTATISTIK FUER T-BEREICH PER SEPTEMBER 1979 SEITE 29

ERZ	B-GR	AUFTRAGS-NR.	ART	01	02	03	04	05	08	09	REST	G-STD
				AUSGEWAEHLTE TAETIGKEITSARTEN								
130	70	1.1082.75.00	3					8,0				8,0
	70	2.3877.74.09	0					2,0				2,0
	70	2.4084.77.09	2					1,0				1,0
	70	2.4084.77.09	3	1,0								1,0
	70	2.4085.77.09	2			16,5		4,0				20,5
	70	2.4086.77.09	2			15,9		3,0				18,9
	70	2.4087.77.09	2			15,3		4,0				19,3
	70	2.4088.77.09	2			16,3		3,0				19,3
	70	2.4105.74.09	0	2,5								2,5
	70	2.4445.75.09	3			1,4						1,4
	70	2.4772.77.09	2		4,0							4,0
	70	2.4772.77.09	3					1,5				1,5
	70	2.4786.77.09	2		4,0							4,0
	70	2.4786.77.09	3					2,0				2,0
	70	2.4825.77.09	2		4,0							4,0
	70	2.4872.77.09	2		17,0							17,0
	70	2.4899.77.09	2		4,0							4,0
	70	2.4922.74.09	3			5,0						5,0
	70	2.4986.77.09	2		4,0							4,0
	70	2.4986.77.09	3					1,5				1,5
	70	2.5381.74.09	3	1,0		4,0		2,1				7,1
	70	2.5790.75.09	2			8,0						8,0
	70	5.1941.74.09	3			5,0		1,0				6,0
	70	6.0200.01.00	3					6,0				6,0
	70	8.0000.00.35	2					7,0				7,0
	71	1.0733.77.00	3			5,0						5,0
	77	1.0189.77.00	3			63,7						63,7
	77	6.0400.01.00	2			11,7						11,7
	77	6.1100.01.00	3		36,6							36,6
	77	6.1300.01.00	3			53,3						53,3
	85	8.0000.00.35	3			3,1						3,1
												9454,9 *
131	00	2.4164.74.09	2	1,0								1,0
	00	2.4445.75.09	2	2,8	100,5				0,8			104,1
	00	2.4612.74.09	2	2,0		9,5						11,5
	00	2.4904.74.09	3	1,5		1,7						3,2
	00	2.4948.76.09	3					2,0				2,0
	00	2.4949.76.09	3			12,1		4,3				16,4
	00	2.5028.78.09	3			6,0						6,0
	00	2.5050.78.09	3			26,3						26,3
	00	2.5469.76.09	3	1,0								1,0
	00	5.0094.77.00	2					2,0				2,0
	00	5.0094.77.00	3					5,0				5,0
	00	5.0412.78.09	3			12,7						12,7
	00	6.0300.01.00	2	4,3	29,2				1,5			35,0
	00	6.0300.02.00	2	17,2	74,4	2,4						94,0
	00	6.0400.01.00	2	6,5	121,5							128,0
	00	6.0400.02.00	2	17,4	77,8	39,8		5,0	13,3	0,5	8,8	162,6
	00	6.0500.02.00	2	1,5	108,6			4,0				114,1
	00	6.0600.02.00	3	1,5		3,0		2,0				6,5
	00	6.0700.02.00	2	2,7	40,5							43,2
	00	6.0900.01.00	2	3,2								3,2
	00	6.1000.01.00	2		16,0							16,0
	00	6.1100.01.00	2	1,4								1,4
	00	7.0026.76.09	3			7,0						7,0

Bild 7.6: Planzeitkatalog (Auszug)

Die Belastungsliste (vgl. Bild 7.7) wird normalerweise wöchentlich – bei Bedarf auch auf sofortigen Abruf – von TT-Z ausgedruckt und an die Abteilungen weitergeleitet.

Es hat sich als zweckmäßig erwiesen, daß jeweils der Gruppenleiter eine vollständige Liste erhält. Es war nicht ratsam, jedem Mitarbeiter einen Auszug seiner Gesamtbelegung zu geben. Die Konfrontation mit allen zukünftigen Aufgaben hatte teilweise zur Beunruhigung der Mitarbeiter geführt. Um aber dem Konstrukteur die notwendigen Informationen zu geben, wird vom Gruppenleiter ein *Einzelübersichtsformular* (vgl. Bild 7.10) manuell ausgestellt, das nur den zur

BELASTUNG NACH TPL-NUMMER/AUFTRAG PER 2908 FABRIKTAG SEITE 4

TPL. NR.	AUFTRAG - NUMMER	TER FTZ	ARB BEG	VZ	ST. TAG	PLA TAG	END TAG	2908 2913 2918 2923 2928 2933 2938 2943 2948 2953 2958 2963 2968 2973 2978 T....T....T....T....T....T....T....T....T....T....T....T....T....T....T....T
1118	1. 0206. 79. 00. 00/15	2912		2908			1	
1118	1. 0206. 79. 00. MA/33				2911	7	2917	*******
1118	6. 2500. 06. 01. VO/R3				2911	7	2917	*******
1118	1. 0505. 79. 04. MA/32				2918	5	2922	*****
1118	1. 0506. 79. 04. MA/32				2918	5	2922	*****
1118	6. 2400. 06. 01. VO/RG				2918	5	2922	*****
1118	1. 0896. 79. 60. MA/07				2923	3	2925	***
1118	6. 3600. 05. 01. VO/R1				2923	3	2925	***
1118	1. 1049. 79. 10. SW/28	2936			2926	6	2931	******
1118	1. 1050. 79. 10. SW/24	2936			2926	6	2931	******
1118	6. 0900. 10. 01. VO/RG				2926	6	2931	******
1118	6. 0400. 04. 70. VO/RG				2932	5	2936	*****
1118	6. 0405. 04. 70. 00/02	2941			2932	5	2936	*****
1118	6. 0405. 04. 70. 00/03	2941			2932	5	2936	*****
1118	1. 1079. 79. 69. OX/09				2937	5	2941	*****
1118	6. 3800. 05. 01. VO/RG				2937	5	2941	*****
1118	1. 1079. 79. 69. 00/09	2953			2946	3	2948	***
1118	6. 3800. 05. 01. VO/R1				2946	3	2948	***
1118	1. 1079. 79. 69. MA/17				2959	8	2966	********
1118	1. 1079. 79. 69. MA/25				2959	8	2966	********
1118	6. 3800. 05. 01. VO/R2				2959	8	2966	********
*************************								
1119	0. 00FA. SS. BE. ND/ER			2908			1	
1119	1. 0715. 79. 50. ZY/25	2903		2908			1	
1119	1. 0720. 79. 10. ZY/05	2915		2908			1	
1119	1. 0721. 79. 10. ZY/05	2915		2908			1	
1119	1. 0722. 79. 10. ZY/05	2915		2908			1	
1119	1. 0901. 79. 29. 00/26	2941		2908			1	
1119	1. 0901. 79. 29. 00/27	2941		2908			1	
1119	1. 0901. 79. 29. ZY/25	2912		2908			1	
1119	1. 1080. 79. 10. ZY/04	2915		2908			1	
1119	7. 0324. 79. 69. 00/04	2906	2872	2872			1	
1119	7. 0324. 79. 69. 00/05	2906	2872	2872			1	
1119	7. 0324. 79. 69. 00/06	2906	2872	2872			1	
1119	7. 0324. 79. 69. 00/07	2906	2872	2872			1	
1119	7. 0324. 79. 69. 00/10	2906	2872	2872			1	
1119	9. 1023. 79. 04. ZY/01	2903		2908			1	
1119	R. IEML. NS. CH. UT/ZK				2913	15	2927	***************
*************************								
1120	0. 0000. 00. LO. RE/NZ			2908			1	
1120	6. 0100. 07. 08. BT/65		2908		2908	19	2926	*******************
1120	6. 0900. 04. 08. BI/ME		2908		2908	19	2926	*******************
1120	0. 0012. 79. 99. UR/LA				2941	9	2949	*********
*************************								
1121	0. 0000. 00. 00. VO/GT			2908			1	
1121	6. 0100. 07. 08. BT/65		2901		2901	41	2941	***********************************
								908 2913 2918 2923 2928 2933 2938 2943 2948 2953 2958 2963 2968 2973 2978 T....T....T....T....T....T....T....T....T....T....T....T....T....T....T....T

Bild 7.7: Belastungsliste (Beispiel)

Zeit zu bearbeitenden Auftrag und den geplanten Folgeauftrag zeigt. Die Einzelübersicht ist an jedem Zeichenbrett gut sichtbar angebracht. Diese Übersicht hat weiterhin den Vorteil, daß sich der Gruppenleiter beim Ausfüllen des Zettels den Auftrag kurz anschaut und eventuell noch fehlende Informationen einholt, bevor der Mitarbeiter mit der Arbeit beginnt.

Darüber hinaus wird die Stundenaufschreibung (vgl. Bild 7.9) genauer ausgefüllt, da alle benötigten Daten wie Auftrags-Nummer, Konstruktions-Nummer, Konstruktionsart und Position auf der Einzelübersicht stehen.

Nach Beendigung der Konstruktionsarbeiten werden Zeichnungen, Stücklisten, Bedarfsmeldungen usw. mit den dazugehörenden Auftragsblättern von dem Auftragsabwickler an die zentrale Terminstelle Fertigung (FTZ) weitergeleitet.

BELASTUNG NACH AUFTRAGS-UND TPL-NR. PER FABRIKTAG 2711 SEITE 30

TPL. NR.	AUFTRAGS - NR.	ARB. BEG.	VERZUG	START TAG	PLAN TAGE	END TAG	AUFTR. ENDT. LETZTGUELT.	AUFTR. ENDT. URSPRUENGL.	AENDER. GRUND 1	AENDER. GRUND 2	AENDER. GRUND 3	AENDER. GRUND 4	AENDER. GRUND 5
1192	1. 0992. 78. 60. 00/25			2719	4	2722	2728	2728					
**************************													
2416	1. 0992. 78. 60. 00/2T	2650		2650	51	2700	2700	2664					
**************************													
1193	1. 0992. 78. 60. 00/48			2728	4	2731	2735	2735					
**************************													
2416	1. 0992. 78. 60. 00/4T	2650		2650	59	2708	2708	2669					
**************************													
2416	1. 0992. 78. 60. 00/5T	2650		2650	61	2710	2710	2708					
**************************													
2416	1. 0992. 78. 60. 00/6T	2650		2650	66	2715	2715	2710					
**************************													
2416	1. 0992. 78. 60. 00/7T	2650		2650	69	2718	2718	2715					
**************************													
2416	1. 0992. 78. 60. 00/ET	2650		2650	71	2720	2720	2700					
**************************													
3115	1. 0992. 78. 60. 00/XX			2716	3	2718	2720	2688					
3116	1. 0992. 78. 60. 00/XX			2713	7	2719	2720	2688					
3118	1. 0992. 78. 60. 00/XX	2664		2664	20	2683	2720	2688					
**************************													
1138	1. 0992. 78. 60. BM/14			2715	1	2715	0	0					
**************************													
2301	1. 0992. 78. 60. DO/53	2650		2650	142	2791	0	0					
**************************													
2301	1. 0992. 78. 60. DO/54	2650		2650	142	2791	0	0					

Bild 7.8: Übersichtsliste (Beispiel)

Abschließend soll noch auf die oben erwähnte Rückmeldung von FTZ an die zentrale Terminstelle Technik hingewiesen werden (vgl. Bild 7.11).

Diese Rückmeldung war im ursprünglichen Konzept des Planungssystems nicht vorgesehen. Man ging davon aus, daß nach Verlassen der Unterlagen aus dem T-Bereich die Terminverfolgung beendet sein kann. Nach kurzer Zeit stellte sich aber heraus, daß durch fehlerhafte Rückmeldungen innerhalb des T-Bereiches oder aus dem Weg T-Bereich – Pauserei – Fertigung Auftragsunterlagen zu spät oder auch gar nicht in der zentralen Terminstelle Fertigung angekommen waren. Um diese Fehlerquelle auszuschalten, gab es nur eine sinnvolle Lösung: Die wöchentliche Rückmeldung jeder Position eines Auftrages mußte von der Fertigung an die Terminstelle Technik erfolgen. Dafür war es notwendig, der Fertigung eine Auflistung aller Positionen, die den anstehenden Wochentermin und davorliegende Termine haben, zur Verfügung zu stellen.

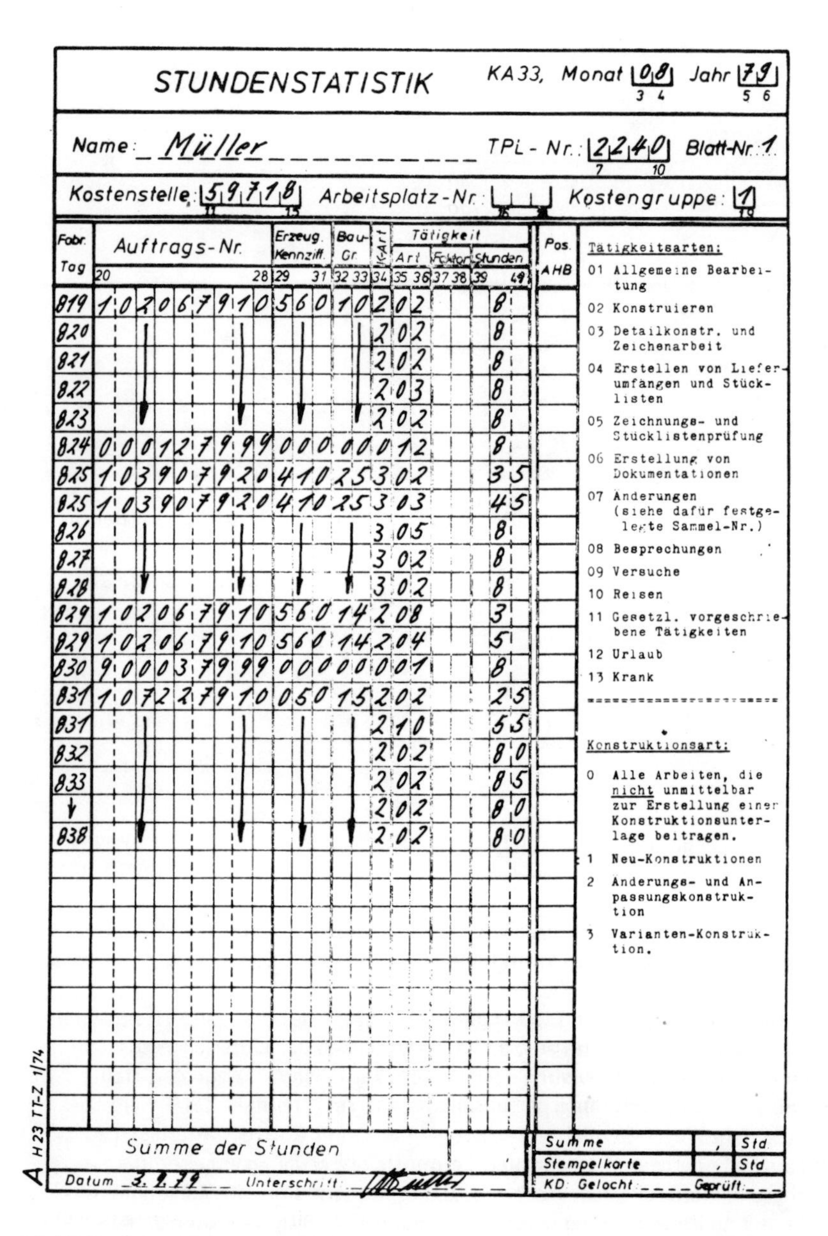

STUNDENSTATISTIK KA33, Monat 0 8 (3 4) Jahr 7 9 (5 6)

Name: Müller TPL-Nr.: 2 2 4 0 (7 10) Blatt-Nr.: 1

Kostenstelle: 5 9 7 1 8 (11 15) Arbeitsplatz-Nr.: (16 18) Kostengruppe: 1 (19)

Fabr. Tag	Auftrags-Nr. (20–28)	Erzeug. Kennziff. (29–31)	Bau-Gr. (32 33)	K-Art (34)	Tätigkeit Art (35 36)	Tätigkeit Faktor (37 38)	Tätigkeit Stunden (39 40)	Pos. AHB
819	102067910	560	10	2	02		8	
820	↓	↓	↓	2	02		8	
821	↓	↓	↓	2	02		8	
822	↓	↓	↓	2	03		8	
823	↓	↓	↓	2	02		8	
824	000127999	000	00	0	12		8	
825	103907920	410	25	3	02		3 5	
825	103907920	410	25	3	03		4 5	
826	↓	↓	↓	3	05		8	
827	↓	↓	↓	3	02		8	
828	↓	↓	↓	3	02		8	
829	102067910	560	14	2	08		3	
829	102067910	560	14	2	04		5	
830	900037999	000	00	0	01		8	
831	107227910	050	15	2	02		2 5	
831	↓	↓	↓	2	10		5 5	
832	↓	↓	↓	2	02		8 0	
833	↓	↓	↓	2	02		8 5	
↓	↓	↓	↓	2	02		8 0	
838	↓	↓	↓	2	02		8 0	

Summe der Stunden

Datum 3.9.79 Unterschrift: Müller

Summe , Std
Stempelkarte , Std
KD Gelocht: ____ Geprüft: ____

Tätigkeitsarten:

01 Allgemeine Bearbeitung
02 Konstruieren
03 Detailkonstr. und Zeichenarbeit
04 Erstellen von Lieferumfängen und Stücklisten
05 Zeichnungs- und Stücklistenprüfung
06 Erstellung von Dokumentationen
07 Änderungen (siehe dafür festgelegte Sammel-Nr.)
08 Besprechungen
09 Versuche
10 Reisen
11 Gesetzl. vorgeschriebene Tätigkeiten
12 Urlaub
13 Krank

Konstruktionsart:

0 Alle Arbeiten, die nicht unmittelbar zur Erstellung einer Konstruktionsunterlage beitragen.
1 Neu-Konstruktionen
2 Änderungs- und Anpassungskonstruktion
3 Varianten-Konstruktion.

A H23 TT-Z 1/74

Bild 7.9: Stundenstatistik (Beispiel)

Einzelübersicht

Name: Müller TPL-Nr: 1118

Auftrag-Nr.	Pos.	9stellige Nr. f. Stundenstatist.	K-Art	Start-Tag	End-Tag	Gruppe
1/0206/79/00	33	←	2	2911	2917	TFK-F
1/0505/79/04	32	←	3	2918	2922	TFK-F
						TFK-
						TFK-

Bild 7.10: Einzelübersichtsformular zum Anbringen am Zeichenbrett (Beispiel)

Mit dieser Rückmeldung ist nun der Kreislauf Planung – Durchführung – Kontrolle geschlossen.

7.4 Zusammenfassung

Als Demonstration der mit dem Planungssystem erreichten Termingenauigkeit wird mit Bild 7.12 eine Übersicht der 1975 vom T-Bereich angegebenen Termine gezeigt:

Insgesamt wurden 3 548 Termine abgegeben, von denen

- 91,5 % termingerecht eingehalten wurden,
- 3,5 % eine Verspätung von 6 – 10 Tagen hatten,
- 1,5 % eine Verspätung von 11 – 15 Tagen hatten und
- 3,5 % eine Verspätung von mehr als 15 Tagen hatten.

Zum Schluß noch einige Kenndaten des verwendeten Rechners:
Der verwendete Rechner (Fabrikat MAI) besteht aus einer Zentraleinheit mit 8 KByte Arbeitsspeicher, 16 KByte Betriebssystem, einer Magnetplattenspeichereinheit mit 4,2 Mio. Bytes und einem Matrix-Drucker mit 165 Zeichen pro Sekunde. In der zentralen Terminstelle der Technik steht ein Bildschirm-Terminal.

FTZ-SOLLTERMINE BIS F. TAG2903 PER 29. 10. 79(2904) SEITE 3

TPL. NR.	AUFTRAGS - NR.	URSPR. TERMIN	VERZUG	LETZTER TERMIN	IN FTZ JA	IN FTZ NEIN	AENDER. GRUND 1	AENDER. GRUND 2	AENDER. GRUND 3	AENDER. GRUND 4	AENDER. GRUND 5
2124	1. 0718. 79. 50. 00/E1	2883	20	2883	X						
3117	1. 0719. 79. 60. 00/XX	2898	5	2898	X						
3118	1. 0719. 79. 60. 00/XX	2898	5	2898	X						
2172	1. 0719. 79. 60. PL./25	2898	5	2898	X						
3117	1. 0725. 79. 40. 00/XX	2874	29	2888		X					
3117	1. 0727. 79. 40. 00/XX	2898	5	2898		X					
2133	1. 0728. 79. 10. 00/8T	2891	12	2891	X						
2170	1. 0728. 79. 10. PL/59	2903		2903	X						
1115	1. 0787. 79. 60. 00/05	2898	5	2898		X					
1115	1. 0787. 79. 60. 00/07	2898	5	2898		X					
1115	1. 0787. 79. 60. 00/08	2898	5	2898	X						
2138	1. 0787. 79. 60. EX/ET	2898	5	2898	X						
1115	1. 0787. 79. 60. ZY/03	2898	5	2898	X						
1115	1. 0789. 79. 60. 00/09	2898	5	2898	X						
1115	1. 0789. 79. 60. 00/11	2898	5	2898	X						
1115	1. 0789. 79. 60. 00/12	2898	5	2898		X					
2138	1. 0789. 79. 60. EX/ET	2898	5	2898	X						
1115	1. 0789. 79. 60. ZY/07	2898	5	2898		X					
2133	1. 0817. 79. 10. 00/ET	2863	40	2898	X						
2177	1. 0817. 79. 10. PL/50	2885	18	2885	X						
2105	1. 0828. 79. 40. 00/ET	2898	5	2898	X						
2134	1. 0858. 79. 10. 00/1T	2900	3	2900	X						
2138	1. 0858. 79. 10. EX/ET	2902	1	2902	X						
3116	1. 0862. 79. 40. 00/XX	2883	20	2883	X						
3115	1. 0865. 79. 08. 00/XX	2893	10	2893	X						
3116	1. 0865. 79. 08. 00/XX	2893	10	2893		X					
1126	1. 0866. 79. 08. 00/01	2873	30	2873	X						
2160	1. 0866. 79. 08. BT/ET	2873	30	2873	X						
1126	1. 0867. 79. 08. 00/01	2873	30	2873	X						
2160	1. 0867. 79. 08. BT/ET	2873	30	2873	X						

Bild 7.11: Rückmeldungsbeleg als Auszug der Belastungsliste (Beispiel)

Da der Rechner (gesamte Hardwarekosten 1971 ca. 135 000 DM) nur anteilig mit ca. 20 % für die hier beschriebenen Aufgaben verwendet wird und die Kosten für die eigenerstellte Software bei ca. 15 000 DM lagen, kann aus der Sicht des Unternehmens von einer überaus kostengünstigen und leistungsfähigen Lösung zur Bewältigung des Konstruktionsplanungsproblems gesprochen werden.

Anmerkungen

1) Davon 56 Maschinenbau- und Elektro-Konstrukteure, die restlichen Mitarbeiter sind in der Auftragsabwicklung, Dokumentation und Projektierung tätig und eingeplant.
2) Angebote und Entwicklungsaufträge laufen prinzipiell in gleicher Weise ab.
3) Neben der Schaffung des Planzeitkataloges wird die Stundenstatistik auch zur *Nachkalkulation* von Aufträgen und zur Ermittlung von sogenannten *Effektivitätszahlen* verwendet.

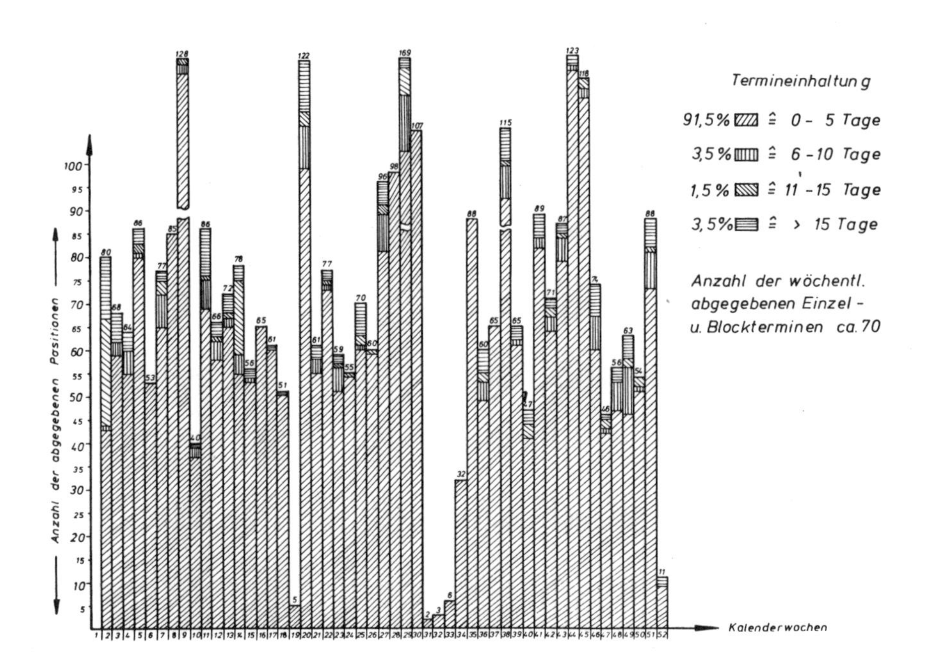

Bild 7.12: Statistische Auswertung der 1975 vom T-Bereich abgegebenen Termine

Ing. (grad.) F. Liebe

C 8
Entwicklungsbudget- und Entwicklungsterminplanung für Produkte der Serienfertigung

Es handelt sich im folgenden um einen Anwendungsbericht aus einem Unternehmen der Branche Elektro-Haushaltsgeräte mit ca. 3 000 Mitarbeitern in fünf Produktionsstätten mit sieben Produktgruppen. Die Produktgruppen sind Haushaltskleingeräte, Heißwassergeräte, Heizkörper und thermische Schaltgeräte, Haushaltsgroßgeräte, Nachtstromwärmespeicher, Gasheizkessel und neue Technologien wie Wärmepumpen und Solaranlagen. Die Unternehmenszentrale mit dem Sitz in Holzminden (Niedersachsen) umfaßt die Funktionen Geschäftsführung, Entwicklung, Materialwirtschaft, Vertriebsleitung, Verwaltung sowie eine der 5 Produktionsstätten.

8.1 Problemstellung

Der abnehmende Produktlebenszyklus zwingt alle Hersteller, in immer kürzeren Intervallen neue oder grundsätzlich überarbeitete Produkte auf den Markt zu bringen.
Dieser Trend hat zur Folge, daß die Entwicklungszeit für neue Produkte erheblich verkürzt werden muß. Dies ist aber nur möglich, wenn sämtliche an der Produktentwicklung beteiligte Stellen zielgerichtet arbeiten und der Arbeitsfortschritt mit einfachen, leicht zu handhabenden Hilfsmitteln kontrolliert werden kann, um eventuelle Zielabweichungen frühzeitig erkennen und daraus Korrekturen ableiten zu können.

In dem hier anstehenden Fall zwingt die große Produktpalette zum gleichzeitigen Bearbeiten von ca. 80 verschiedenen Projekten im Forschungs- und Entwicklungsbereich (Anm. 1 s. S. 248) mit unterschiedlichem F+E-Aufwand (von 10 000 DM bis über 1 000 000 DM). Bei fehlender Koordinierung muß es bei dieser Projektvielfalt in den einzelnen Fachbereichen infolge der unterschiedlichen Zielsetzungen zu nicht mehr vertretbaren Terminverzögerungen kommen. Eine Abweichung der technischen und damit auch wirtschaftlichen Ziele ist dann meist die Folge. Eigene Untersuchungen früherer Projekte haben ergeben, daß bei fehlender Projektsteuerung von den vorgegebenen Zielen Qualität, Produktkosten, Projektkosten und Termine die Qualitäts- und Produktkostenziele praktisch immer erfüllt, die Projektkostenziele zu ca. 50 %, die Terminziele aber nur zu ca. 30 % erfüllt werden.

Hierbei ergab sich zwangsläufig auch die Frage, ob überhaupt die „richtigen" Projekte im Sinne der langfristigen Unternehmensplanung im F+E-Bereich bearbeitet wurden.

Um die erkannten Schwierigkeiten in den Griff zu bekommen, mußte eine ganzheitliche Lösung gefunden werden, die nachfolgend kurz dargestellt wird.

8.2 Zusammenhang zwischen F+E-Budget und Terminplanung

Aufbauend auf ZVEI-Kennzahlen (Anm. 2 s. S. 248) wird für die einzelnen Produktgruppen ein F+E-Budget ermittelt. Das einzelne F+E-Budget ist prozentual vom Planumsatz des dritten Folgejahres abhängig. Die Höhe des Budgets richtet sich nach der bei jeder Produktgruppe verfolgten Zielsetzung. So kann beispielsweise bei einer Produktgruppe, bei der keine Umsatzsteigerung geplant ist, das F+E-Budget ca. 2 – 3 % betragen, während z. B. bei einer Produktgruppe, bei der eine drastische Umsatzerhöhung geplant ist, das F+E-Produkt kurzfristig bis ca. 20 % des Umsatzes im dritten Jahr betragen kann (die Mittelwerte liegen bei 7 % bis 10 %).

Die F+E-Budgets werden außerdem entsprechend den Umsatzzielsetzungen nach Projektarten unterteilt, so daß beispielsweise für eine Produktgruppe, bei der das Umsatzziel keine Erhöhung vorsieht, der Hauptanteil des F+E-Budgets für die Produktbetreuung und nur geringere Anteile für Firmen- und Marktneuheiten vorgesehen sind – bei anderen Produktgruppen entsprechend umgekehrt. Hieraus ergibt sich eine erste Gesamtzielsetzung für den F+E-Bereich, wie sie beispielhaft in Bild 8.1 dargestellt ist.

Um die Gesamtzielsetzung in einzelne Projekte aufzuteilen, muß vorab die *Auslastung* der einzelnen Budgetteile durch Projekte für die nächsten zwölf Monate festgelegt werden.

Diese Auslastung ist abhängig von der Projektdauer. Es hat sich gezeigt, daß Projekte hinsichtlich einer Produktbetreuung eine Dauer von ca. 1 – 2 Jahren und Projekte für Firmen- und Marktneuheiten eine Dauer von ca. 3 – 4 Jahren haben.

BUDGET—PLANUNG

Datum: 1.1.80 Unterschrift:

1	2	3	4	5	6	7	8	9	10	11	12	13	14	15	16	17	18	19	20	21	22
Lfd. Nr.	Produktgruppe	Lfd. Jahr				1. Folgejahr				2. Folgejahr				3. Folgejahr	4. Folgejahr	5. Folgejahr	% - Anteil des F + E - Aufwandes für				Bemerkungen
		Umsatz	% vom Umsatz	F + E - Aufwand (Mio. DM)		Umsatz	% vom Umsatz	F + E - Aufwand (Mio. DM)		Umsatz	% vom Umsatz	F + E - Aufwand (Mio. DM)		Umsatz	Umsatz	Umsatz					
				Neuheiten	Betreuung			Neuheiten	Betreuung			Neuheiten	Betreuung				MN	SN	GV	SV	
1	A	40	2,8	1,12 0,896	0,224	45	5	2,25 1,8	0,45	50	5	2,5 2,0	0,5	55	70	90	40	40	10	10	
2	B	110	2,7	2,97 0,891	2,079	120	3	3,60 1,08	2,52	130	3	3,9 1,17	2,73	135	130	130	10	20	40	30	
3	C	15	3	0,45 0,045	0,405	20	7	1,40 0,14	1,26	25	7	1,75 0,18	1,57	30	35	45	5	5	60	30	
4	E	55	3	1,65 1,238	0,412	65	7	4,55 3,41	1,14	75	7	5,25 3,94	1,31	85	100	120	50	25	15	10	
5	F	150	1,8	2,7 0,81	1,89	160	3	4,8 1,44	3,36	170	3	5,1 1,53	3,57	180	180	185	10	20	40	30	
6	G	90	15	13,5 10,9	2,6	120	7	8,4 6,72	1,68	150	7	10,5 8,4	2,1	180	210	250	50	30	10	10	
7	H	40	9,4	3,76 2,63	1,13	60	5	3,0 2,1	0,9	80	5	4,0 2,8	1,2	100	125	150	20	50	15	15	
8																					
9																					
10																					
	SUMME	500		26,15 17,41	8,74	590	4,75	28,0 16,69	11,31	680	4,85	33,0 20,02	12,98	765	850	970	—	—	—	—	

MN = Markt - Neuheit
SN = Stiebel - Neuheit
GV = Grundsätzliche Verbesserung
SV = Sonstige Verbesserung

Bild 8.1: Budget-Planung (Beispiel)

ANTEIL F+E BUDGET 4,28 %	PRODUKT-PLANUNG – PROGRAMM	ZEITRAUM: 1979 – 1983	Verteiler: GFT: TDL: Liess	Blatt-Nr.: 1 Datum: 1.1.80

1 Rang	2 Amortis.-Zeit 1)	3 Projekt-Nr. 2)	4 Liefertermin 2) 3)	5 Stelle 4)	6 Projekt-Bezeichnung (HW = Handelsware)	7 Σ F+E 5) h	8 Σ F+E 5) TDM	9 Σ Inv 5) TDM
					Budget			
					Übertrag			
A	2,0	A 31	III/84	TEL	PROJEKT A	15000	600	1000
B	1,2	A 46	II/82	TEK	PROJEKT B	20000	800	500
C	1,5	A 25	I/82	TGH	PROJEKT C	5000	200	100
D	2,0	A 37	II/82	TGB	PROJEKT D	8000	320	400
E	1,8	A 19	I/84	TGA	PROJEKT E	25000	1000	1000
F	0,9	A 20	I/81	TGB	PROJEKT F	2300	92	100
G	0,5	A 24	I/81	TGA	PROJEKT G	2500	100	80
H	0,8	A 38	II/81	TGH	PROJEKT H	5000	200	100
I	4,0	A 39	I/82	TGB	PROJEKT I	2000	80	50
J	2,5	A 40	IV/84	TGH	PROJEKT J	25000	1000	1500
SUMME								

F+E-Aufwand in Stunden und Investitionen in TDM 5)

Rang	10 LFD. JAHR MN 6)	11 SN 6)	12 GV 6)	13 SV 6)	14 Inv 5)	15 1. FOLGE-JAHR MN 6)	16 SN 6)	17 GV 6)	18 SV 6)	19 Inv 5)	20 2. FOLGE-JAHR MN 6)	21 SN 6)	22 GV 6)	23 SV 6)	24 Inv 5)	25 3. FOLGE-JAHR MN 6)	26 SN 6)	27 GV 6)	28 SV 6)	29 Inv 5)	30 4. FOLGE-JAHR MN 6)	31 SN 6)	32 GV 6)	33 SV 6)	34 Inv 5)
Budget	11200	11200	2800	2800		22500	22500	5625	5625		25000	25000	6250	6250		27300	27500	6875	6875		35000	35000	8750	8750	
Budget (Summe)	28000					56250					62500					68750					87500				
A	7000				300	3000				700															
B		5000					5000			100		2000			400										
C			1500					2000		100			1500												
D	3200					3000				100	1800				300										
E		6200			2)		6000					6000					6000			1000		800			
F			1300		100			1000																	
G				1500	80				1000																
H				1300	100				1000																
I					8)				1000	50				1000											
J						7000					7000			~		7000				500	4000				1000
SUMME	11200	11200	2800	2800	580	13000	9000	3000	3000	1050	8800	8000	1500	1000	700	7000	6000			1500	4000	800			1000
SUMME (gesamt)	28000					28000					19300					13000					4800				

Anmerkungen: 1) in Jahren. 2) Nur bei eingetragener Projekt-Nr. ist die Feinplanung (PPC III) vorhanden und aktuell und der Liefertermin aussagefähig; bei durchstrichener Projekt-Nr. bedarf die Feinplanung unverzüglicher Überarbeitung durch den Projektleiter. 3) 1 - 12 = Monat: I – IV = Quartal. 4) Abteilung des Projektleiters. 5) Alle Kostenstellen 17xy (ohne 1756: 1778 und 50 % von 1700 und 1770); Kosten real auf Basis 1979. 6) MN = Marktneuheit; SN = STIEBEL ELTRON - Neuheit; GV = Grundlegende Verbesserung; SV = Sonstige Verbesserung. 7) Kapazitätsgrenze Feinplanung (PPC III). 8) Kapazitätsgrenze Grobplanung (Budget). * = Änderung gegenüber vorheriger Ausgabe (nur Rang; Liefertermin; Investitionen; Projekt-Bezeichnung).

Bild 8.2: Produkt-Planung/Programm (Beispiel)

Das F+E-Budget der nächsten zwölf Monate für Firmen- und Marktneuheiten wird zu 86 % und das F+E-Budget der nächsten zwölf Monate für Betreuung zu 67 % detailliert für Projekte verplant. Hierdurch bleibt eine ausreichende *Flexibilität* erhalten, denn es müssen nur ca. 6,5 % des Jahres-F+E-Budgets monatlich auf neue Projekte verplant werden.

Hieraus entsteht die grobe *Produktplanung* von Bild 8.2. Sie wird von einem dafür zuständigen Gremium – bestehend aus Technik und Vertrieb – erstellt und von der Geschäftsführung verabschiedet. Aus der groben Produktplanung geht unter anderem auch die augenblickliche Priorität jedes einzelnen Projektes hervor. Sowie ein Projekt abgeschlossen ist, rücken alle nachfolgenden Projekte in der Priorität vor, so daß auch in der Priorität hinten stehende Projekte nach Maßgabe des Budgets begonnen werden.

8.3 EDV-unterstützte Projektplanung

Für F+E-Projekte ist nur ein Teil des Budgets verplanbar. In Vorabzug – als nicht verplanbar – kommen Anteile für Führungskräfte, für administrative Aufgaben, für F+E-Material und für eine gewisse Reserve. Der für F+E-Projekte verplanbare Anteil – im wesentlichen Manpower – beträgt danach noch ca. 60 % des gesamten F+E-Budgets.

Um ca. 80 Projekte einfach und jederzeit aktuell zu steuern, bedarf es einer EDV-unterstützten Projektplanung. Hierfür wurde nach Auswahl aus mehreren Angeboten das Projektplanungsprogramm PPC-III der Fa. GMO, Hamburg, eingesetzt.

Mit PPC-III werden jetzt 60 % des F+E-Budgets über klar strukturierte Projekte gesteuert. Um den Projektleitern die Arbeit zu erleichtern und das System übersichtlich zu gestalten, wurden *Standardnetzpläne* für die verschiedenen Projektarten (Firmen- und Marktneuheit, grundsätzliche Überarbeitung eines Produktes, kleinere Verbesserungen, Handelsware etc.) erarbeitet. Diese Netzpläne bestehen aus Muß- und Kann-Aktivitäten sowie Muß- und Kann-Verknüpfungen. Außerdem wurde ein Handbuch erweitert, in dem jede Aktivität genau definiert ist (vgl. Beispiel in Bild 8.3).

Die Daten der mit Hilfe von PPC-III geplanten Projekte – im wesentlichen die Kosten pro Jahr – werden in die grobe Produktplanung (vgl. Bild 8.2) übernommen und monatlich aktualisiert.

Aktivitäts-Benennung: Vorstudie | **Aktivitäts-Nr.:** A 10

Aktivitäts-Bearbeitungsstelle: P-Leiter

Sachziele:

1. Technische Vorstudie

1.1 Ermittlung des technischen Istzustandes in Hauptmerkmalen, möglichst mit Berücksichtigung des Wettbewerbs.

1.2 Empfehlung für eine oder mehrere technische Aufgabenstellungen, die weiterverfolgt werden sollen mit Hinweisen auf gegebenenfalls vorhandenes "know how".

1.3 Vorläufige Hinweise auf wahrscheinliche Ergebnisse, insbesondere für die Erweiterung des vorhandenen Produktprogramms.

1.4 Vorläufige Hinweise auf Vor- und Nachteile der wahrscheinlichen Ergebnisse.

1.5 Ergänzende Wirtschaftlichkeitsüberlegungen für die vorgeschlagenen technischen Aufgabenstellungen unter Berücksichtigung der erforderlichen Mittel.

1.6 Aussage über die technische Dringlichkeit der vorgeschlagenen Aufgabenstellungen.

2. Vorläufige Marktstudie Inland

2.1 Aussage über die Marktsituation Inland in Hauptmerkmalen, möglichst mit Berücksichtigung des Wettbewerbs.

2.2 Vorläufige vertriebliche Forderungen im Inland einschließlich Terminzielen.

2.3 Vorläufige Aussage über Auswirkungen auf das vorhandene Produktprogramm im Inland.

2.4 Vorläufige Aussage über erforderliche Ergänzungsmaßnahmen im Inlandsvertrieb, z. B. bei der Projektierung, den Vertriebswegen und dem Service.

2.5 Aufgabenstellungen für die Marktforschung im Inland.

2.6 Hinweise auf Einflüsse zwischen Inlandsmarkt und Export.

- 2 -

Aktivitäts-Benennung: Vorstudie | **Aktivitäts-Nr.:** A 10

Aktivitäts-Bearbeitungsstelle: P-Leiter

Sachziele: Seite 2

3. Vorläufige Marktstudie Ausland

3.1 Aussage über die Marktsituation Ausland in Hauptmerkmalen, möglichst mit Berücksichtigung des Wettbewerbs.

3.2 Vorläufige vertriebliche Forderungen im Ausland einschließlich Terminzielen.

3.3 Vorläufige Aussage über Auswirkungen auf das vorhandene Produktprogramm im Ausland.

3.4 Vorläufige Aussage über erforderliche Ergänzungsmaßnahmen im Auslandsvertrieb, z. B. bei der Projektierung, den Vertriebswegen und dem Service.

3.5 Aufgabenstellungen für die Marktforschung im Ausland.

3.6 Hinweise auf Einflüsse zwischen Auslandsmarkt und Inlandsmarkt.

4. Vorläufige Fertigungsstudie

4.1 Aussage über Eignung und Ausnutzung der vorhandenen Fertigungsmöglichkeiten für die in der technischen Vorstudie voraussichtlich empfohlenen Aufgabenstellungen.

4.2 Grobe Schätzung der voraussichtlichen Werkzeugkosten.

4.3 Grobe Schätzung der voraussichtlichen sonstigen Investitionen nach Art und Kostenhöhe.

5. Erste Prüfung der Schutzrechte

5.1 Vorläufige Prüfung auf mögliche eigene Schutzrechtsanmeldungen und deren Vorbereitung.

5.2 Vorläufige Prüfung, wieviel fremde Schutzrechte unseren eigenen technischen Vorstellungen entgegenstehen.

5.3 Hinweise auf Möglichkeiten, wie unsere eigenen technischen Vorstellungen ohne Beeinträchtigung fremder Schutzrechte realisiert werden können.

Bild 8.3: Standard-Aktivitäten im Standardnetzplan (Auszug aus dem Handbuch)

8.4 Zusammenfassung

Mit dem skizzierten System wurde eine ganzheitliche Steuerung des F+E-Budgets erreicht. Für das Management stehen die grobe Produktplanung und aus PPC-III die obersten Verdichtungen auf Projekt- und/oder Abteilungs- und Hauptabteilungsebene zur Verfügung, die Projektleiter erhalten aus PPC-III projektbezogene Planungs-, Analyse- und Statistik-Listen, den Hauptabteilungs-, Abteilungs- und Gruppenleitern stehen aus PPC-III detaillierte Mitarbeiter-, Planungs- und Statistiklisten zur Verfügung.

Jeder Mitarbeiter kann aufgrund der Planungsunterlagen genau erkennen, woran er arbeiten soll. Damit wird erreicht, daß alle Fachbereiche mit aufeinander abgestimmten Zielen an den einzelnen Projekten arbeiten, Abweichungen sofort erkannt werden und damit Gegenmaßnahmen ergriffen werden können.

Als besonders positive Auswirkung dieses Gesamtkonzeptes konnte der Durchlauf von Projekten im F+E-Bereich um ca. 30 % reduziert werden.

Anmerkungen

1) Forschung und Entwicklung wird im folgenden abgekürzt zu F+E.
2) ZVEI: Zentralverband der elektrotechnischen Industrie e. V., Frankfurt.

Dr.-Ing. J. Paul

C 9
Verbesserte Entwicklungsplanung in der Serienfertigung

9.1 Einleitung

Der vorliegende Beitrag soll zeigen, wie durch systematische Vorgehensweise und Anwendung von Planungssystemen auf manueller Basis und im Anschluß daran durch Einsatz der elektronischen Datenverarbeitung Termine, Kapazitätsbelastung und Kosten im Entwicklungsbereich transparent und damit besser steuerbar gemacht werden können.

Das manuelle Planungsverfahren wird seit 1974 im Entwicklungsbereich der Hako-Werke, Bad Oldesloe, erfolgreich eingesetzt. Ein EDV-orientiertes Planungssystem befindet sich z. Zt. noch in einer längeren Testphase.

Die Hako-Werke sind ein mittleres Maschinenbauunternehmen mit insgesamt 900 Mitarbeitern in 1979, von denen 50 Mitarbeiter im Entwicklungsbereich arbeiten. Das Produktionsprogramm umfaßt Motorgeräte für die Betriebsreinigung und die Grundstückspflege, die in Klein- und Mittelserie gefertigt werden.

9.2 Manuelles Planungssystem

9.2.1 Der Ablaufplan

Der Terminplanung liegt ein Ablaufplan des Entwicklungsprojektes (Bild 9.1) zugrunde.
Dieser Ablaufplan orientiert sich an Vorschlägen[1), 2)], die auf die Belange des Unternehmens zugeschnitten wurden. Voraussetzung für eine erfolgreiche Planung eines Projektes ist die möglichst klare Aufgabenstellung, zu der ein Produktplan (Bild 9.2) und eine den Produktplan ergänzende Anforderungsliste in fast allen Fällen dringend erforderlich sind.

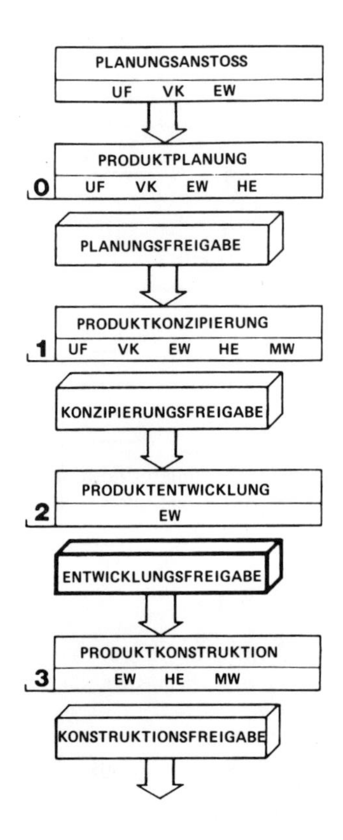

Bild 9.1:
Ablaufplan eines Entwicklungsprojektes

Wesentlich für die Steuerung eines Entwicklungsprojektes sind die jeweiligen Freigaben für die nacheinander abzuarbeitenden Bearbeitungsphasen: Entwerfen, Konzipieren, Konstruieren und Serienbetreuung. Bei jeder dieser Freigaben muß festgestellt werden, ob das bis dahin erarbeitete Konzept bzw. der erreichte Projektstand mit den vorgegebenen Zielvorstellungen in Einklang stehen. Treten Diskrepanzen auf, so muß klar entschieden werden, welche Änderungen sinnvoll sind oder ob schlimmstenfalls das Projekt frühzeitig abgebrochen werden muß. Diese Freigaben sind sogenannte Meilensteine im Ablauf eines Projektes und werden zunächst als feste Termine vorgegeben. Jede Freigabe sollte mit Beteiligung aller betroffenen Bereiche des Unternehmens erfolgen.

Mit der Konstruktionsfreigabe tritt das Projekt aus dem Verantwortungsbereich der Entwicklung in die Phase der Serienvorbereitung und damit in den Verantwortungsbereich der Fertigung ein.

PRODUKTPLAN	GEPRÜFT UND GENEHMIGT				KONSTRUKTIONSART		
	UF	VK	EW	HE	NEU - KONSTR.	ANPASS.-KONSTR.	VARIANT.-KONSTR.

1 PRODUKT- UND FUNKTIONSDEFINITION:

1,2 DEFINITION DES ANBAUPROGRAMMS:

2 QUALITÄTSANFORDERUNG:

3 MARKTANALYSE:

4 STAND DER TECHNIK:

5 AMTLICHE PRÜFUNGEN, VORSCHRIFTEN, RICHTLINIEN IN- UND AUSLAND, NORMEN:

6 ZUKUNFTSENTWICKLUNGEN:

7 TERMINE:

8 GRÖSSEN UND LEBENSDAUER:	9 HERSTELLKOSTEN:	10 ENTWICKLUNGSKOSTEN:	
11 RRIORITÄT ZU LAUFENDEN EW AUFTRÄGEN:		PL.ERST. TAG/NAME	AUFTR.-NR.

Bild 9.2: Produktplan-Formular

9.2.2 Die Planungsparameter

Zur Ermittlung des Gesamtumfanges eines neu zu planenden Entwicklungsprojektes werden folgende Parameter berücksichtigt:

- Projektstruktur
- Konstruktionsart
- firmenspezifische Planwerte

Die Projektstruktur umfaßt sowohl Baugruppen des neu zu entwickelnden Projektes als auch projektbezogene Tätigkeiten wie beispielsweise die Erstellung der Anforderungsliste.

Im Regelfall besteht ein Produkt aus 10 bis 20 Baugruppen, wobei die Baugruppen beispielsweise Funktionen wie: Antriebsmotor, Fahrantrieb, Lenkung und Rahmen umfassen.

Der Entwicklungsaufwand für eine Baugruppe ist von der Konstruktionsart abhängig. Unterschieden werden die Konstruktionsarten:

- Neukonstruktion
- Anpassungskonsstruktion und
- Variantenkonstruktion.

Bei der Neukonstruktion ist das Funktionsprinzip der Baugruppe neu, bei der Anpassungskonstruktion kann ein bekanntes bereits in einem früheren Projekt benutztes Funktionsprinzip durch veränderte Abmessungen zu einem neuen Produkt führen. Eine Variantenkonstruktion liegt vor, wenn beispielsweise bei einer Motorgruppe ein 4-takt-Motor gegen einen 2-takt-Motor ausgetauscht wird, wobei nur kleinere Anpassungsarbeiten notwendig sind. Eigene Untersuchungen im Unternehmen haben gezeigt, daß bei bereits abgeschlossenen Projekten eine Ermittlung des Zeichnungsumfanges der Baugruppen eines Produktes aufgrund der für die Fertigung notwendigen Zeichnungen leicht möglich ist. Um zu einer mengenmäßigen Aussage zu kommen, wurden alle Zeichnungsformate in das Standardformat A4 umgerechnet. Dabei ergibt eine Zusammenstellungszeichnung des Formates DIN A0 beispielsweise 16 Formate A4. Aus der Summe aller für die Erstellung des Projektes notwendigen Konstruktions- und Versuchsstunden lassen sich nun Planwerte finden, die eine Aussage über den erforderlichen Stundenaufwand für die Erstellung eines Standardformates A4 darstellen.

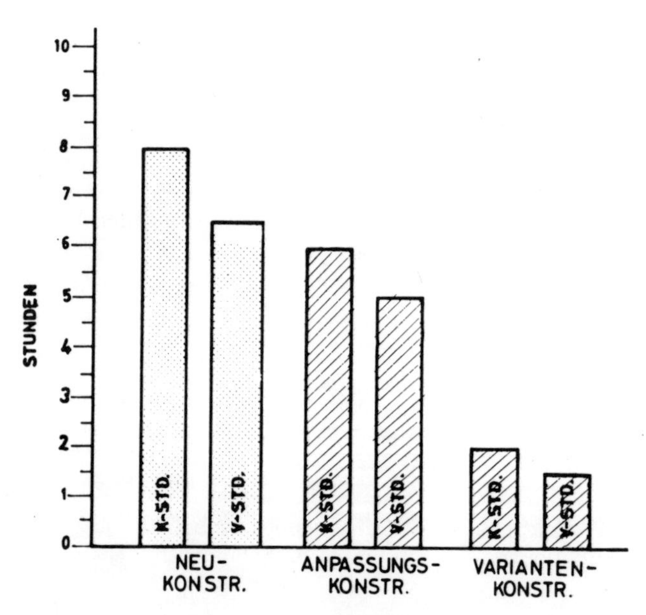

Bild 9.3: Stundenaufwand für ein Format DIN A4
(K = Konstruktion, V = Versuch)

In Bild 9.3 sind diese aus 60 abgewickelten Projekten ermittelten Planwerte in Stundenaufwand pro Standardformat DIN A4 für die drei Konstruktionsarten dargestellt, getrennt nach Aufwand im Versuch und in der Konstruktion. Der Aufwand in der Konstruktion liegt etwa 20 % höher als im Versuch. Für die Neukonstruktion wurden im Durchschnitt 8 Stunden pro Zeichnungsformat (DIN A4) benötigt, für die Anpassungskonstruktion waren es 6 Stunden und für die Variantenkonstruktion schließlich 2 Stunden.

Nach dieser relativ groben ersten Planwertermittlung für die gesamte Projekterstellung wurden verfeinerte Planwerte definiert. Diese beinhalten die jeweilige Bearbeitungsphase und sind baugruppenbezogen. Sie sind in einem Plandatenkatalog erfaßt, der sämtliche Produktgruppen des bisherigen Fertigungsprogramms, ihre Hauptbaugruppen und die pro Bearbeitungsphase benötigten Arbeitsstunden getrennt nach Konstruktionsart und Tätigkeit enthält. Dieser Plandatenkatalog wird durch die Auswertung aktueller z. Zt. laufender Projekte ergänzt und berichtigt.

9.2.3 Ermittlung des Gesamtumfanges eines Entwicklungsauftrages

Wie bereits angedeutet, wird der Gesamtumfang eines Entwicklungsauftrages aufgrund der ausführlichen Aufgabenstellung und mit Hilfe des Plandatenkataloges ermittelt. Dabei werden einerseits die bereits erläuterten Baugruppen, andererseits Tätigkeiten wie die Erstellung des Pflichtenheftes, der Technischen-Datenliste, die Funktions- und Dauererprobung, sowie die für den Prototypenbau benötigten voraussichtlichen Versuchsstunden berücksichtigt. Hierzu wird ein sogenannter Standard-Netzplan (Bild 9.4) verwendet, der für den Ablauf des Projektes getrennt nach „Konzipieren", „Entwickeln", „Konstruieren" und „Vorserienbetreuung" sowie nach Tätigkeiten und Baugruppen in Form einer Matrix aufgebaut ist.

Für die einzelnen Bearbeitungsphasen wird nach Tätigkeitsart: Konstruieren, Zeichnen, Bauen, Erproben, Normung und Freigabe unterschieden. Diese im Vergleich zur ersten Plandatenerfassung sehr viel feinere Aufgliederung eines Projektes ermöglicht eine größere Genauigkeit dann, wenn für diese einzelnen Aktivitäten bereits Plandaten vorliegen. Anderenfalls sind diese Aktivitäten in bezug auf ihren wahrscheinlichen Bearbeitungsumfang einzeln zu schätzen.

Die Summe aller Bearbeitungsschritte, ausgedrückt in Bearbeitungsstunden, ergibt den Gesamtstundenaufwand für das neu zu entwickelnde Produkt. Bereits in dieser Methode der baugruppenweisen Einzelermittlung des Entwicklungsaufwandes und damit der Aufsummierung einer Vielzahl von Schätzungen zum Gesamtaufwand wird nach dem bekannten statistischen Gesetz der großen Zahl eine erheblich verbesserte Genauigkeit erreicht. Dadurch ist eine wesentliche Voraussetzung für die realistische Planung des Projektes gegeben.

STANDARD-NETZ 00-6200	GR.-NR.	PLAN	KONZIPIEREN 1						ENTWICKELN 2						KO	
AUFTRAGS-NR.: 01- BENENNUNG:		FREIG 9	KON 1	ZEI 2	BAU 3	ERPR 4	NORM 5	FREIG 9	KON 1	ZEI 2	BAU 3	ERPR 4	NORM 5	FREIG 9	KON 1	ZEI 2
Pflichtenheft	01		6211													
Technische Datenliste	02														6231	
Farbgebung/Beschriftung	03														6231	6232
Funktions-u.Dauererprobung	06											6224				
VES-Erprobungsliste	07											6224				
Teilefertigung für ZKB	08															
Betreuung/Vorserie	10															
Rahmen	12		6211	6212					6221	6222	6223	6224			6231	6232
Elektrische Batterieantr.	26		6211	6212					6221	6222	6223	6224			6231	6232
Holmlenkung	39		6211	6212					6221	6222	6223	6224			6231	6232
Kehrwalze mit Antrieb	70		6211	6212					6221	6222	6223	6224			6231	6232
Seitenbesen m. Antrieb	71		6211	6212					6221	6222	6223	6224			6231	6232
Schmutzbehälter	74		6211	6212					6221	6222	6223	6224			6231	6232
Sauggebläse/Staubabsaug.	76		6211	6212					6221	6222	6223	6224			6231	6232
Fertigmeldung Sach-Nr.	999		6211	6212					6221	6222	6223	6224			6231	6232
Fertigmeldung Meilenstein		6209						6219						6229		

Bild 9.4: Ausschnitt aus dem Standard-Netz für Entwicklungsprojekte

9.2.4 Terminierung des Projektes

Aus der Zuordnung des Gesamtaufwandes zu der für das Projekt vorgesehenen Kapazität, d. h. Anzahl der Mitarbeiter für die verschiedenen Bearbeitungsphasen, ergibt sich die Gesamtbearbeitungsdauer des Projektes.

Bereits jetzt wird man feststellen, daß das neue Projekt zu Engpaßsituationen infolge bereits laufender Entwicklungsprojekte führen wird. Eine kapazitätsgerechte Planung wird in den meisten Fällen notwendig sein, da der Einsatz zusätzlicher Mitarbeiter häufig nicht möglich ist.

Es wird ein iteratives Vorgehen einsetzen müssen, wobei durch realistische Kapazitätsbelegung neue von den ursprünglichen Wunschterminen abweichende Fertigstellungstermine erkennbar werden. Bereits zu diesem Zeitpunkt muß entschieden werden, welche Planungsparameter geändert werden können oder müssen, um die Erreichung strategischer Unternehmensziele nicht zu gefährden.

Diese Entscheidungen führen dann, unter Berücksichtigung der vorliegenden Planung, zu Terminplanübersichten, die laufend aktualisiert werden müssen und die wesentliche Basis für Abstimmungsgespräche mit allen beteiligten Bereichen des Unternehmens bilden. Diese Abstimmungsgespräche sollten turnusmäßig in einem Abstand von etwa einem Monat erfolgen.

9.2.5 Die Rückmeldung

Eine Aussage über den erreichten Stand bei der Bearbeitung eines Projektes ist nur durch eine kontinuierliche Rückmeldung möglich. Hierzu ist ein entsprechendes Entwicklungs-Stundennachweis-Formblatt (Bild 9.5) vorgesehen.

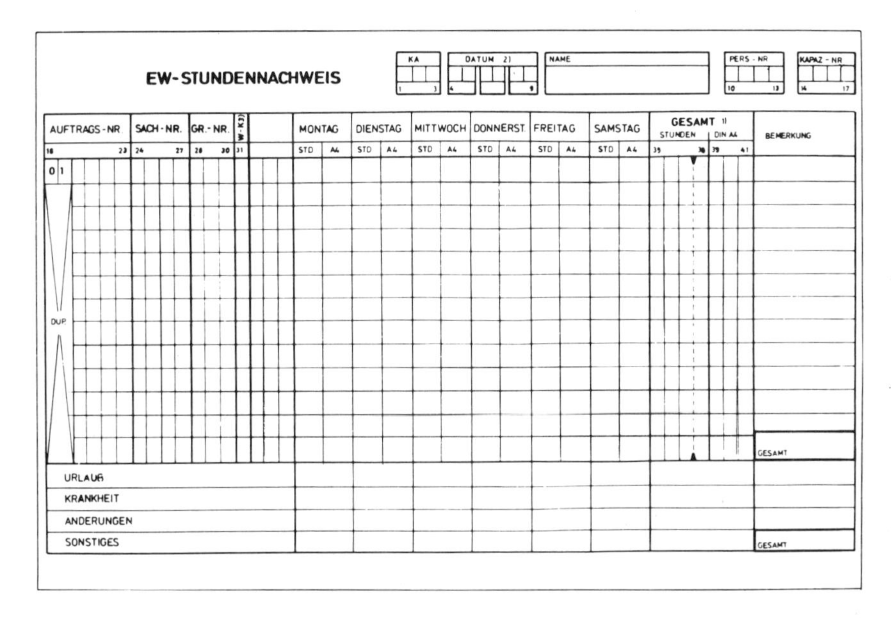

EW-STUNDENNACHWEIS

KA (1–3) | DATUM 2) (4–9) | NAME | PERS.-NR (10–13) | KAPAZ.-NR (14–17)

AUFTRAGS-NR. (18–23)	SACH-NR. (24–27)	GR.-NR. (28–30)	W-K3) (31)		MONTAG		DIENSTAG		MITTWOCH		DONNERST.		FREITAG		SAMSTAG		GESAMT 1)		BEMERKUNG
					STD	A4	STD	A4	STD	A4	STD	A4	STD	A4	STD	A4	STUNDEN (35–38)	DIN A4 (39–41)	
0 1																			
DUP																			
																			GESAMT
URLAUB																			
KRANKHEIT																			
ANDERUNGEN																			
SONSTIGES																			GESAMT

Bild 9.5: Entwicklungs-Stundennachweis-Formblatt

Der Bearbeiter eines Auftrages trägt seine persönliche Kenndaten, die Entwicklungsauftrag-Nummer und weitere Angaben über die von ihm bearbeitete Baugruppe sowie die Tätigkeitsart täglich ein. Diese Entwicklungs-Stundennachweise werden wöchentlich ausgewertet und bilden einen wesentlichen Bestandteil zur Aktualisierung bestehender Terminpläne. Darüberhinaus sind jedoch vom betreffenden Projektleiter möglichst präzise Aussage in bezug auf den Restaufwand zur termingerechten Fertigstellung des Projektes erforderlich. Nur dadurch können Fehlplanungen frühzeitig erkannt und korrigiert werden, die sonst unweigerlich zu Engpaßsituationen führen.

9.2.6 Nachteile des manuellen Planungsverfahrens

Der Einsatz manueller Planungsverfahren ist mit Erfolg so lange möglich, wie die zu bearbeitenden Datenmengen schnell bewältigt und zu aktuellen Terminübersichten bearbeitet werden können. Läßt die Komplexität des einzelnen Projektablaufes trotz der Vielzahl der Planungsparameter noch eine erfolgreiche manuelle Terminplanerstellung zu, so wird der Planungsaufwand bei mehreren gleichzeitig und auch zeitlich zueinander verschobenen Projekten sehr groß. In der Praxis zeigen sich folgende Nachteile:

- Bei der Parallelbearbeitung mehrerer Aufträge in unterschiedlichen Abteilungen werden oft Engpässe bei der Bearbeitung dieser Aufträge in nachgeschalteten Abteilungen und Bereichen nicht ausreichend erkannt, weil eine Verdichtung aller Informationen mit manuellen Verfahren kaum möglich ist.
- Die Information über die verschiedenen Projekte ist infolge der Schwerfälligkeit der Bearbeitung aller projektbezogenen Daten oft nicht genügend aktuell.
- Die terminplanmäßige Verarbeitung neuer Überlegungen im Hinblick auf: Veränderung der Priorität, Veränderung des Umfanges des Projektes durch geänderte Aufgabenstellung und größere Anzahl von Projekten führen häufig zu völlig neuen Terminsituationen. Für diese können neue aktuelle Terminplanübersichten manuell nur mit außerordentlich hohem Aufwand erzeugt werden.

Diese Nachteile können bei gleicher Planungsphilosophie leicht durch den Einsatz eines EDV-orientierten Planungssystems, das den Konstruktionsbereich seinen im Vergleich zum Produktionsbereich anders gearteten Problemen gerecht wird, beseitigt werden.

9.3 EDV-orientiertes Planungssystem

Bei der Überlegung hinsichtlich des Einsatzes eines EDV-unterstützten Planungssystems standen folgende Anforderungen im Vordergrund:

- leichte, einfache Handhabung durch die für die Koordination verantwortlichen Mitarbeiter, d. h. Projektleiter und Abteilungsleiter in Konstruktion und Versuch,
- klare, leicht lesbare und aktuelle Bereitstellung von Entscheidungshilfen für die Optimierung von Entwicklungsabläufen,
- Flexibilität des Planungsverfahrens in der Anwendung in bezug auf den Umfang und die Feinheit der Planung.

Unter Berücksichtigung dieser Anforderungen fiel die Entscheidung auf eine Variante des Planungssystems TERMIKON (Anm. 1 s. S. 262).

9.3.1 Eingabe- und Ausgabeinformationen

Bild 9.6 zeigt das Funktionsschema des Planungsverfahrens, in der für die Hako-Werke gewählten TERMIKON-Variante „HAKOTERM“.
Eingabe-Informationen sind die Entwicklungsaufträge mit dem jeweiligen Gesamtbearbeitungsaufwand, der wie beim manuellen Planungsverfahren anhand der Auftragsstruktur, der Konstruktionsart der einzelnen Baugruppen und der dafür gültigen Planwerte – jedoch vom EDV-Planungssystem – ermittelt wird. Vorgegeben werden können außerdem die gewünschten Bearbeitungszeiten, die Meilensteintermine sowie die geplanten Kosten.

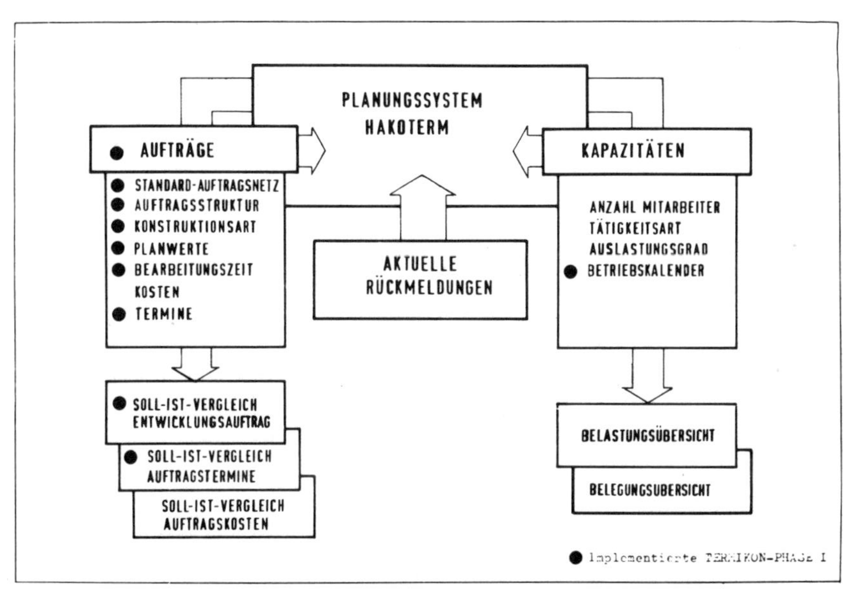

Bild 9.6: Funktionsschema für das Planungssystem HAKOTERM

In Bild 9.7 ist nochmals der Ablauf eines Entwicklungsprojektes dargestellt, wie er für das EDV-orientierte Planungssystem aufbereitet wurde.

Das Projekt beginnt nach der Planungsfreigabe, Kennziffer 099, mit der Konzipierung, die in die parallel und nacheinander angeordneten Arbeitsgänge:

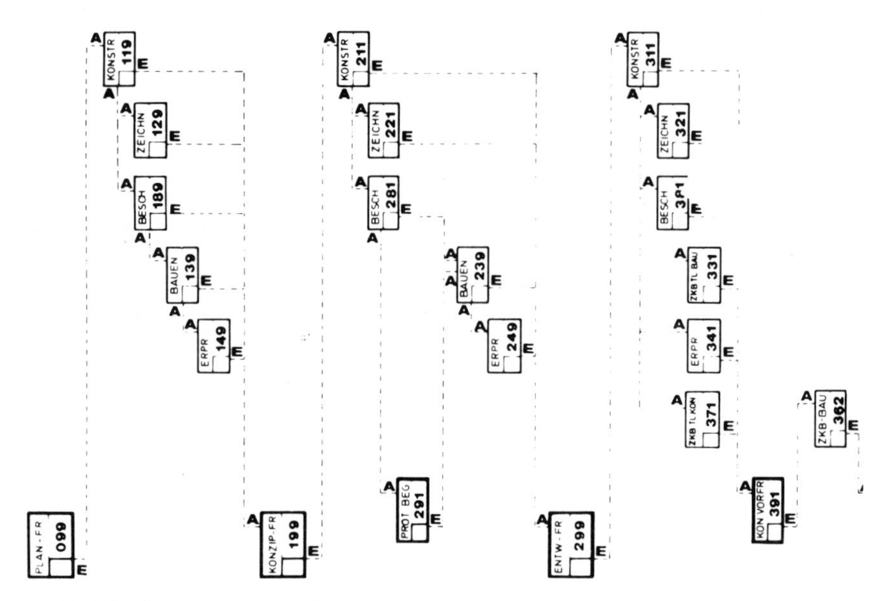

Bild 9.7: Arbeitsgänge im Projektablauf

Konstruieren, Zeichnen, Beschaffen, Bauen und Erproben gegliedert sind. So berücksichtigt das Planungssystem die im Konstruktionsprozeß häufige Parallelbearbeitung eines Projektes durch verschiedene Mitarbeiter, wobei eine strenge Vorgänger-Nachfolger-Zuordnung nicht möglich bzw. sinnvoll ist. Die zu unterschiedlichen Anfangsterminen (A) begonnenen Bearbeitungsschritte führen gemeinsam zum Endtermin (E), dem Meilenstein 199: Konzipierungsfreigabe. Ähnlich stellen sich die folgenden Bearbeitungsphasen der Entwicklung und der Konstruktion dar.

Die aktuellen Rückmeldungen beinhalten die Stundennachweise der einzelnen Mitarbeiter sowie die Meldungen des voraussichtlichen Restaufwandes zur Fertigstellung einzelner Bearbeitungsschritte (Konzipieren, Entwickeln, Konstruieren) durch den Projektleiter.

Bei den Kapazitäten muß die Anzahl, die Tätigkeitsart und der Auslastungsprozeß der am Projekt beteiligten Mitarbeiter eingegeben werden. Der Auslastungsgrad ist der prozentuale Anteil der Arbeitszeit, in dem der einzelne Mitarbeiter projektbezogen arbeitet. Sämtliche andere Tätigkeiten wie z. B. Betreuung von Änderungen, Serienbetreuung, Schulung, Informationsbeschaffung, Urlaub und Krankheit werden als „Sonstige Tätigkeiten" berücksichtigt.

Durch die bewußte Steuerung der sonstigen Tätigkeiten läßt sich der Auslastungsgrad erheblich beeinflussen. So kann beispielsweise die Einrichtung eines zentralen Änderungsdienstes im Konstruktionsbereich für die gesamte Serienbetreuung wirkungsvoller sein als die Bearbeitung der Änderungen parallel in allen Konstruktionsabteilungen.
Die Eingabe der kapazitätsbezogenen Daten umfaßt auch den Betriebskalender (Arbeitstage pro Planungsperiode).

Alle Ausgabeinformationen des EDV-unterstützten Planungssystems sind Listenbilder mit Soll-Ist-Vergleichen. Diese beziehen sich sowohl auf den Einzelauftrag (Aufwand-, Termin- und Kostenübersicht) als auch auf die Kapazitäten (Belastungs- und Belegungsübersicht einzelner Abteilungen).

In Bild 9.8 ist der Soll-Ist-Vergleich eines Entwicklungsauftrages dargestellt.

HAKOTERM SOLL-IST-VERGLEICH ENTWICKLUNGSAUFTRAG — AUFTRAGS-NR.: 01-6219 — BENENNUNG : HANDGEF.KEHRMASCH.S222 — ERSTELLT AM: 14.05.1976

VORG-NR. / GR-NR.	VORGANGS-BENENNUNG / GRUPPEN-BENENNUNG		BEARBEITUNGS-AUFWAND STD.	ABW IN%	REST-AUFW.	PERSONAL KOSTEN DM	ABW IN%	MATERIAL KOSTEN DM	ABW IN%	TERMINE (TAG MONAT JAHR) ANFANG SOLL IST	ENDE SOLL IST	REST-ANF.TERM
62099	PLANUNGS-FREIGABE	S								29.10.75	03.11.75	
		I	15			305				28.10.75	31.10.75	
199	NEU VORGANGS-ABSCHLUSS	S										
		I	15			305						
62199	KONZIP.KONSTRUIEREN	S	181			4515				03.11.75*	12.12.75*	
		I	177	98		4425	98			07.11.75	16.12.75	
101	NEU PFLICHTENHEFT	S	58			1450						
		I	62	107		1550	107					
111	NEU FAHRGESTELL	S	16			400						
		I	14	88		350	88					
239	ANP HOLMLENKUNG	S	12			350						
		I	8	67		200	67					
126	NEU ELEKTR.BATTERIEANTR.	S	18			450						
		I	15	83		375	83					
270	ANP KEHRWALZE M.ANTRIEB	S	22			550						
		I	19	86		475	86					
171	NEU SEITENBES.M.ANTRIEB	S	22			540						
		I	24	109		600	109					
174	NEU SCHMUTZBEHAELTER	S	14			350						
		I	9	64		225	64					
376	VAR SAUGGEBL/STAUBABSAUG	S	19			475						
		I	26	137		650	137					
199	NEU VORGANGS-ABSCHLUSS	S										
		I										
62129	KONZIP.ZEICHNEN	S	58			1360				17.11.75	28.11.75	
		I	86	148		1720	148			13.11.75	03.12.75	
111	NEU FAHRGESTELL	S	24			600						
		I	16	67		400	67					
239	ANP HOLMLENKUNG	S	16			400						
		I	16	100		400	100					

Bild 9.8: Soll-Ist-Vergleich für ein Entwicklungsprojekt

Aufgelistet sind die Arbeitsgänge und die Meilensteine, mit dem inzwischen angefallenen Bearbeitungsaufwand, den Personal- und Materialkosten sowie den geplanten und den erreichten Ist-Terminen. In stark komprimierter Form erhält der Projektleiter alle auftragsbezogenen Informationen und kann durch entsprechende Maßnahmen die termin- und kostengerechte Abwicklung des Projektes

frühzeitig beeinflussen. Werden mehrere Projekte in einer Abteilung gleichzeitig bearbeitet, so ist der Soll-Ist-Vergleich der Kapazitätsbelastung das wichtigste Arbeitsmittel für die Steuerung der Abteilung (Bild 9.9). Hier wird über dem zeitlichen Ablauf die verfügbare Kapazität gezeigt hinsichtlich Tätigkeitsart, Auslastungsgrad, theoretische und planmäßig verfügbare Stundenzahl.
Bei der Kapazitätsbelastung wird nach der Art des Auftrages zwischen erteilten, d. h. aktuellen Aufträgen und Aufträgen, die in der Angebotsphase sind, unterschieden. Die Kapazitätsbelegung bringt eine Übersicht über die Belegung der Abteilung mit verschiedenen Entwicklungsaufträgen.

HAKOTERM SOLL-IST-VERGLEICH KAPAZITÄTSBELASTUNG — KOSTENSTELLE: 120 KSB — ERSTELLT AM: 14.05.76 — BLATT: 1

PERIODE	KAPAZ-NR.	ANZ. MIT-ARB	VER-FUEG TAG	WIRK-GRAD	S I %	VERFUEGB. KAP-THEOR	VERFUEGB. STD. PLAN	KAPAZITAETSBELASTUNG AKT.AUFTR. STD	AKT.AUFTR. %	ANG.AUFTR. STD.	ANG.AUFTR. %	GESAMT STD	GESAMT %	KAPAZITAETSBELEGUNG AUFTR. NR.	ST	PR	S I %	KAPAZ-NR.	VERPL STD.
FEBR 1976	120-01	3,0	1,00	80,0	S I %	456	365	320 321 100	70,2 70,4	45 40 89	9,8	365 361 99	80,0 79,2	01-6319	AKT	10	S I %	120-01	140 146 104
	120-02	2,0 1,0	1,00 0,60	90,0	S I %	395	356	356 346 97	90,0 87,6			356 346 97	90,0 87,6	01-6223	AKT	10	S I %	120-01	180 175 97
																	S I %	120-02	288 280 97
														01-6313	ANG	10	S I %	120-01	45 40 89
MAER 1976	120-01	3,0	1,00	70,0	S I %	408	286	241 295 222	59,0 72,3			241 295 122	59,0 72,3	01-6219	AKT	10	S I %	120-01	41 35 85
																	S I %	120-02	25 20 80
	120-02	2,0 1,0	2,00 0,60	85,0	S I %	354	301	266 295 111	75,1 83,3			266 295 111	75,1 83,3	01-6223	AKT	10	S I %	120-01	200 203 102
																	S I %	120-02	241 230 95

Bild 9.9: Soll-Ist-Vergleich der Kapazitätsbelastung einer Kostenstelle

Die in Bild 9.8 und 9.9 gezeigten Listen werden durch zwei weitere Übersichten ergänzt:

- Soll-Ist-Vergleich aufgelaufener und geplanter Kosten,
- Terminübersicht aller im Bereich bearbeiteten Aufträge.

9.3.2 Anwendung der Planungsergebnisse von HAKOTERM

Die Ausgabeinformationen als wichtigstes Mittel zur Steuerung der Entwicklung können wöchentlich oder monatlich erstellt werden. Durch den Einsatz des EDV-unterstützten Planungssystems ist eine schnelle und daher kostengünstige Erstellung und eine hohe Aktualität gewährleistet.

Anhand dieser Informationshilfen sind alle im Planungsprozeß tätigen Mitarbeiter in der Lage, bei sich ergebenden Abweichungen sofort Vorschläge zur Erreichung des ursprünglichen Planziels zu machen und entsprechende Maßnahmen einzuleiten. Darüberhinaus werden kurzfristige Aussagen bei Veränderung der Planungsparameter wie Auftragsumfang, Prioritätsänderung, Kapazitätsänderung und Terminänderung möglich.

Erst durch diese Entscheidungshilfen kann eine Optimierung von Entwicklungsabläufen im Entwicklungs- und Konstruktionsbereich erreicht werden, was als wesentliche Voraussetzung zur Vermeidung und zum Abbau von Engpässen anzusehen ist.

9.4 Zusammenfassung

Bereits vor Beginn der Projektbearbeitung lassen sich Engpaßsituationen im Entwicklungs- und Konstruktionsbereich durch eine frühzeitige, realistische Planung erkennen und durch geeignete Maßnahmen vermeiden.
Aufgrund der Grenzen des manuellen Planungsverfahrens war es notwendig, den Planungsprozeß durch ein EDV-orientiertes Planungssystem (HAKOTERM) zu unterstützen.

Der wesentliche Rationalisierungsvorteil durch das EDV-Planungssystem ist darin zu sehen, daß:

- wichtige Entscheidungen bei Planabweichungen rechtzeitig getroffen werden können,
- sehr kostenintensive Maßnahmen in den nachfolgenden Bereichen wie Materialwirtschaft, Herstellung und Vertrieb vermieden werden,
- strategische Ziele des Gesamtunternehmens termingerecht erreicht werden können und
- das Planungssystem für den Entwicklungs- und Konstruktionsbereich schlagkräftig wird, d. h. aktuell, flexibel und leicht zu handhaben.

Wesentlich bei der Einführung eines Planungssystems im Entwicklungs- und Konstruktionsbereich ist die Beteiligung der planenden und ausführenden Mitarbeiter, damit psychologische Hemmnisse rechtzeitig erkannt und abgebaut werden können.

Anmerkung

1) Vergleiche auch Beitrag B. 3: „TERMIKON-Leistungsspektrum, Arbeitsweise und Benutzeranpassung", S. 116.

Ing. (grad.) W. Miese, Dipl.-Wirtsch.-Ing. A. Voegele

C 10 Entwicklungsplanung in der Nutzfahrzeugindustrie

10.1 Einführung

Im Unternehmensbereich Nutzfahrzeuge der MAN (Anm. 1 s. S. 276) werden Lastkraftwagen, Omnibusse und Sonderfahrzeuge in Serie sowie in Einzelaufträgen nach Kundensonderwünschen hergestellt. Die Entwicklungsplanung bezieht sich auf den gesamten Bereich Technik (T-Bereich) mit den Aufgabenschwerpunkten Grundlagenentwicklung, Konstruktion, Versuch und technische Dokumentation mit insgesamt ca. 760 Mitarbeitern.

10.2 Randbedingungen

Die im T-Bereich anfallenden Aufgaben können entsprechend Bild 10.1 grundsätzlich untergliedert werden in *produktbezogene* und *allgemeine* Aufgaben.

Produktbezogene und allgemeine Aufgaben mit einem Gesamtaufwand von mehr als 500 Stunden werden als *Projekte* bezeichnet. Die gesamte Entwicklungsplanung hat ca. 300 derartige Projekte zu planen und zu steuern. Innerhalb der einzelnen Projekte können mehrere Fahrzeugtypen (z. B. Haubenwagen: Zweiachser, Dreiachser) bzw. Komponenten (z. B. Achsen, Bremssysteme) angesprochen sein. Je nach Komplexität eines Projektes kann sich ein Aufwand in der Größenordnung von 500 bis ca. 200 000 Entwicklungsstunden und eine Durchlaufzeit von wenigen Wochen bis zu mehreren Jahren ergeben.

10.3 Stand vor Einführung der Entwicklungsplanung

Für die Erfassung aller im T-Bereich durchzuführenden Aufgaben war eine eigenständige Planungs- und Koordinatenstelle nicht vorhanden mit der Folge, daß

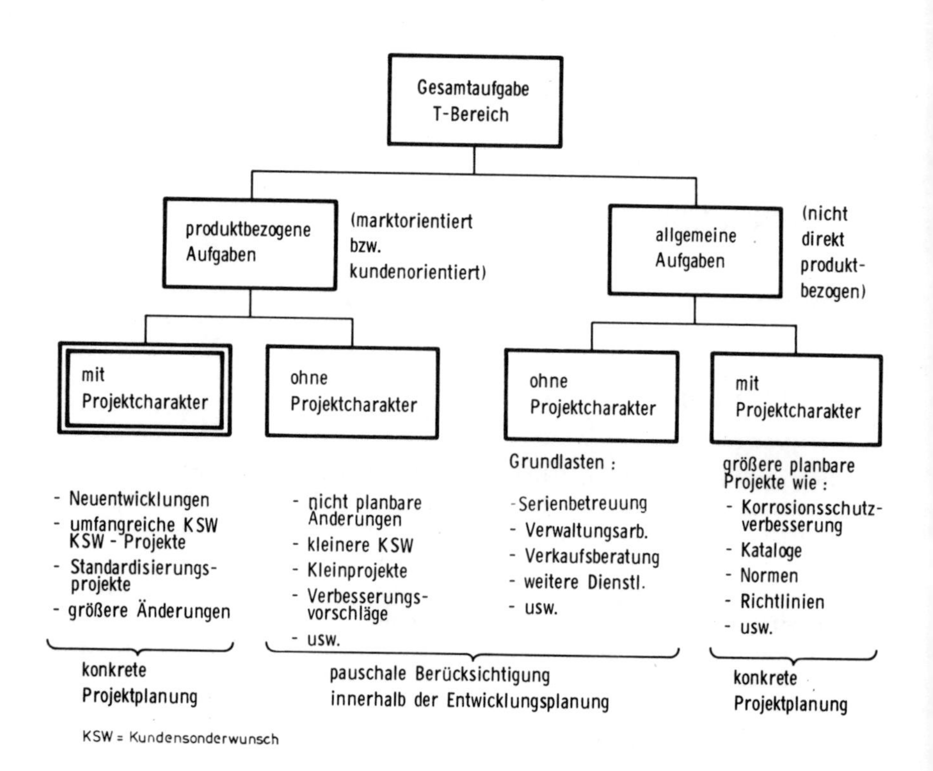

Bild 10.1: Gesamtaufgabe im T-Bereich

— Der Katalog über vorhandene Entwicklungsaufgaben mangelhaft war,
Folge:
Die Wichtung der Aufgaben bzw. das Festlegen von Prioritäten war unzulänglich.

— „Aktuellere" Projekte den laufenden vorgezogen wurden, ohne Kenntnis der hieraus zu ziehenden Konsequenzen,
Folge:
Kurzfristige Absprachen stören die Planvorgaben und bringen die Betroffenen häufig in terminliche Zwänge.

— Ausreichende transparente Planungsunterlagen einzelner Projekte hinsichtlich Termine und Stundenaufwand zum Teil fehlten,
Folge:
Die Auslastung der einzelnen Arbeitsgruppen wurde oft unterschätzt; Terminverzögerungen für einzelne Projekte mußten in Kauf genommen werden.

– Ein einheitliches Nummernsystem zur eindeutigen Fixierung von Entwicklungsaufgaben fehlte,
Folge:
Eine projektbezogene Erfassung aller Ist-Stunden und Kosten war nur mit großem Aufwand möglich.

– Das Auftragwesen nur unzureichend organisiert war,
Folge:
Oft keine rechtzeitige und ausreichende Information der Abteilungen und Arbeitsgruppen über anstehende Aufgaben.

– Die notwendige Abstimmung in der Terminplanung zwischen mehreren beteiligten Abteilungen an einem Projekt unzulänglich war,
Folge:
Hektik in den Abteilungen bzw. Arbeitsgruppen mit negativem Einfluß auf das Arbeitsklima.

– Der monatliche Stundennachweis der Mitarbeiter im Sinne der Projektplanung nicht systematisch verfolgt und ausgewertet wurde,
Folge:
Mangelhafter Soll-Ist-Vergleich hinsichtlich abgegebener Termin- und Aufwandschätzungen; kein systematisches Sammeln von Erfahrungswerten.

Die Anforderungen an die neu zu konzipierende Planung im T-Bereich wurden vorrangig

– in einer verbesserten Information des Managements,
– im frühzeitigen Erkennen von notwendigen Planungsänderungen,
– in der schnellen Reaktion auf Veränderungen in der Auftrags- und Belastungssituation sowie
– in der Möglichkeit der Bildung von Erfahrungswerten

gesehen.

10.4 Voraussetzungen für die Planung

Für eine erfolgreiche Planung wurden die nachfolgend beschriebenen Voraussetzungen geschaffen.

10.4.1 Strukturierung der Entwicklungskapazitäten

Zum Zwecke der durchzuführenden Planung wurde eine Strukturierung der Mitarbeiterkapazität in folgende Ebenen vorgenommen:

T-Bereich, Hauptabteilungen, Abteilungen/Arbeitsgruppen und Mitarbeiter. Grundlage der gesamten Planung (Termin-, Aufwands- und Belastungsplanung) ist die Ebene der Arbeitsgruppen (ca. 6 – 30 Mitarbeiter). Die personenbezogene Zuordnung von Entwicklungsaufgaben verbleibt nach wie vor im Dispositionsbereich der Gruppenleiter.

10.4.2 Strukturierung der Projekte

Für die Planung und Bearbeitung von Projekten ist es erforderlich, die globale Aufgabenstellung in sinnvolle Teil- und Einzelaufgaben zu gliedern. Die dabei entstehende Hierarchie Projekt, Projektphase und Arbeitspaket ist Grundlage für die gesamte Planung. *Projektphasen* kennzeichnen wesentliche Arbeitsabschnitte und stellen eine Grobgliederung des Projektes dar (vgl. Bild 10.2).

Arbeitspakete entstehen aufgrund einer weiteren Untergliederung der Projektphasen. Das Ziel der *Projektstrukturierung* ist dann erreicht, wenn derartige Arbeitspakete den von der Projektbearbeitung betroffenen Arbeitsgruppen eindeutig zugeordnet werden können und ein gewisser Stundenaufwand nicht überschritten wird (ca. 100 – 1000 Stunden). Zur eindeutigen Identifizierung der Projektphasen und Arbeitspakete wird die siebenstellige Projektnummer um einen dreistelligen klassifizierenden Schlüssel ergänzt.

10.4.3 Planungsinstanzen

Die anfallenden Planungsaufgaben werden von der Bereichsplanung und Abteilungsplanung wahrgenommen.
Die zentrale *Bereichsplanung* ist die übergeordnete Koordinationsstelle innerhalb der Entwicklungsplanung. Sie führt in Zusammenarbeit mit dem jeweiligen Projektleiter die Grobstrukturierung des Projektes in einzelne Projektphasen durch und informiert die betroffenen Hauptabteilungen. Sie ist bezüglich der Planung Ansprechpartner für andere Bereiche (z. B. Verkauf/Marketing, Produktion). Neben dieser Bereichsplanung ist für jede Hauptabteilung eine dezentrale *Abteilungsplanung* vorgesehen, die die Feinstrukturierung der Projektphasen in einzelne Arbeitspakete in Zusammenarbeit mit den betroffenen Arbeitsgruppenleitern vornimmt.

10.4.4 Beantragen von Projekten

Alle Projekte für den Entwicklungsbereich sind anhand von Entwicklungsanträgen zu beschreiben, denen eine vorläufige Kosten- und Wirtschaftlichkeitsrechnung, eine Termin- und Aufwandschätzung sowie ein detailliertes Pflichten-

	Planungs- phase	Konzeptions- phase	Konstruktions- phase	Erprobungs- phase	Freigabe- phase	Produktions- vorbereitungs- phase	Serienphase
Anstoß (durch Projektaufträge)	• Markt • Kunde • Gesetzgeber • Techn. Neuerungen	• Freigabe der Konzeption	• Freigabe der Entwicklung	• Freigabe der Erprobung	• Freigabe der Konstruktion	• Freigabe der Serien- vorbereitung	• Freigabe der Serien- fertigung
Durchzuführende Arbeiten	• Klärung und Definition des Projektes	• Studien • Vorversuche • Berechnungen	• Entwurfs- zeichnungen • Versuchs- stücklisten • Vorversuche • Berechnungen	• Prototypbau • Prototyper- probung • Konstruktive Betreuung des Versuchs	• Fertigungsreife Zeichnungen und Stücklisten • Technische Dokumentation • Normung	• Arbeitsplanung • Materialbe- schaffung • Vorserie bzw. Vorläufer • Konstruktive Überarbeitung	• Materialbe- schaffung • Teilefertigung und Montage der Serie • Konstruktive Betreuung
Beteiligte Stellen	• Verkauf • Marketing • Konstruktion • Erprobung • Technische Dokumentation	• Konstruktion • Erprobung • Marketing	• Konstruktion • Erprobung • Technische Dokumentation	• Erprobung • Konstruktion • Materialbe- schaffung	• Technische Dokumentation • Konstruktion	• Arbeitsplanung • Materialbe- schaffung • Fertigungs- steuerung • Fertigung • Erprobung • Konstruktion	• Materialbe- beschaffung • Fertigung • Montage • (Konstruktion)
Ergebnisse	• Projektbe- schreibung • Terminrahmen • Planungsbericht	• Pflichtenheft • Wirtschaftlich- keitsvorausschau • Prinzipskizzen • Bericht über die Konzeptionsphase	• Entwurfs- zeichnungen • Versuchs- stücklisten • Konstruktions- bericht	• Erprobter Prototyp • Versuchs- bericht	• Fertigungsreife Konstruktions- unterlagen • Bericht über die Freigabephase	• Serienreife Fertigungs- unterlagen • Bericht über die Serienvorbe- reitungsphase	• Serien- produkte
Entscheidung über Projekteinstellung, Rücksprung in vorherige Phasen oder Freigabe der nächsten Phase	?	?	?	?	?	?	
Entwicklungs- kostenanfall							Kosten

Phasengliederung von Entwicklungsprojekten — Zeit

Bild 10.2: Phasengliederung von Entwicklungsprojekten

heft beizufügen ist. Anhand dieser Unterlagen werden dem Management von der Bereichsplanung die Auswirkungen neuer Projekte auf die aktuelle Projekt- und Belastungsplanung aufgezeigt.

10.5 Durchführung der Planung

10.5.1 Projektbezogene Planung

Nach der Genehmigung eines Entwicklungsantrages erfolgt die bereits beschriebene Projektstrukturierung. In Zusammenarbeit zwischen Bereichsplanung und dem Projektleiter werden die in den einzelnen Projektphasen durchzuführenden Aufgaben den betroffenen Hauptabteilungen in Form von *Projektaufträgen* mitgeteilt. Die weitere Untergliederung in einzelne Arbeitspakete wird von der Abteilungsplanung mit Hilfe von *Arbeitsaufträgen* vorgenommen (vgl. Bild 10.3). Der Arbeitsauftrag beschreibt ein Arbeitspaket hinsichtlich Aufgabenstellung, geplantem Aufwand in Stunden, ausführender Arbeitsgruppe und eventuellen Fixterminen (vgl. Bild 10.4). Aufwandsangaben erfolgen aufgrund von Erfahrungswerten der betroffenen Arbeitsgruppenleiter.

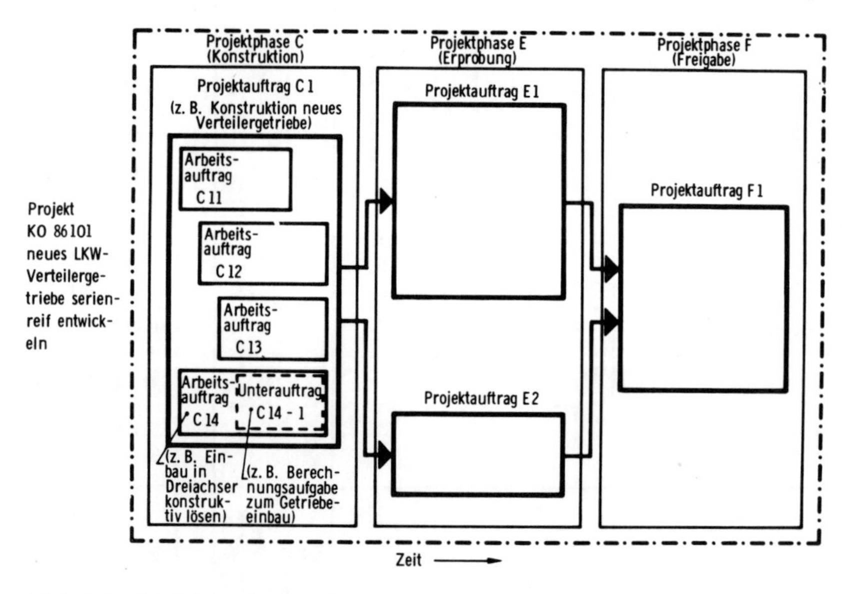

Bild 10.3: Projektstrukturierung (schematische Darstellung)

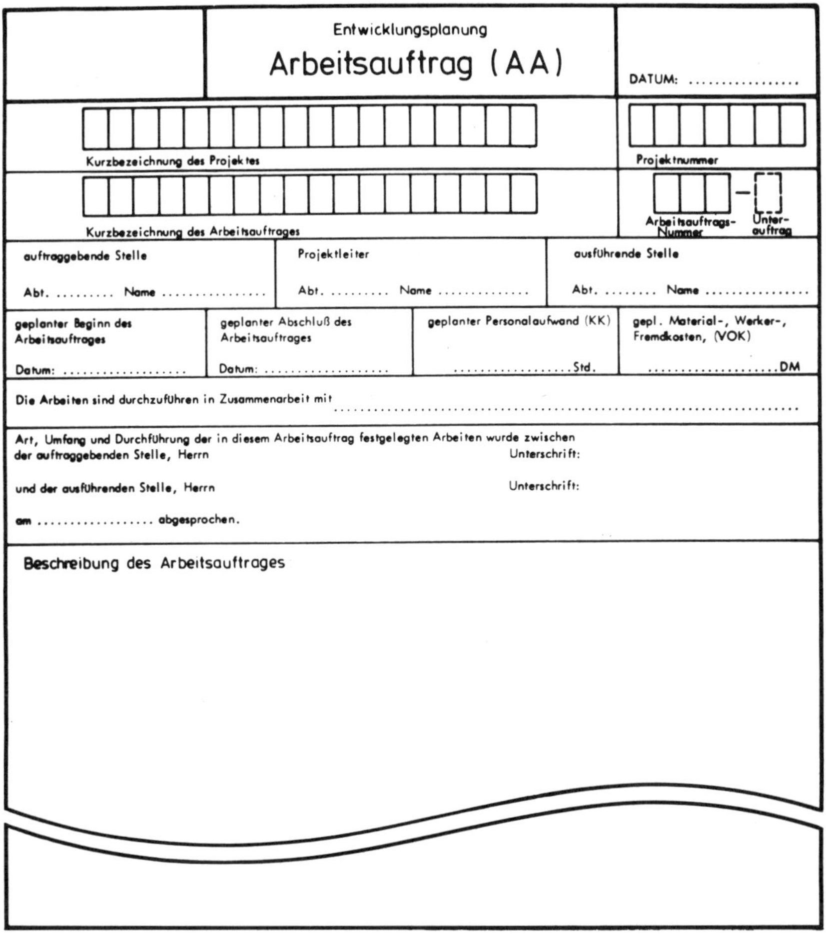

	Entwicklungsplanung **Arbeitsauftrag (AA)**	DATUM: ....
Kurzbezeichnung des Projektes		Projektnummer
Kurzbezeichnung des Arbeitsauftrages		Arbeitsauftrags-Nummer – Unterauftrag

auftraggebende Stelle	Projektleiter	ausführende Stelle
Abt. .... Name	Abt. .... Name	Abt. .... Name ....

geplanter Beginn des Arbeitsauftrages	geplanter Abschluß des Arbeitsauftrages	geplanter Personalaufwand (KK)	gepl. Material-, Werker-, Fremdkosten, (VOK)
Datum:	Datum:	.................Std.	....................DM

Die Arbeiten sind durchzuführen in Zusammenarbeit mit ....

Art, Umfang und Durchführung der in diesem Arbeitsauftrag festgelegten Arbeiten wurde zwischen
der auftraggebenden Stelle, Herrn Unterschrift:

und der ausführenden Stelle, Herrn Unterschrift:

am .... abgesprochen.

Beschreibung des Arbeitsauftrages

Bild 10.4: Arbeitsauftrag für eine Arbeitsgruppe

Unter Berücksichtigung des logischen Zusammenhangs der Arbeitsaufträge (Netzplan) kann dann ein neues Projekt mit allen Projekt- und Arbeitsaufträgen in die Planung aufgenommen werden.

10.5.2 Kapazitätsbezogene Planung

Die Kapazität der einzelnen Arbeitsgruppen wird durch folgende Faktoren beeinflußt:

- Anzahl der Mitarbeiter
- Anzahl der Arbeitstage pro Planungsperiode (Monat)
- „Einsatzrate" der einzelnen Mitarbeiter, bezogen auf die erfaßten Stunden (Anm. 2 s. S. 276)
- Fehlzeiten der Mitarbeiter (Urlaub, Krankheit usw.)
- Nicht projektbezogene Zeiten für allgemeine „Grundlastarbeiten".

Aufgrund der unterschiedlichen Einsatzraten wird die *vorhandene* Kapazität auf die *verplanbare* Kapazität reduziert. Fehlzeiten sowie Zeiten für allgemeine Grundlasten werden arbeitsgruppenweise durch „fiktive" Aufträge in der Planung pauschal berücksichtigt (vgl. Bild 10.1).

10.5.3 Termin- und kapazitätstreue Planung

Weder die termintreue noch die kapazitätstreue Planung (Anm. 3 s. S. 276) erfüllen die Anforderungen an die Planung im T-Bereich. Langfristig ist eine kapazitätstreue Planung anzustreben, während oft kurzfristig aufgrund von Terminzwängen bei einzelnen Projekten eine termintreue Planung notwendig ist. Um diesem Planungszwang gerecht zu werden, wurde eine Kombination von termintreuer und kapazitätstreuer Planung vorgesehen. Dazu werden die Projekte in zwei Klassen eingeteilt:

Klasse 1:
Projekte, die terminlich fixiert sind und deren Endtermin unbedingt einzuhalten ist (z. B. Projekte mit festen Messeterminen).

Klasse 2:
Projekte, für die zwar „Wunschtermine" vorhanden sind, bei denen aber Terminverschiebungen bei Kapazitätsengpässen möglich sind (z. B. allgemeine Entwicklungsprojekte).

Bei der Planung werden zuerst die Projekte der Klasse 1 auf die Arbeitsgruppen eingeplant. Die verbleibende Restkapazität der Arbeitsgruppe wird anschließend den Projekten der Klasse 2 mit Hilfe von Projektprioritäten zugewiesen. Dadurch wird grundsätzlich ein Kapazitätsabgleich vorgenommen, dennoch kann in einzelnen Arbeitsgruppen und Planungsperioden eine Überbelastung auftreten, die dann ausschließlich auf Projekte der Klasse 1 zurückzuführen ist (vgl. Bild 10.5). Sowohl die Planungsstellen als auch die Gruppenleiter werden dadurch in die Lage versetzt, Kapazitätsengpässe bzw. die Termingefahr für terminlich fixierte Projekte frühzeitig zu erkennen.

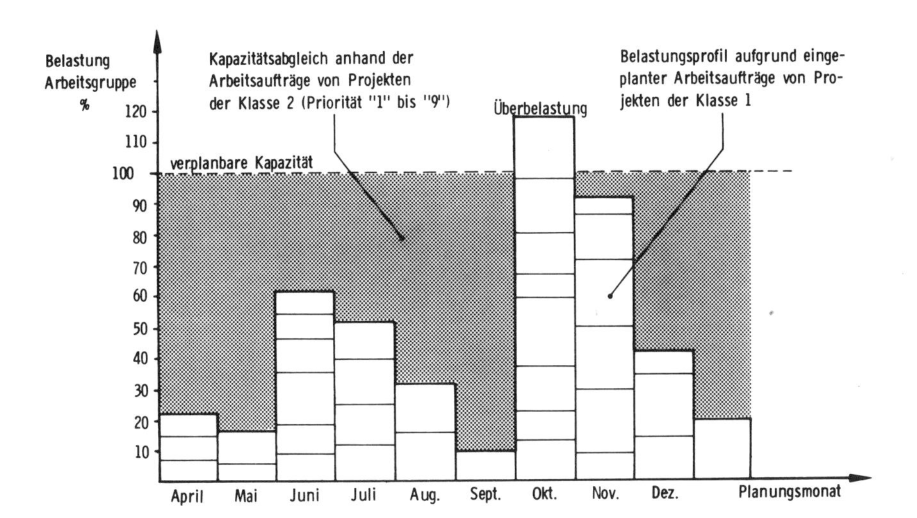

Bild 10.5: Prinzip des Kapazitätsabgleichs am Beispiel einer Arbeitsgruppe

10.5.4 Berichtswesen

Um den Arbeitsfortschritt eingeplanter Projekte aufzuzeigen sowie die laufende Planung zu aktualisieren ist das Berichtswesen in folgende drei Funktionen untergliedert:

a) *Stundennachweis der Mitarbeiter*
Arbeitsauftragsbezogene Erfassung der Ist-Stunden: Der von jedem Mitarbeiter auszufüllende Stundennachweis ist die Grundlage für den Vergleich zwischen geplantem und tatsächlich angefallenem Aufwand. Abweichungen werden in der zukünftigen Planung (Termine, Kapazitäten) berücksichtigt.

b) *Statusmeldung der Arbeitsgruppen*
Angaben zu *Arbeitsaufträgen* durch die Gruppenleiter (vgl. Bild 10.6) hinsichtlich
- der Änderung geplanter Termine,
- der Änderung des geplanten Aufwandes und der
- Fertigmeldung.

c) *Statusmeldung der Planung*
Sie dient den Planungsinstanzen zur Steuerung des gesamten *Projektes* bzw. einzelner *Projektaufträge* (Projektphasen) hinsichtlich
- der Änderung geplanter Start- bzw. Endtermine,

– der Änderung der Priorität,
– der Fertigmeldung von Projekten sowie Projektaufträgen und
– der Reaktivierung bereits abgeschlossener Projekte, Projektaufträge und Arbeitsaufträge.

Durch diese hierarchische Gliederung des Berichtwesens wird erreicht, daß einerseits die betroffenen Arbeitsgruppen auf die Planung reagieren können *(„wir planen und werden nicht verplant")*, andererseits Änderungen im Projektablauf frühzeitig erkannt werden können.

Pr.-Nr. Februar 1979

T-Bereich

* * STATUSMELDUNG (ARBEITSGRUPPE) * *
ARBEITSAUFTRAGSEBENE

TERMINÄNDERUNG

Einsatz (1–2)	Satzart (3–5)
20	602

Datum ____ Name ____
Abt. ____ Tel. ____

ÄS (6)	Projekt-Kontierung: Projekt-Nr. (7–13)	Arbeitsauftr. (15–17)	Start Tag (&02)	Start Mon.	Start Jahr	Ende Tag (&03)	Ende Mon.	Ende Jahr	Dauer(AT) (&16)
2	KØ851Ø1	C14	Ø8	Ø4	79				
2									
2	KØ811Ø4	C23				Ø1	Ø2	8Ø	
2									
2	KØ89252	AØ2							Ø3Ø
2									
2									
2									
2									
2									
2									
2									
2									
2									
2									

AUFWANDÄNDERUNG / FERTIGMELDUNG

Einsatz (1–2)	Satzart (3–5)	(6–8)	Arb.-Grp. (9–11)	Mon. (12–13)	Jahr (14–15)
20	501	999	216	Ø4	79

Projekt-Kontierung: Projekt-Nr. (16–22)	Arbeitauftr. (24–26)	(29–31)	Noch erforderl. Aufwand in Stunden* (&03)
KØ87411	C11	000	ØØØØ
		000	
KØ93487	3Ø4	000	Ø4ØØ
		000	
		000	
		000	
		000	
		000	
		000	
		000	
		000	
		000	
		000	
		000	
		000	

*) Rechtsbündig mit führenden Nullen, '0000' bedeutet Fertigmeldung

AS: Änderungsschlüssel: ' ' oder '1' ≙ Zugang, '2' ≙ Änderung; '3' ≙ Löschung

Bild 10.6: Statusmeldung der Arbeitsgruppe

10.5.5 Unterstützung der Planung durch ein EDV-System

Für die Termin- und Aufwandplanung von etwa 300 gleichzeitig laufenden Projekten und für die Belastungsplanung von ca. 60 Arbeitsgruppen schied ein rein manuelles Planungssystem aus. Nach entsprechenden Anpassungsarbeiten konnte ein auf dem Markt vorhandenes EDV-System eingesetzt werden. Dieses System löst zwar nicht alle Probleme der Planung, befreit jedoch die Planungsinstanzen von zeitraubenden Routinetätigkeiten.
Monatlich wird ein Planungslauf mit dem gespeicherten Datenbestand und den aktuellen Projektinformationen (Ist-Stundenmeldungen, Statusmeldungen) sowie

den Plandaten neuer Projekte durchgeführt. Die dabei erhaltenen Planungsergebnisse (Listen) können in drei Gruppen eingeteilt werden:

a) *Analysen*
Analysen stellen eingeplante Projekte hinsichtlich Termine, Aufwand (Stunden/Kosten) und zugeordneten Arbeitsgruppen dar. Je nach Detaillierungsgrad können diese Auswertungen auf Projektebene, Projektauftragsebene oder Arbeitsauftragsebene erstellt werden (vgl. Bild 10.7).

*** M A N-UBN ENTWICKLUNGSPLANUNG *** LISTE 241 09/27/79

20 T-BEREICH M A N E P S ** ARBEITSAUFTRAGS - ANALYSE ** JAHR 79 MONAT 08 SEITE 158

PROJEKT (PA/AA)	BENENNUNG	PR	PROJ.LEIT. (ARB.GRU.)	TERMINE URSPRUENGL. START JJ.MM	ENDE JJ.MM	KORRIGIERT START JJ.MM	ENDE JJ.MM	AKTUELL START JJ.MM	ENDE JJ.MM		STUNDEN GEPLANT	VORAUS-SICHTLICH	ANGE-FALLEN	ABW %	HIN W
K089202	GERAEUSCH	1	MAIER					79.07	80.09	30	1.944	1.946	592	0	
-C1	KAPSEL			79.07	80.06			79.07	80.07	18	1.400	1.400	248	0	T
-1	KONSTRUKTION		TVV	79.07	80.06			79.07	80.07	18	1.400	1.400	248	0	T
-V1	VA 79/713 VON TVV			79.07	80.06			79.09	80.09		201	201	0	0	T
-1			TVM	79.07	80.06			79.09	80.09		200	200	0	0	T
-2			TVW	79.07	80.06			79.09	80.07		1	1	0	0	T
-V2	VA 79/717 VON TVV			79.07	80.06			79.08	80.07	99	151	153	152	1	T
-1			TVM	79.07	80.06			79.08	79.09	100	150	152	152	1	
-2			TVW	79.07	80.06			79.09	80.07		1	1	0	0	T
-V3	VA 79/709 VON TVV			79.07	80.06			79.09		100	192	192	192	0	F
-1			TVM	79.07	80.06			79.09		100	192	192	192	0	F
K093504	SL 200	1	JARA		79.02			79.01	80.04	76	1.003	1.082	819	8	T
-C1	KONSTRUKTION P 69							79.01	79.12	79	775	822	647	6	
-1			TOF	78.12	79.01			79.01	79.09	56	100	100	56	0	T
-2			TOT	78.12	79.01			79.01	79.10	64	285	285	183	0	T
-3			TOA	78.12	79.01			79.01	79.09	100	140	187	187	34	T
-4	BREMS/DRUCKL.STEUE		TAB	78.12	79.01			79.01	79.11	92	150	150	138	0	T
-5	ELEKTRIK		TAE	78.12	79.01			79.02	79.12	83	100	100	83	0	T
-E1	VA 79/101 VON TOT							79.09	80.04		20	20	0	0	
-1			521					79.09	80.04		20	20	0	0	
-E2	VA 79/103 VON TAB							79.09	80.04		68	68	0	0	
-1			521					79.09	80.04		8	8	0	0	
-2			535					79.09	79.10		60	60	0	0	
-F1	FREIGABE P 69							79.01	79.09	100	140	172	172	23	
-1	STUELI		TFS-BUS	79.02	79.02			79.01	79.09	100	140	172	172	23	T

Bild 10.7: Arbeitsauftrags-Analyse

b) *Planungslisten*
Planungslisten sind Auswertungen, die eine vorausschauende Darstellung aller geplanten Aktivitäten sowohl projekt- als auch arbeitsgruppenbezogen erlauben (vgl. Bild 10.8 und Bild 10.9).

c) *Statistiken*
Statistiken sind rückschauende Auswertungen aller geplanten Aktivitäten sowohl projekt- als auch arbeitsgruppenbezogen. Für den Aufbau eines Projektarchivs dient die „Projektbeschreibung". Dadurch wird die Möglichkeit geboten, Informationen über bereits abgeschlossene Projekte als Anhaltspunkt für Neuplanungen bereitzustellen.

```
*** M A N-UBN ENTWICKLUNGSPLANUNG ***                                                                      LISTE 301   09/27/79
-------------------------------------------------------------------------------------------------------------------------------
20      T-BEREICH               M A N E R S ** PROJEKTVERLAUFSPLANUNG                JAHR   79   MONAT   08              SEITE  279
                                ************************************

PROJ.NR  PROJEKT-BENENNUNG      START     ENDE      79.09  79.10  79.11  79.12  80.01  80.02  80.03  80.04  80.05  80.06  ZU-
  PA/AA                            ANGEF.    REST                                                                       KUNFT HINW.
-------------------------------------------------------------------------------------------------------------------------------

K086106  ZF-GETRIEBE            79.09.01 80.06.04   HERR                                                                       T
  C1     KONSTRUKTION           79.09.01 80.06.04
  1      + FOLGEARBEITEN        79.09.01 80.06.04                                                                              T

                                              500     54     65     57     40     54     54     54     54     54     10
                                                    *********************************************************************


  2      + FOLGEARBEITEN        79.09.01 79.12.14                                                                              T

                                              400    101    121    106     70
                                                    ****************************


  3      + FOLGEARBEITEN        79.09.01 79.09.20                                                                              T

                                               40     40
                                                    *******


  4      BREMS/DRUCKL.STEUE     79.09.01 79.10.20                                                                              T

                                               10      5      5
                                                    **************

 SUMME PA                                     950    200    191    163    111     54     54     54     54     54     10
                                                    *********************************************************************


  F1     FREIGABE               79.09.01 80.05.07
  1      STUELI                 79.09.01 80.05.07                                                                              T

                                              200     24     28     25     18     24     24     24     24      7
                                                    **************************************************************

 SUMME PA                                     200     24     28     25     18     24     24     24     24      7
                                                    **************************************************************


 SUMME PROJ.                                 1150    224    220    188    129     78     78     78     78     61     10
                                                    *********************************************************************

K089202           GERAEUSCH     79.07     80.09.04          MAIER
  C1                 KAPSEL     79.07     80.07.01                                                                             T
  1      KONSTRUKTION           79.07     80.07.01                                                                             T

                                     248     1152    114    137    120     86    114    114    114    114    114    114      4
                                                    ****************************************************************************
```

Bild 10.8: Projektverlaufsplanung

Zur Vermeidung einer Informationsflut werden nur solche Planungsergebnisse den einzelnen Stellen ausgehändigt, die dort auch tatsächlich als „Arbeitslisten“ benötigt werden.

10.6 Vorgehensweise bei der Einführung

Mit der Einführung der Entwicklungsplanung wurde im Geschäftsjahr 1978/1979 begonnen. Da ein derartiges Planungssystem sich nicht von heute auf morgen einführen läßt, wurde ein stufenweiser Ausbau vorgesehen:

a) *Notwendige Vorarbeiten*
   - Schaffen der notwendigen organisatorischen Voraussetzungen (Planungsinstanzen, Reorganisation der Arbeitsgruppen usw.)

*** M A N-UBN ENTWICKLUNGSPLANUNG *** LISTE 231 08/20/79

20 T-BEREICH M A N E P S ** BELASTUNGSPLANUNG-ARB.-GRUPPE ** JAHR 79 MONAT 07 SEITE 84

ARB.-GRUPPE 217 ***** 217 TLK

PROJEKT	PA	BENENNUNG / AA	PR	PLAN	VORAUS-SICHTL.	ANGEF.	REST	79.08	79.09	79.10	79.11	79.12	80.01	80.02	80.03	80.04	ZUKUNFT
KO80102 GRUNDLAST	-79	GRUNDLAST GRUNDLAST 217	3	1040	1040	589	452	93	85	102	90	63	20				
GRUNDLAST	-80	GRUNDLAST 217		1010	1010		1010						84	84	84	84	673
KO80103 KSW OHNE PR	-79	KSW OHNE PR.-NR. KSW OHNE PR.-NR. 217	3	220	220	67	153	20	18	21	12	13	18	18	18	9	
KSW OHNE PR	-80	KSW OHNE PR.-NR. 217		210	210		210						18	18	18	18	140
KO86211	-C1	KUEHLANLAGE KONSTRUKTION 1		2000	2000	588	1412	214	194	233	224	146	194	194	34		
KO86213	-C1	HOEHERL.AUSPUFFANL KONSTRUKTION 1	9	600	600	335	265								97	97	72
KO86704	-C1	EINB.30T SATT.KUPP KONSTRUKTION 1	9	300	300	107	193								58	58	78
KO86705	-C1	HT.FED.ALS STUF.FE KONSTRUKTION 1	9	100	100	23	77								24	24	29
P438470	-C1	KRANWAG. KONSTRUKTION 1	1	350	350		350	176	160	14							
		EINGEPLANT						2288	2080	2496	2184	1560	2080	2080	1924	1503	6659
		VERFUEGBAR						2200	2000	2400	2100	1500	2000	2000	2000	2000	
		ABW. ABSOLUT						88	80	96	84	60	80	80	-76	-497	
		ABW. PROZENT						4	4	4	4	4	4	4	-3	-24	

Bild 10.9: Belastungsplanung einer Arbeitsgruppe

- Mitarbeitermotivation auf allen Ebenen
  (Abbau der Furcht vor Kompetenzbeschneidung und möglicher „Daumenschraubentaktik")
- Information des Betriebsrates
  (keine Speicherung von mitarbeiterbezogenen Daten zur Leistungskontrolle)
- Erprobung des Planungskonzeptes in einer Pilotarbeitsgruppe
  (erste Erfahrungen mit der Planung)
- Erfassung aller laufenden und geplanten Projekte
  (zeitraubendes Abfragen in den Arbeitsgruppen und Wichtung der Projekte in Zusammenarbeit mit dem Antragsteller)

b) *Stufe 1:*

- Einführung des neu geschaffenen Auftragswesens
  (hier zeigen sich auch heute noch Schwierigkeiten, nicht formalisierte Absprachen sind nur schwer abzuschaffen)

- Aufbau des Datenbestandes im EDV-System
- Erfassung der mitarbeiterbezogenen Ist-Stunden im EDV-System (in der Anlaufphase treten immer wieder Fehler beim Ausfüllen der Stundennachweise auf)
- Erste Erfahrungen mit dem EDV-System (einige Schwachstellen können erst in der praktischen Anwendung erkannt werden, z. B. Erweiterung von Dateien)
- Gewöhnung der Betroffenen an die Darstellung der Planungsergebnisse (EDV-Listen sind dem Laien zum Teil unverständlich)
- Abbau der Vorurteile gegenüber der Planung (Mitarbeiter sind einerseits mißtrauisch, erwarten andererseits aber viel)

c) *Stufe 2:*
- Vervollständigen des Berichtswesens (Abgabe von Statusmeldungen der Arbeitsgruppen)
- Eingabe vollständiger Projektstrukturen (Verknüpfung der Projektaufträge und Arbeitsaufträge)
- Kopplung mit dem Rechnungswesen (Bereitstellung der mitarbeiterbezogenen Ist-Stunden in der vom Rechnungswesen gewünschten Form).

10.7 Schlußbetrachtung

Wenn auch noch nicht alle mit einer derart komplexen Aufgabenstellung verbundenen Probleme als „gelöst" bezeichnet werden können, so wurde dennoch ein erster Schritt in Richtung auf das vorgegebene Ziel getan. So wie sich der Techniker ständig vor neue Probleme gestellt sieht, werden auch auf die Planung immer wieder neue Aufgaben zukommen. Nur durch die Annahme dieser Herausforderung können alle vom Planungsprozeß Betroffenen zufriedengestellt und zur konstruktiven Mitarbeit motiviert werden.

Anmerkungen

1) M.A.N Maschinenfabrik Augsburg—Nürnberg, Aktiengesellschaft
2) Einsatzrate (ER):
Halbtagskräfte erhalten die ER gleich 50 %, Gruppenleiter erhalten z. B. eine ER von 40 %, Mitarbeiter im Sekretariat erhalten die ER = 0 %.
3) Bei der ***termintreuen*** Planung werden die einzelnen Projekte (unter Berücksichtigung der Abhängigkeiten zwischen den definierten Projektaufträgen und Arbeitsaufträgen) mit fix vorgegebenem Start- und/oder Endtermin eingeplant ohne Berücksichtigung der bereits vorhandenen Auslastung der Arbeitsgruppen. Dadurch kann es in einzelnen Planungsmonaten zu Überbelastungen der Arbeitsgruppen kommen. Im Gegensatz hierzu werden bei der ***kapazitätstreuen*** Planung die Projekte nur unter Ausnutzung der in den Arbeitsgruppen jeweils zur Verfügung stehenden Restkapazität eingeplant. Terminangaben stellen nur Wunschtermine dar und werden je nach Auslastungssituation in den Arbeitsgruppen bei der Planung nicht berücksichtigt.

Dipl.-Wirtsch.-Ing. A. Voegele, Dipl.-Ing. K. G. Wilhelm, Dipl.-Ing. N. Wild

C 11 Planung und Steuerung von Fertigungsmittelaufträgen in Konstruktion und Werkzeugbau

11.1 Einführung

In Betrieben, in denen Fertigungsmittel eine wichtige Rolle spielen, ist im Bereich der Fertigungsmittel-Erstellung ein hohes Maß an Flexibilität erforderlich, die nicht zuletzt durch eine aussagefähige Planung positiv beeinflußt werden kann.

Die hier beschriebene Lösung wurde in einem Unternehmen mit ca. 2000 Mitarbeitern erarbeitet. Das Unternehmen ist mit seinen Kunststoff- und Keramikprodukten Zulieferer für die Automobil-, Haushaltsgeräte und elektrotechnische Industrie.

Für die kundenbezogene Produkterstellung werden die notwendigen Fertigungsmittel in einem der Fertigung vorgelagerten Fertigungsmittel-Bereich erstellt. Dieser gliedert sich in die Abteilungen Konstruktion (ca. 35 Mitarbeiter), Arbeitsvorbereitung (ca. 7 Mitarbeiter), Fertigungsmittelbau (Werkstattbereich, ca. 90 Mitarbeiter) und Fertigungseinleitung (Erprobung und Freigabe der Fertigungsmittel, ca. 5 Mitarbeiter). Die Planung, Steuerung und Überwachung der Fertigungsmittel-Aufträge wird in der Arbeitsvorbereitung von 2 Mitarbeitern erledigt. Fertigungsmittel sind typengebundene Werkzeuge, Formen, Vorrichtungen, Modelle und Schablonen, die zu entwerfen, zu konstruieren und zu bauen sind, um nach abschließender Erprobung dem Fertigungsbereich zur Verfügung zu stehen. Der Anstoß für die Erstellung der Fertigungsmittel kann erfolgen durch:

- das Auftragszentrum (Realisierung von Kundenanforderungen),
- die Fertigungsvorbereitung (Rationalisierungsmaßnahmen usw.),
- den Fertigungsmittel-Bereich selbst (Änderungen aufgrund der Rückmeldung aus dem Fertigungsmittelbau bzw. der Fertigungseinleitung).

11.2 Problematik

Die Zusage der vom Kunden vorgegebenen oft kurzfristigen Termine für Produktaufträge wird als wesentlicher Akquisitationsgesichtspunkt des Unternehmens im Rahmen einer allgemein verschärften Wettbewerbsituation angesehen. Für den Fertigungsmittel-Bereich ergeben sich deshalb Schwierigkeiten, weil die Termine für die Fertigungsmittel-Erstellung durch die Produktfertigung bzw. durch die Terminvorgaben der Kunden gesetzt werden ohne Rücksicht auf die Auslastung im Fertigungsmittel-Bereich.

Wegen des vorgegebenen knappen Terminrahmens und mangelnder Belastungsübersichten im Fertigungsmittel-Bereich kam es relativ häufig vor, daß mit der Herstellung der Fertigungsmittel bereits angefangen werden mußte, obwohl zum Teil die Zeichnungsunterlagen nur unvollständig waren. Erschwerend wirken darüber hinaus noch die nachträglichen produktbezogenen Änderungen aufgrund von Kundenwünschen, die oft eine Umstellung des Ablaufes der Fertigungsmittel-Erstellung von der Konstruktion bis hin zur Abnahme nach sich ziehen.

Ausgangspunkt für die Planung der Fertigungsmittel ist vorrangig die relativ grobe Schätzung des Aufwandes im Fertigungsmittelbau, die sich im wesentlichen auf die persönlichen Erfahrungen der Mitarbeiter stützt.

Der Konstruktionsaufwand wurde je nach Schwierigkeitsgrad des Fertigungsmittels als unterschiedlicher Prozentsatz (z. B. 15 %) des Aufwandes im Fertigungsmittelbau angesetzt. Erschwerend für die Aufwandsplanung ist der Neuheitsgrad des jeweiligen Fertigungsmittels.

Systematische Planungsunterlagen über Aufträge und Belastung der Kapazitäten im Fertigungsmittel-Bereich waren nicht vorhanden. Auswirkungen von Terminverzögerungen in einer Abteilung (z. B. Konstruktion) auf nachfolgende Abteilungen konnten nur selten rechtzeitig erkannt werden. Kurzfristige Auswärtsvergaben an Fremdfirmen für Konstruktionen und/oder Fertigungsmittelbau mußten vorgenommen werden, um den als fix eingeplanten Einsatztermin des Fertigungsmittels einhalten zu können. In den meisten Fällen war nicht die Zeit vorhanden verschiedene Angebote einzuholen, so daß erhöhte Kosten der Fertigungsmittel-Erstellung in Kauf genommen werden mußten.

11.3 Zielsetzung der Planung

Die vorrangige Aufgabe der neu einzuführenden Planung im Fertigungsmittel-Bereich bestand darin, den Auftragsablauf und die Terminsituation transparenter zu machen, um auftretende Engpässe frühzeitig erkennen zu können. Trotz verbesserter Planung wird auch in Zukunft die Vergabe von Fertigungsmittel-Aufträgen an Fremdfirmen notwendig sein. Durch die erhöhte Transparenz können jedoch zahlreiche Angebote eingeholt und das kostengünstigste genutzt werden. Darüber hinaus ist von einer verbesserten Planung eine frühzeitige Information der betroffenen Abteilungen über Neuaufträge sowie Termin- und Aufwandsänderungen bestehender Aufträge zu erwarten. Neben der Terminplanung soll durch eine differenzierte Belastungsplanung auf der Arbeitsgruppenebene die vorhandene Hektik und der hohe Überstundenanteil sowohl in der Konstruktion als auch im Fertigungsmittelbau abgebaut werden.

Ferner soll der sachliche und terminliche Zusammenhang einzelner Fertigungsmittelaufträge (z. B. Neuaufträge und entsprechende Änderungen) aufgezeigt werden.

Die an Fremdfirmen vergebenen Unteraufträge sind oft Bestandteil übergeordneter Fertigungsmittelaufträge, so daß der terminlichen Überwachung dieser Aufträge eine besondere Bedeutung zukommt.

Die fertigungsmittelbezogene Kostenerfassung (Ist-Stunden der Mitarbeiter) ist eine weitere Aufgabe der verbesserten Planung und Überwachung im Fertigungsmittel-Bereich.

11.4 Planungskonzept

11.4.1 Übersicht

Die Planung der Fertigungsmittelaufträge erfolgt in den zwei Ebenen *Grobplanung* und *Feinplanung* durch zwei unterschiedliche Planungsinstanzen. Dadurch soll erreicht werden, daß einerseits bei Neuaufträgen eine vorläufige, den gesamten Fertigungsmittel-Bereich betreffende Aussage über Termine und Belastungen getroffen werden kann, andererseits aber der Planungsprozeß im Rahmen der Feinplanung in die betroffenen Abteilungen bzw. Arbeitsgruppen verlagert wird. Nur dort können realistische Angaben zum Auftrags- und Arbeitsablauf gemacht werden. Die Ergebnisse der Feinplanung in den Abteilungen werden der Grobplanung gegenübergestellt, um bei Abweichungen entsprechend reagieren zu können. Bild 11.1 zeigt die zwei Ebenen der Planung im Fertigungsmittel-Bereich und deren Abgrenzung.

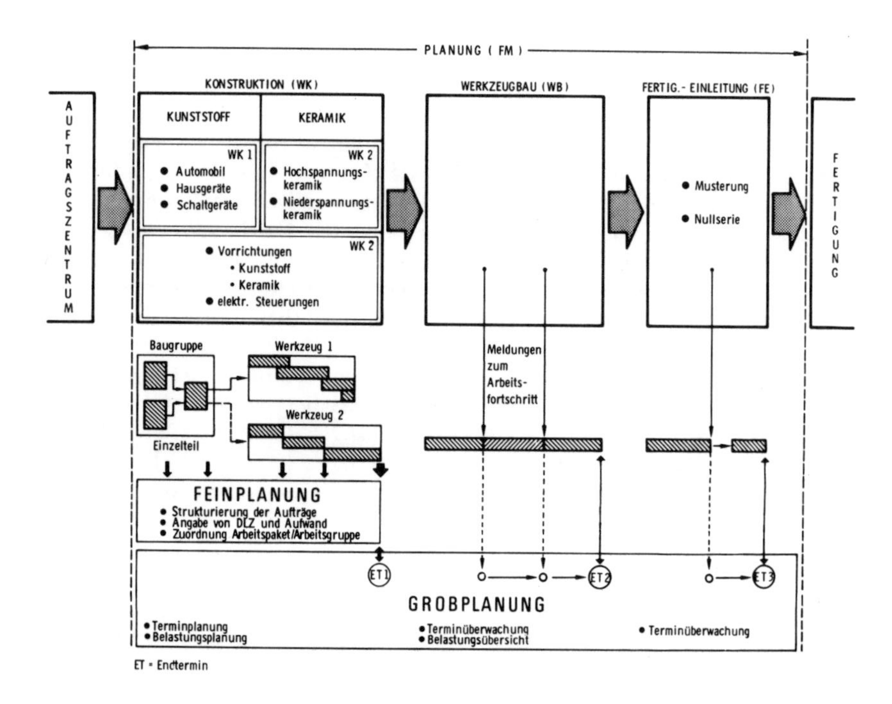

Bild 11.1: Grob- und Feinplanung im Bereich Fertigungsmittel-Erstellung

11.4.2 Planungsinstanzen

Die mit der Planung im Fertigungsmittel-Bereich verbundenen Aufgaben sind zwei unterschiedlichen Planungsinstanzen zugeordnet:

- *Bereichsplanung*
  Die Bereichsplanung ist die zentrale Koordinationsstelle für die Planung des Auftragdurchlaufes durch den gesamten Fertigungsmittelbereich und ist für die *Grobplanung* zuständig. Die Aufgaben der Bereichsplanung werden dabei von der im Fertigungsmittel-Bereich bereits vorhandenen Arbeitsvorbereitung wahrgenommen. Neben den auftragsbezogenen Planungsaufgaben obliegen der Bereichsplanung auch allgemeinere Aufgaben wie z. B. das Führen von Statistiken. Darüber hinaus ist die Bereichsplanung zuständig für die Überwachung von an Fremdfirmen vergebenen Fertigungsmittelaufträgen.
- *Abteilungsplanung*
  Die Abteilungsplanung ist zuständig für die jeweils abteilungsbezogene *Feinplanung* hinsichtlich der Strukturierung der Aufträge in Arbeitspakete, Fest-

legen des Aufwandes dieser Arbeitspakete sowie deren Zuordnung zu ausführenden Arbeitsgruppen. Eventuell notwendige Änderungen der ursprünglichen Plandaten einzelner Arbeitspakete können von der Abteilungsplanung selbständig vorgenommen werden.

11.4.3 Grobplanung im Fertigungsmittel-Bereich

Im Rahmen der Grobplanung werden die Fertigungsmittelaufträge in einzelne *Auftragstufen* entsprechend ihrem Anteil in der Konstruktion, im Fertigungsmittelbau und in der Fertigungseinleitung strukturiert. Ausgehend von dem durch das Auftragszentrum vorgegebenen Einsatztermin des Fertigungsmittels in der Fertigung werden für die einzelnen Fertigungsmittel-Abteilungen die Endtermine (ET 1 – ET 3, vgl. Bild 11.1) für die voraussichtliche Fertigstellung der einzelnen Auftragsstufen durch eine Rückwärtsrechnung festgelegt. Während die Angabe der Durchlaufzeit der Fertigungseinleitung auf einem durchschnittlichen Erfahrungswert beruht, ist sie im Fertigungsmittelbau und in der Konstruktion stark von den zu erstellenden Fertigungsmitteln abhängig und kann in diesem frühen Stadium nur aufgrund der Aufwandschätzung im Fertigungsmittelbau näherungsweise angegeben werden. Da eine Feinplanung im Fertigungsmittelbau erst zu einem späteren Zeitpunkt vorgesehen ist, wird eine grobe Einteilung des Aufwandes im Fertigungsmittelbau nach Maschinenkapazität und Handarbeitsplätzen vorgenommen, um eine – wenn auch verhältnismäßig grobe – Belastungsübersicht zu erhalten.

Der innerhalb der Grobplanung ausgewiesene Endtermin (ET 1) ist Ausgangspunkt für die Rückwärtsterminierung des Konstruktionsanteils im Rahmen der Feinplanung. Gleichzeitig werden innerhalb der Grobplanung die an Fremdfirmen vergebenen Unteraufträge terminlich überwacht.

11.4.4 Feinplanung in der Konstruktion

Im Rahmen der Feinplanung wird der konstruktive Anteil an den Fertigungsmittelaufträgen in planbare Arbeitspakete strukturiert, die den einzelnen Arbeitsgruppen zugeordnet werden. Je nach vorliegendem Fertigungsmittelauftrag wird der konstruktive Anteil einer von sieben möglichen *Ablaufstrukturen* zugeordnet. Bild 11.2 zeigt beispielhaft die Ablaufstruktur des konstruktiven Anteils eines Kunststoff-Werkzeuges. Für jedes Arbeitspaket ist von der Abteilungsplanung in der Konstruktion der voraussichtliche Arbeitsaufwand in Stunden anzugeben. Die Aufwandsangabe erfolgt zunächst anhand von Erfahrungswerten der Gruppenleiter. Zu einem späteren Zeitpunkt ist für die Ermittlung des Konstruktionsaufwandes die Verwendung von Planzeitwerten vorgesehen, die über die permanente Auswertung der mitarbeiterbezogenen Ist-Stunden gebildet und ständig aktualisiert werden (Anm. 1 s. S. 287).

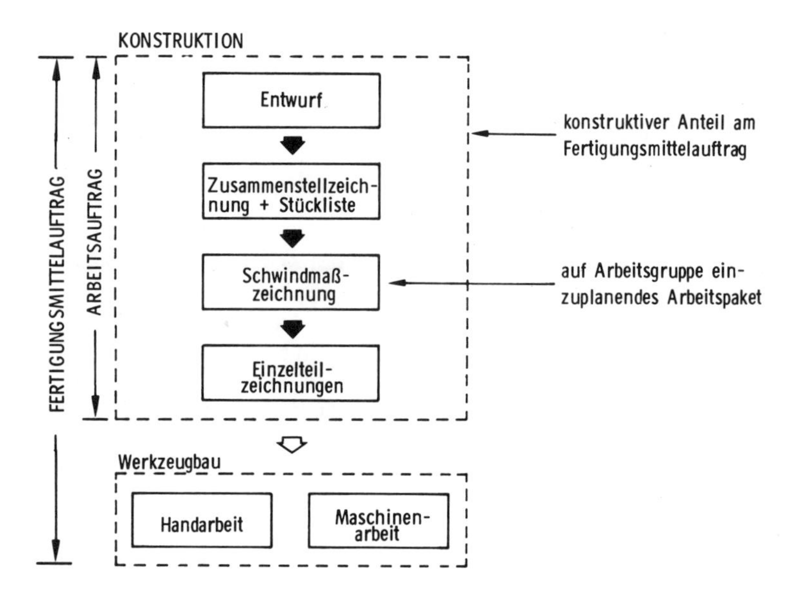

Bild 11.2: Beispiel einer Ablaufstruktur im Konstruktionsbereich

Durch den *Arbeitsauftrag* (Bild 11.3), der die Spezifikation der einzelnen Arbeitspakete hinsichtlich Identifikation, Aufgabenbeschreibung, Arbeitsgruppenzuordnung, Aufwand und Reihenfolge sowie eventuelle Terminvorstellungen enthält, werden die einzelnen Arbeitsgruppen informiert. Gleichzeitig dienen die Daten des Arbeitsauftrages als Grundlage für die Feinplanung.

Unter Zugrundelegung des pro Arbeitspaket definierten Aufwandes, der vorhandenen Belastungssituation der Arbeitsgruppen und des im Rahmen der Grobplanung vorgegebenen Endtermines ET 1 für den konstruktiven Anteil erfolgt eine arbeitspaketbezogene Terminplanung sowie eine arbeitsgruppenbezogene Belastungsplanung.
Zeiten für „Grundlast", Urlaub, Krankheit usw. werden in der Planung pro Arbeitsgruppe durch „fiktive" Aufträge pauschal berücksichtigt (vgl. Bild 11.4).

11.4.5 Berichtswesen

Zur Aktualisierung der Planung ist das Berichtswesen in folgende drei Funktionen gegliedert:

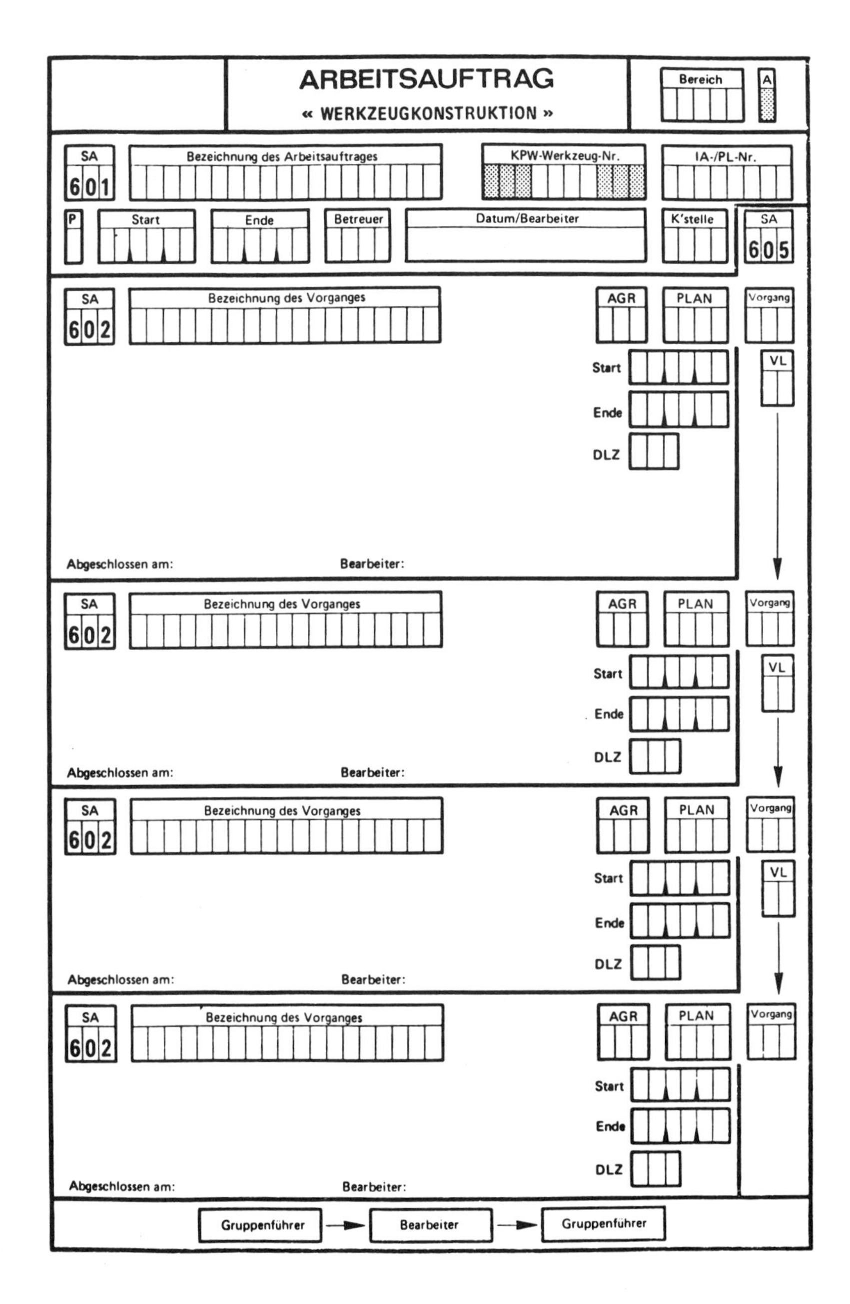
ARBEITSAUFTRAG
« WERKZEUGKONSTRUKTION »

Bereich | A

SA 601 | Bezeichnung des Arbeitsauftrages | KPW-Werkzeug-Nr. | IA-/PL-Nr.

P | Start | Ende | Betreuer | Datum/Bearbeiter | K'stelle | SA 605

SA 602 | Bezeichnung des Vorganges | AGR | PLAN | Vorgang
Start
Ende
DLZ
VL
Abgeschlossen am: Bearbeiter:

SA 602 | Bezeichnung des Vorganges | AGR | PLAN | Vorgang
Start
Ende
DLZ
VL
Abgeschlossen am: Bearbeiter:

SA 602 | Bezeichnung des Vorganges | AGR | PLAN | Vorgang
Start
Ende
DLZ
VL
Abgeschlossen am: Bearbeiter:

SA 602 | Bezeichnung des Vorganges | AGR | PLAN | Vorgang
Start
Ende
DLZ
Abgeschlossen am: Bearbeiter:

Gruppenführer → Bearbeiter → Gruppenführer

Bild 11.3: Arbeitsauftrag in der Konstruktion

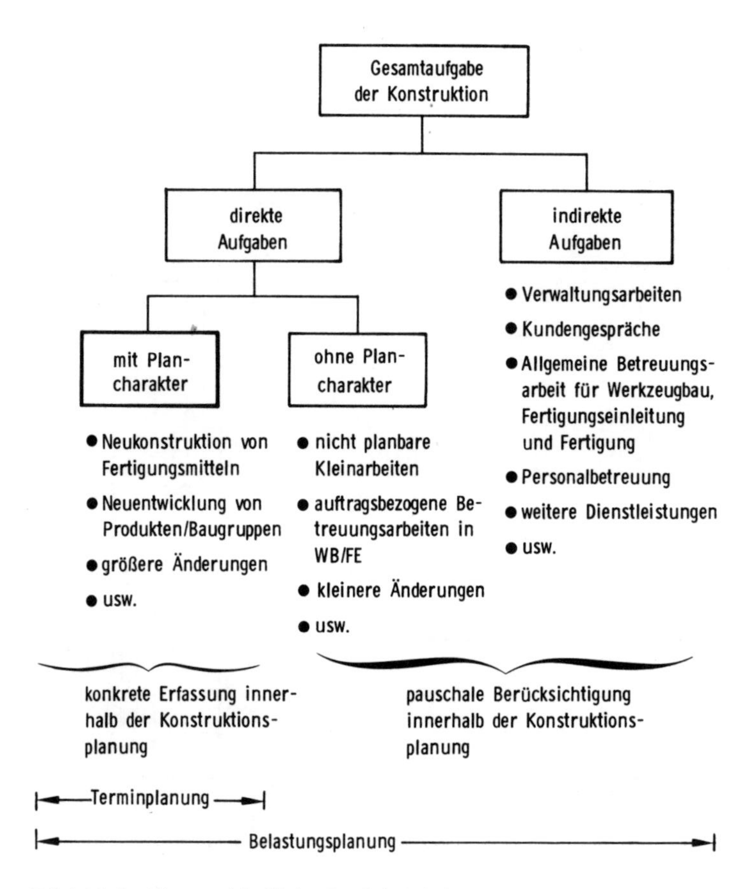

Bild 11.4: Unterschiedliche Berücksichtigung einzelner Konstruktionsaufgaben innerhalb der Feinplanung

– *Tätigkeitsbericht der Mitarbeiter in der Konstruktion* (Anm. 2 s. S. 287)
  Durch eine tägliche Kontierung der Ist-Stunden auf auftragsbezogene Arbeitspakete wird der Arbeitsfortschritt aufgezeigt. Eventuell auftretende Abweichungen zwischen Soll- und Ist-Daten können somit frühzeitig erkannt werden. Durch die zusätzliche Angabe von Auswertungsschlüsseln besteht die Möglichkeit, einen Planzeitkatalog aufzubauen und zu aktualisieren.

– *Statusmeldung der Abteilungsplanung*
  Um die Aktualisierung der Feinplanung zu gewährleisten, wird der Abteilungsplanung in der Konstruktion die Möglichkeit gegeben, eine eventuell im Verlauf der Auftragsbearbeitung sich ergebende Aufwandsänderung pro

Arbeitspaket in der aktuellen Planung zu berücksichtigen. Ferner können durch diese Statusmeldung einzelne Arbeitspakete fertiggemeldet werden.

– *Statusmeldung der Bereichsplanung*
  Nur der Bereichsplanung als zentrale Koordinationsstelle obliegt es, Plan – Termine zu verändern sowie Arbeitspakete und Fertigungsmittelaufträge in den Planungsübersichten zu löschen. Darüber hinaus muß die von der Bereichsplanung innerhalb der Grobplanung durchgeführte Auftrags- und Belastungsplanung im Fertigungsmittelbau aktualisiert werden. Dies geschieht durch die Angabe des aktuellen Fertigstellungsgrades der Arbeitspakete „Maschinenkapazität" und „Handarbeitsplätze" in Absprache mit dem Fertigungsmittelbau.

11.4.6 Planungszyklus

Aufgrund der geforderten Aktualität der Planungsergebnisse wurde die Woche als Planungszyklus gewählt. Dies bedeutet, daß pro Woche eine Neuplanung mit folgenden Informationen durchzuführen ist:

– Ersteinplanung von Neuaufträgen bzw. Auftragsänderungen,
– Aktualisierung ursprünglicher Plandaten laufender Aufträge (Statusmeldungen),
– Ist-Stundenmeldungen der Mitarbeiter in der Konstruktion (Tätigkeitsberichte) im Rahmen der Feinplanung und
– Angabe des Fertigstellungsgrades der Arbeiten im Fertigungsmittelbau im Rahmen der Grobplanung (Statusmeldung der Bereichsplanung).

11.4.7 Planungssystem

Die Beantwortung der Frage, ob die Planung manuell oder EDV-unterstützt erfolgen soll, richtet sich vorrangig nach

– der geforderten Aktualität der Planung,
– dem Mengengerüst der in der Planung zu erfassenden Aufträge und Arbeitspakete und
– der Darstellung der Planungsergebnisse.

Aufgrund der zahlreich auftretenden kurzfristigen Änderungen in der Auftragsplanung und den von der aktuellen Planung zu berücksichtigenden ca. 200 Arbeitspaketen, sowie der erforderlichen Termin- und Belastungsübersichten schied eine manuelle Planung aus. Eine Untersuchung ergab, daß selbst eine einfache Planungsdurchführung bei vorgegebener Zielsetzung ständig ca. 2 Mitarbeiter erfordert hätte. Eine Kosten-Nutzen-Analyse zeigte, daß sich ein auf dem Markt vorhandenes und nach entsprechender Anpassung einsetzbares EDV-System je nach optimistischer bzw. pessimistischer Betrachtung nach ca. 1 – 2 Jahren amortisiert. Neben der schnellen Verarbeitung der Planungsdaten und damit besseren Aktualität der Planungsergebnisse sind weitere Vorteile der EDV-gestützten Planung in den vielseitigen Auswertungsmöglichkeiten von Planungsergebnissen bei EDV-gespeichertem Planungsbestand zu sehen.

11.4.8 Planungsergebnisse

Bei den Planungsergebnissen können grundsätzlich zwei Arten unterschieden werden:

– *Auftragsübersichten*
  Auflistung der im Fertigungsmittel-Bereich vorhandenen Fertigungsmittelaufträge; Gegenüberstellung der geplanten und aktuellen Terminsituation sowie des ursprünglich geplanten Aufwandes und des bis zum aktuellen Datum angefallenen Aufwandes (vgl. Bild 11.5).

07/02/79

AKTIVITAETEN – ANALYSE JAHR 79 PERIODE 04 SEITE 2

PROJEKT	STUFE	AKT	BEZEICHNUNG	PRIO	LEITER	TERMINE URSPRUENGL. START JJ.PP	URSPRUENGL. ENDE JJ.PP	KORRIGIERT START JJ.PP	KORRIGIERT ENDE JJ.PP	ERRECHNET START JJ.PP	ERRECHNET ENDE JJ.PP	STUNDEN FERT.-PRCZ.	GEPLANT	ERRECHNET	ANGEF.	ABW. PROZENT	HINW.
50000720			KPW 67C7 MOT.AUF.	6		01.03	05.C9			79.03	79.08	37	20C	205	75	3	T
	-01									79.03	79.08	37	200	205	75	3	
		-K10	ENTWURF		DETAILKONST	01.03				79.03	79.04	100	50	55	55	1C	F
		-K20	SCHWINDMASSZEICHN.		DETAILKCNST					79.04	79.05	100	20	20	20	0	
		-K30	ZUSAMMENSTELLZEICH		GERAETEKCNS					79.05	79.05		30	30	0	C	
		-K40	EINZELTEILZEICHN.		GERAETEKCNS		05.09			79.05	79.08		100	100	0	C	T
50001001			TL 2048 LUEFTER	6	MITARB. 110	01.01	04.11			79.01	79.08	22	800	799	177	0	T
	-01									79.01	79.08	22	800	795	177	C	
		-K10	SKIZZEN-KUNDENABSP		PROJEKTKCNS	02.01				79.01	79.03	100	100	99	99	1-	F
		-K20	UNTERLAGEN MUSTERB		PROJEKTKCNS		02.08			79.04	79.08	39	200	200	78	0	T
		-W10	MUSTERBAU LUEFTER		WERKZEUGBAU	01.09	04.11			79.05	79.05		0	0	0	0	T
		-W11	MASCH.-STUNDEN		MASCH.-ARBE	01.09	04.11			79.05	79.08		300	300	0	0	T
		-W12	HANDARB.-STUNDEN		HAND-ARBEIT	01.09	04.11			79.05	79.07		200	200	0	0	T
50001040			VS 4713 REGLER	6		01.03	04.09			79.03	79.09	40	300	300	120	0	T
	-01									79.03	79.09	40	300	300	12C	C	
		-K10	ENTWURFP02010379		PROJEKTKCNS					79.03	79.04	100	80	80	80	0	F
		-K20	ARTIKELZEICHN.		DETAILKONST					79.04	79.07	29	140	140	40	0	
		-K30	ZUSAMMENSTELLZEICH		DETAILKONST		04.C9			79.07	79.C9		8C	8C	0	0	T
50001100			VS 4711 KLIMA	6	MITARB. 121	02.01				79.02	79.05	30	68C	68C	202	C	
	-01									79.02	79.05	30	680	680	2C2	C	
		-K10	ENTWURFSZEICHNUNG		GERAETEKONS	01.02				79.02	79.07	59	200	200	117	0	
		-K20	ARTIKELZEICHNUNG		DETAILKONST	03.04	05.08			79.04	79.08	21	400	400	85	0	T
		-K30	ZUSAMMENSTELLZEICH		ZEICHUNGEN		05.09			79.07	79.05		80	80	0	0	T
50001980			TV GGO SCHALTER	6			05.04			79.03	79.04	100	50	54	54	8	
	-01									79.03	79.04	100	50	54	54	8	
		-K10	ABSPR.M. KUNDE		PROJEKTKCNS	01.03	05.04			79.03	79.04	100	50	54	54	8	F
50007260			KPW 6722 (HAUBE)	6		01.03				79.03	79.13	4	1.890	1.890	8C	0	
	-01									79.03	79.13	4	1.890	1.89C	60	0	
		-K10	ENTWURF		GERAETEKONS	01.03				79.03	79.04	100	80	80	80	C	F
		-K20	ZUSAMMENSTELLZEICH		DETAILKCNST					79.05	79.06		70	7C	0	C	
		-K30	SCHWINDMASSZEICHN.		GERAETEKCNS					79.06	79.07		40	40	0	C	
		-K40	EINZELTEILZEICHN.		ZEICHUNGEN	01.09	04.11			79.05	79.07		20C	200	C	0	T
		-W10	WB FA.PASCHOLD		FA.PASCHCLD	01.12	05.19			79.05	79.13		1.500	1.50C	0	0	T

Bild 11.5: Beispiel einer Planungsliste: „Auftragsübersicht auf Arbeitspaketebene"

– *Belastungsübersichten*
  Ausweisung der pro Arbeitsgruppe eingeplanten Aufträge und Arbeitspakete mit Termin- und Aufwandsangaben. Gegenüberstellung der verfügbaren und verplanten Kapazität pro Arbeitsgruppe.

Beide Planungsergebnisse werden in unterschiedlichen Verdichtungsgraden erzeugt, so daß Aussagen sowohl auf Arbeitsgruppen-, Abteilungs- und Bereichsebene möglich sind. Zusätzliche Statistiklisten weisen den Verlauf bereits abgeschlossener Aufträge aus.

11.5 Zusammenfassung

Die Praxis zwingt dazu, einfache und praktikable Ansätze zu finden, mit denen die Planung, Steuerung und Überwachung der Fertigungsmittelaufträge ohne zu großen Verwaltungsaufwand erfolgen kann. Das vorliegende praktische Beispiel zeigt, daß derartige Lösungen möglich sind, wenn auch das vorgestellte „Planungssystem" noch nicht einer vollständigen Lösung entspricht. Hierzu fehlt vor allem die notwendige „Feinplanung" im Werkzeugbau. Die Voraussetzungen (z. B. Bilden von Arbeitsgruppen bzw. Maschinengruppen, Ermitteln von Planwerten, Strukturierungsmöglichkeiten der Aufträge) werden zur Zeit geschaffen, so daß dem Fertigungsmittel-Bereich ein wirksames Instrumentarium zur Planung, Steuerung und Überwachung von Fertigungsmittelaufträgen zur Verfügung steht.

Anmerkungen

1) Vergleiche Beitrag C. 2: „Planzeiten als Grundlage für eine realistische Entwicklungsplanung", Seite 180.
2) Vergleiche Beitrag C. 2: „Planzeiten als Grundlage für eine realistische Entwicklungsplanung", Bild 2.2, Seite 185.

Betriebswirt (grad.) W. Flusche

C 12 Besonderheiten der Entwicklungsplanung in Projekten der Nachrichtentechnik

12.1 Die Entwicklungsleistung im Unternehmen

Die Bedeutung der Entwicklungsleistung für Unternehmen der Nachrichtentechnik läßt sich wie folgt ableiten:

- Im nationalen und internationalen Wettbewerb haben langfristig nur solche Unternehmen Bestand, die in der Lage sind, technisch überlegene Produkte und Systeme auf den Markt zu bringen.
- Zur Erreichung und Erhaltung eines hohen technologischen Leistungsstands sind besondere – letztlich finanzielle – Anstrengungen erforderlich. Dabei können die Aufwendungen für Forschung und Entwicklung bis zu 10 % des Umsatzes betragen.

Bedeutung und Umfang der Entwicklungsaufgaben erfordern spezielle Verfahren für die qualitative und quantitative Leistungsplanung und -kontrolle. Der Einsatz entsprechender Verfahren – vorwiegend zur Steuerung quantitativer Ergebnisse der Entwicklungsleistung – wird in diesem Beitrag behandelt.

12.2 Die Entwicklungsleistung im Projekt

Neben der reinen Forschungs- und Entwicklungstätigkeit mit dem Ziel der technologischen Weiterentwicklung und Zukunftssicherung des Unternehmens wird die Entwicklungsleistung gezielt im Rahmen von technisch/kommerziellen Projekten angefordert.
Die Besonderheiten der Entwicklungsleistung im Rahmen solcher Projektabwicklungen lassen sich wie folgt charakterisieren:

- Innerhalb des Projekts ist die Entwicklungsleistung als *integraler Bestandteil* definiert, d. h., alle Leistungen, Ergebnisse und Abhängigkeiten müssen vorbestimmt und planbar sein.

- Für die Erbringung der Entwicklungsleistung bestehen im Regelfall feste *Limits* bezüglich
  - Zeit,
  - Kapazität,
  - Kosten.
- Die Entwicklung steht im Ablauf des Projektes an erster Stelle und *determiniert damit alle Folgephasen.*
- Die Entwicklungstätigkeit ist im Rahmen von Projekten *interdisziplinär verflochten,* d. h. sie wirkt auf nahezu alle übrigen Funktionsbereiche (Vertrieb, Beschaffung, Produktion, Patente/Lizenzen, Montage) ein.

Über diese projektspezifischen Besonderheiten hinaus besteht in der Entwicklung nachrichtentechnischer Systeme eine generelle Problematik. Folgende – den Planungsprozeß erschwerende – Faktoren kennzeichnen u. a. diese Situation:

- Hohe „Umschlaggeschwindigkeit" moderner Technologien
- Verstärkter Einsatz von Mikroprozessoren und Verlagerung von Hardware- zu Softwarefunktionen
- Neuartige Produkte erfordern neuartige Fertigungs- und Prüftechnologien.

12.3 Grundzüge des Projekt-Management

Projekt-Management als Funktion umfaßt alle Methoden zur Planung, Kontrolle und Steuerung von Projekten nach deren

- Leistungsinhalt (Lieferungen, Leistungen)
- Ablauf (Aktivitäten, Zeiten, Termine)
- Kapazität (vorhandene/benötigte Einsatzmittel)
- Kosten (Plan-, Aktuelle-, Restkosten).

Bild 12.1 stellt diese Zusammenhänge schaubildlich dar.

Ziel des Projektmanagement ist es, für die genannten Besonderheiten in der Projektabwicklung standardisierte Prozeduren vorzugeben, Probleme zu reduzieren und damit das Risiko der einzelnen Teilleistungen (Entwicklung, Produktion, Montage etc.) und des gesamten Projektes zu minimieren.

Die folgenden Kapitel beinhalten Aussagen über die methodische Behandlung der einzelnen Schritte (Elemente) des Projekt-Management.

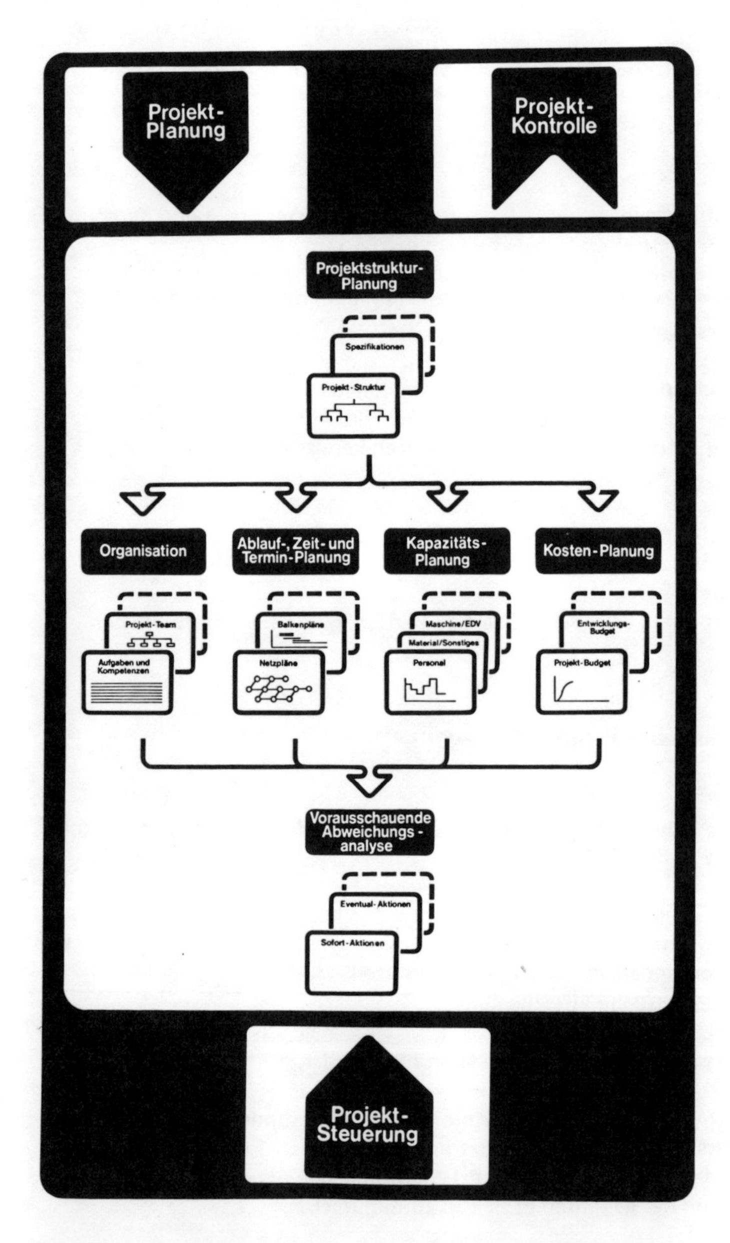

Bild 12.1: Projektmanagement – Funktionen und Elemente

12.4 Planung der Projektorganisation

Die Projektorganisation soll das organisatorische Umfeld aller Leistungen innerhalb des Projektes definieren. Im einzelnen sind hier folgende – wesentliche – Maßnahmen erforderlich:

- Erstellen einer *Projekterklärung,* die Aussagen über Ziele, Organisation und Leitung des Projektes macht
- Festlegung der *Organisationsform* für das Projekt (z. B. Matrix- oder Autonomes Projekt-Management)
- Festlegen der *Aufgaben und Kompetenzen* für Projektmanager und Projektbeauftragte.

Für die Erbringung der Entwicklungsleistung in Projekten der Nachrichtentechnik zeichnet im Regelfall der „Projektbeauftragte Entwicklung" verantwortlich. Dabei fällt ihm die eigentliche Aufgabe der Entwicklungsplanung zu, die – von Ausnahmen und technischen Besonderheiten abgesehen – aus folgenden Schritten besteht:

- Systemplanung (Hard- und Software) in der Zusammenarbeit mit den Fachbereichen der Entwicklung
- Ablauf-, Kapazitäts- und Kostenplanung für alle Arbeitspakete (siehe Projektstruktur) der Entwicklung
- Umsetzung der geplanten Arbeitspakete in einzelne Aufträge für Fachbereiche und Unterauftragnehmer
- Überwachung der Aufträge (Arbeitspakete) nach Leistung, Zeit, Kapazität und Kosten
- Einleitung von Maßnahmen bei Planabweichungen.

12.5 Planung der Projektstruktur

Die Projektstrukturierung hat zur Aufgabe, die Gesamtleistung (d. h. die Summe aller Lieferungen und Leistungen) des Projektes zu gliedern und zu ordnen. Das Ergebnis dieser Tätigkeit ist der Projektstrukturplan, der alle *Teilaufgaben* und – auf der untersten Ebene – alle *Arbeitspakete* des Projektes unter Angabe der Zusammenhänge beinhaltet (vgl. Bild 12.2).

Die Notwendigkeit der Strukturierung ergibt sich aus den folgenden Zielfunktionen:

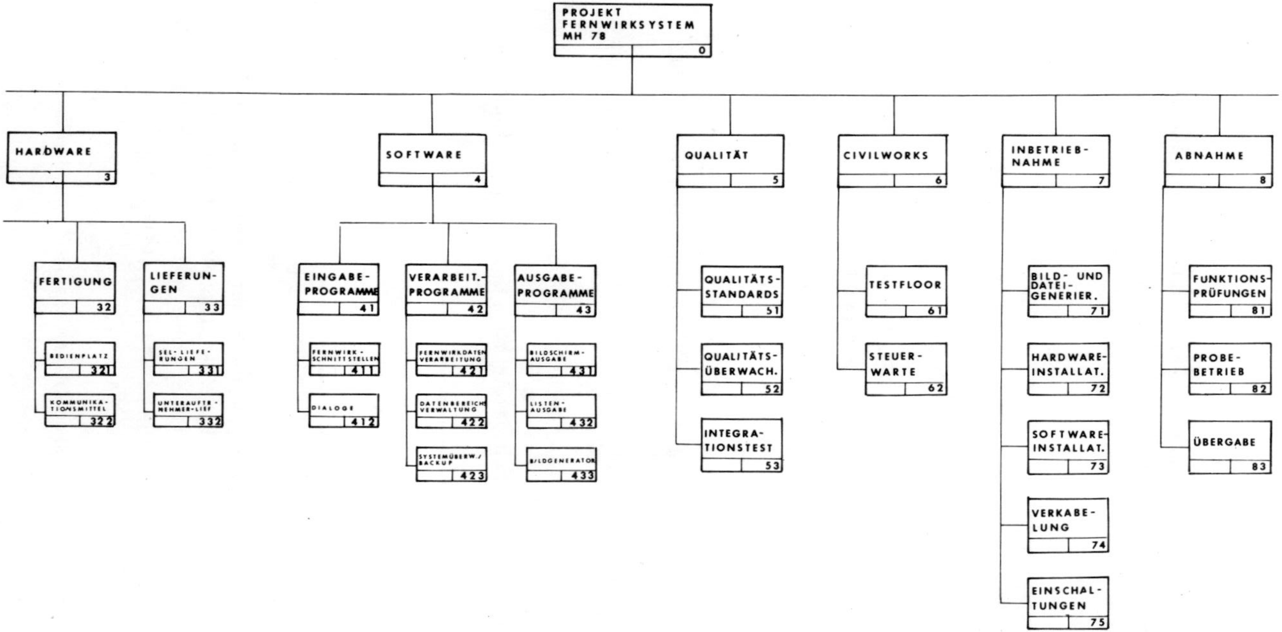

- PROJEKT FERNWIRKSYSTEM MH 78 — 0
  - HARDWARE — 3
    - FERTIGUNG — 32
      - BEDIENPLATZ — 321
      - KOMMUNIKATIONSMITTEL — 322
    - LIEFERUNGEN — 33
      - SEL-LIEFERUNGEN — 331
      - UNTERAUFTRAGNEHMER-LIEF. — 332
  - SOFTWARE — 4
    - EINGABE-PROGRAMME — 41
      - FERNWIRK-SCHNITTSTELLEN — 411
      - DIALOGE — 412
    - VERARBEIT.-PROGRAMME — 42
      - FERNWIRKDATENVERARBEITUNG — 421
      - DATENBEREICHVERWALTUNG — 422
      - SYSTEMÜBERW./BACKUP — 423
    - AUSGABE-PROGRAMME — 43
      - BILDSCHIRM-AUSGABE — 431
      - LISTEN-AUSGABE — 432
      - BILDGENERATOR — 433
  - QUALITÄT — 5
    - QUALITÄTS-STANDARDS — 51
    - QUALITÄTS-ÜBERWACH. — 52
    - INTEGRATIONSTEST — 53
  - CIVILWORKS — 6
    - TESTFLOOR — 61
    - STEUERWARTE — 62
  - INBETRIEBNAHME — 7
    - BILD- UND DATEI-GENERIER. — 71
    - HARDWARE-INSTALLAT. — 72
    - SOFTWARE-INSTALLAT. — 73
    - VERKABELUNG — 74
    - EINSCHALTUNGEN — 75
  - ABNAHME — 8
    - FUNKTIONSPRÜFUNGEN — 81
    - PROBEBETRIEB — 82
    - ÜBERGABE — 83

Bild 12.2: Projektstrukturplan (Ausschnitt)

- Die *Ordnungsfunktion* zur Identifizierung aller Teilleistungen (über Schlüsselsysteme) und zur Zuordnung dieser Leistungen nach Fachbereichen, Auftragsnummern, einzelnen Aktivitäten etc.
- Die *Beschreibungsfunktion*, die einen komprimierten Überblick über alle Teilleistungen und deren sachlogischer Zusammenhänge gewährleistet.
- Die *Berichtsfunktion*, die es ermöglicht, Statusangaben auf der Basis des Projektstrukturplans zu definieren, z. B. bezüglich der
  - Terminsituation:
    Start-/Endtermin pro Arbeitspaket,
    Arbeitspaket gestartet, aktiv, abgeschlossen
  - Kapazitätssituation:
    Erforderlicher/verfügbarer Kapazitätsbedarf pro Arbeitspaket, Fachbereich, Berufsgruppe (Systemplaner, Ingenieur, Technischer Bearbeiter etc.), angefallener Aufwand pro Arbeitspaket
  - Kostensituation:
    geplante, angefallene und noch zu erwartende (Restkosten) Kosten pro Arbeitspaket, Fachbereich, Kostenart etc.
- Die *Dokumentationsfunktion*, durch die ein fester Rahmen für die Dokumentation aller Planungsunterlagen vorgegeben wird.

Neben der Projektstrukturierung als *organisatorische Maßnahme* der Entwicklungsplanung haben sich weitere Strukturierungs-Methoden zur *Unterstützung der Systementwicklung* etabliert wie

- SADT (**S**tructured **A**nalysis and **D**esign **T**echnique) als Methode für die funktionelle Analyse und den Systementwurf in strukturierter Form[1]
- NSS (Nassi-Shneidermann) als Ablauftechnik für die Strukturierte Programmierung[2]
- AES (Ablauf- und Entscheidungsstruktogramme), ebenfalls für die Strukturierte Programmierung[3].

12.6 Planung von Projektablauf, -kapazität, -kosten

Die Planung von Ablauf, Kapazität und Kosten eines Projektes stellt eine elementare Aufgabe des Projekt-Management dar. Insbesondere bei der Entwicklungsplanung nachrichtentechnischer Systeme stellt sich folgende Problematik ein:

- Häufig wird technologisches Neuland betreten. Erfahrungswerte für Zeit-/Aufwandschätzungen fehlen, so daß bestehende Schätzmethoden in Ermangelung von Grundannahmen nur unzureichende Ergebnisse bringen.

- Die Entwicklungsleistung ist zu 80 % die Arbeit von Menschen im Unternehmen. Diese Leistung unterliegt einer Reihe von Einflüssen und läßt sich demzufolge nicht „verplanen" wie z. B. Routine- oder maschinell ausgeführte Arbeiten.
- Ablauf, Kapazitäts- und Kostenbedarf stehen bei der Entwicklungsleistung in einem ursächlichen Zusammenhang. Änderungen beim Ablauf ziehen im Normalfall Änderungen der anderen Parameter nach sich.

Ausgehend von den pro Arbeitspaket spezifizierten Leistungsinhalten und Rahmendaten sind für die Ablauf-, Kapazitäts- und Kostenplanung folgende Einzelschritte zu vollziehen:

a) Definition der Aktivitäten
b) Ermittlung und Zuordnung von Aktivitätsdauer und -aufwand
c) Definition des logischen Ablaufs („Vernetzung")
d) Zuordnung von Einsatzmitteln (Personal, Maschine, Material) zu den Aktivitäten
e) Zeit- und Kapazitätsanalyse und Optimierung, d. h.:
   - Vorwärts- und Rückwärtsrechnung des Netzplans aufgrund seines Starttermins, der Aktivitätsdauern und der Verknüpfungen
   - Kapazitätsvergleich pro Einsatzmittel und Optimierung über den Projektzeitraum
f) Kostenbestimmung und -analyse, d. h.:
   - Ermittlung der dynamischen – über die Zeitachse des Projekts verlaufenden – Plankosten entsprechend der Einsatzmittelnutzung (Einsatzmittel-Intensität x Einsatzmittelverrechnungswert)
   - Zuordnung von „fixen" Kosten, die nicht aus der Inanspruchnahme von Einsatzmitteln resultieren (Reisekosten, Gebühren etc.)
   - Analyse der Plankosten, z. B. durch Vergleich früher/später Vorgangslage (nur sinnvoll bei mehrjähriger Projektdauer)
g) Offizielle Freigabe der Planung.

Außer acht gelassen wurden bei dieser Aufzählung technische Besonderheiten der Ablauf-, Kapazitäts- und Kostenplanung (z. B. verschiedene Anordnungsbeziehungen von Vorgängen, Arbeitszeitspezifikationen etc.) sowie die Möglichkeit, generell unter verschiedenen Planungsansätzen (Aufwands- oder Zeitansatz, Top Down- oder Bottom Up-Ansatz) zu wählen. Stellvertretend für das große Darstellungsspektrum bei der Ablauf-, Kapazitäts- und Kostenplanung ist in Bild 12.3 ein Planungsbericht enthalten, der sowohl ablauf- als auch kostenrelevante Informationen dokumentiert.

Für die Entwicklungsleistung in Projekten ist die Einhaltung des Budget ein Kriterium mit wachsender Bedeutung. Unter dem Schlagwort „Design to Cost" wird daher angestrebt, die Entwicklungskosten – ähnlich den technischen

Leistungsmerkmalen der Spezifikation – als Konstante vorzugeben, dem technischen Entwurf hingegen eine gewisse Varianz zuzugestehen.

LAUFDATUM 02OKT79 SEITE 1

*** VORGANGSSTATUS- UND KOSTENBERICHT ***

NETZ 4878 FERNWIRKSYSTEM 4878
TEILNETZ SOFT SOFTWARE
DAUEREINHEIT TAG
SORTIERT NACH TEILNETZ/CODE VORGANGSNUMMER

VORGANG	BESCHREIBUNG DES VORGANGS	ST	FRUEHEST START	FRUEHEST ENDE	DAUER (GR)	BERICHTS-TERMIN	REST-DAUER	OTAB 1	OTAB 2	PLAN-KOSTEN	IST-KOSTEN	REST-KOSTEN	AKTUELLE P.KOSTEN
32202	ERSTELLEN INTEGRATIONSSCHAUBILD	X	22MAI78	19JUN78	20		0	412	P7R	9120	9405	0	9405
32301	FESTLEGEN DISPLAY FORMATE	X	26APR78	19MAI78	15		0	412	POS	6840	6743	0	6743
32302	FESTLEGEN EINGABE-FORMATE	X	05APR78	25APR78	15		0	412	POS	6840	6840	0	6840
32303	FESTLEGEN STEUERUNGS/HILFSDATEI		18JUL78	31JUL78	10			412	P7R	4560	0	4560	4560
32304	FESTLEGEN DATENFELD U SATZAUFBAU	/	20JUN78	17JUL78	20	17JUL78	7	412	P7R	9120	6390	3840	10230
32305	FESTLEGEN DATEIAUFBAU	X	05JUN78	30JUN78	20		0	412	P7R	9120	9475	0	9475
32307	FESTLEGEN DATENBANKZUGRIFF	X	14FEB78	06MRZ78	15		0	412	P7R	6840	8170	0	8170
32402	FESTLEGEN TESTDATEN U.-ERGEBNISS	X	26APR78	30MAI78	21		0	412	COS	4560	4440	0	4440
32403	ERSTELLEN TESTDATEIEN	X	29MAI78	20JUN78	17		0	412	P7R	1368	1795	0	1795
32504	ZUORDNEN PROGRAMMBAUSTEINE	/	03JUL78	13JUL78	4	17JUL78	5	412	P7R	4104	2370	2465	4835
32505	FESTLEGEN PROGRAMMSTRUKTUR		14JUL78	24JUL78	7			412	P7R	3192	0	3192	3192
32508	FESTLEGEN RESTARTVORSCHRIFTEN		28AUG78	01SEP78	5			412	P7R	1140	0	1140	1140
32701	AUFBEREITEN DATEN	/	21JUN78	01AUG78	30	07JUL78	18	412	P7R	13680	4300	11500	15800
32702	ERFASSEN DATEN		02AUG78	29AUG78	20			412	P7R	9120	0	9120	9120
42101	PRUEFEN PROGRAMM-VORGABE	X	19MAI78	02JUN78	10		0	412	P7R	9120	11320	0	11320
42201	ENTWICKELN PROGRAMME	/	03JUL78	25AUG78	40	07JUL78	35	412	P7R	35400	1780	31210	32990
42202	PRUEFEN PROGRAMMLOGIK		04SEP78	08SEP78	5			412	P7R	2280	0	2280	2280
42203	CODIEREN PROGRAMME		11SEP78	20OKT78	30			412	P7R	13680	0	13680	13680
42204	ERFASSEN PROGRAMME		23OKT78	06NOV78	10			412	P7R	26000	0	26000	26000
42205	UMWANDELN PROGRAMME		07NOV78	13NOV78	5			412	P7R	2280	0	2280	2280
42206	BESEIT. SYNTAX-/FORMALFEHLER		14NOV78	05DEZ78	15			412	P7R	684	0	684	684
42301	ERGAENZEN TESTDATEN		05DEZ78	19DEZ78	10			412	P7R	1368	0	1368	1368
42302	ERSTELLEN JOBCONTROL	X	10MRZ78	16MRZ78	5		0	412	P7R	1140	1050	0	1050
42303	DURCHFUEHREN PROGRAMMTEST		20DEZ78	31JAN79	25			412	P7R	4840	0	4840	4840
42305	AUSWERTEN PROGRAMMTEST		22JAN79	09FEB79	15			412	P7R	5130	0	5580	5580
										142506	74118	123739	197457

Bild 12.3: Vorgangsstatus- und Kostenbericht

12.7 Planung impliziert Steuerung

Während in der deutschen Literatur und Praxis der Begriff „Planung" vorherrscht, bevorzugt man im Englischsprachigen Raum den Begriff „Control". Project Control versteht sich dabei als Steuerung von Aufgaben und Ereignissen in Projekten, die den Planungs- und Kontrollprozeß voraussetzt. Umgekehrt muß daher davon ausgegangen werden, daß der Planungsbegriff Kontrolle und Steuerung impliziert, denn: Planung darf nicht zum Selbstzweck, zur Alibi-Funktion werden!
Voraussetzung für die Steuerung ist ein Kontroll- und Berichtssystem, das den aktuellen Stand der

- Leistung,
- Termine,
- Kapazitäten und
- Kosten

der Entwicklungsarbeiten periodisch überprüft und diese Ergebnisse dem Steuerungssystem zum Zweck des Soll/Ist-Vergleiches zuführt. Über den reinen Soll/

Ist-Vergleich hinaus muß das Steuerungs-System Aussagen über die Restperiode des Projekts liefern. Dies setzt voraus, daß durch den Entwicklungsbereich periodische Schätzungen zum Restaufwand (Cost/Time to Complete) durchgeführt werden, die die bestehende Planung überlagern.

Entstehende Abweichungen müssen auf ihre Ursachen untersucht und entsprechende Abstellmaßnahmen eingeleitet werden. Ursachenanalyse und die Entscheidung zu Korrekturmaßnahmen (einschl. deren Überwachung) stellen die eigentliche Management-Aufgabe in diesem Kreislauf dar.

12.8 Warum EDV-Unterstützung?

Die Notwendigkeit der EDV-Unterstützung zur Entwicklungsplanung ergibt sich zunächst aus Gründen, die allgemein für den EDV-Einsatz im Unternehmen sprechen, also:

- rationelle Verarbeitung von Massendaten,
- Reduzierung von Fehlern,
- Befreiung der Mitarbeiter von Routineaufgaben,
- Bereitstellung aktueller Informationen, usw.

Speziell für die Planung und Überwachung von Leistungen in Projekten – insbesondere der Entwicklungsleistung – gelten weitere Vorzüge:

- Das EDV-System dient der *Simulation* des Projektgeschehens, z. B.
  - Projektablauf bei gegebener/veränderter Kapazität
  - Kapazitätsbedarf bei gegebenen/veränderten Projektterminen
  - Kostenentwicklung bei früher/später Lage der Projektaktivitäten

  um nur einige Beispiele zu nennen.

- Das EDV-System zwingt alle Projektbeteiligten zum „Commitment", d. h.:
  - Die Entwicklungsleistung muß exakt spezifiziert sein.
  - Alle Aktivitäten zur Leistungserbringung müssen definiert, gegliedert und in eine logische Reihenfolge gebracht werden.
  - Aufwands- und Zeitschätzungen für alle Aktivitäten müssen vorliegen.
  - Die verfügbare Kapazität an Entwicklungspersonal und Betriebsmitteln muß abgegrenzt sein.

Neben der Möglichkeit der Eigenentwicklung derartiger Planungsinstrumente steht den Unternehmen heute eine Vielzahl von Software-Paketen zur Planung und Kontrolle von Projekten zur Auswahl (Anm. 1 s. S. 297).

12.9 Schlußbemerkung

Der Verfasser hat versucht, Erfahrungen aus der Unterstützung von Projekten der Nachrichtentechnik wiederzugeben. Die Vielschichtigkeit von Planungsaufgaben in Projekten erlaubt an dieser Stelle nur einen groben Überblick über Eigenarten und Lösungen. Neben anderem sollte dabei zum Ausdruck gebracht werden, daß die Planungsfunktion nicht allein durch die perfekte Anwendung bestimmter Techniken (z. B. PERT, CPM usw.) erfüllt wird. Im Vorfeld der Planung ist es vielmehr erforderlich, organisatorische, personelle und administrative Voraussetzungen zu schaffen, die dann den gezielten Einsatz von Planungs- und Steuerungsinstrumenten erlauben.

Anmerkung

1) Vgl. Beitrag B. 1: „EDV-Systeme zur Planung und Steuerung in Entwicklung und Konstruktion", Seite 96 ff.

Autorenverzeichnis

Federführende Autoren:

Dr.-Ing. Rolf Hichert, Abteilungsleiter am Fraunhofer Institut für Produktionstechnik und Automatisierung, Stuttgart

Dipl-Wirtsch.-Ing. A. Voegele, wissenschaftlicher Mitarbeiter am Fraunhofer Institut für Produktionstechnik und Automatisierung, Stuttgart

Prof. Dr.-Ing. Hans Jürgen Warnecke, ordentlicher Prof. und Inhaber des Lehrstuhls für Industrielle Fertigung und Fabrikbetrieb (IFF) der Universität Stuttgart, geschäftsführender Direktor des gleichen Instituts und Direktor des Fraunhofer Instituts für Produktionstechnik und Automatisierung (IPA), Stuttgart

Mitautoren:

Ing. Dietrich Böhme, Abteilungsleiter Technische Information und Normung der Firma Schaudt, Maschinenbau GmbH, Stuttgart

Dr.-Ing. habil. Hans-Jörg Bullinger, Privatdozent an der Universität Stuttgart, Leiter der Hauptabteilung Unternehmensplanung am Fraunhofer Institut für Produktionstechnik und Automatisierung

Dr.-Ing. Wilhelm Dangelmaier, Abteilungsleiter am Fraunhofer Institut für Produktionstechnik und Automatisierung, Stuttgart

Ing. (grad.) Edmund Eich, Konstruktionsleiter der Werkzeugmaschinenfabrik Adolf Waldrich, Cobourg

Prof. Dr.-Ing. Dipl.-Wirtsch.-Ing. Walter Eversheim, Inhaber des Lehrstuhls für Produktionssystematik am Laboratorium für Werkzeugmaschinen und Betriebslehre der RWTH Aachen

Betriebswirt (grad.) Walter Flusche, Leiter System- und Projektmanagement, Unternehmensgruppe Nachrichtentechnik, Standard Elektrik Lorenz AG, Stuttgart

R. W. Gutsch, Hauptabteilungsleiter Dornier GmbH, Friedrichshafen

Ing. (grad.) W. Jurczyk, Projektleiter bei der Firma IBAT-AOP GmbH u. Co. KG, Essen

Ing. (grad.), REFA-Ing. Rolf Kainz, Unternehmensberater für Entwicklungs- und Konstruktionsbüros, Obering. der Schitag Schwäbische Treuhand AG, Stuttgart

Dipl.-Math. Klaus Lay, wissenschaftlicher Mitarbeiter am Fraunhofer Institut für Produktionstechnik und Automatisierung, Stuttgart

Ing. (grad.) Friedrich Liebe, Abteilungsleiter Technische Dienste der Firma Stiebel Eltron, Holzminden

Ing. (grad.) Willi Miese, Bereichsplanung Unternehmensbereich Nutzfahrzeuge, M.A.N Maschinenfabrik Augsburg–Nürnberg, Aktiengesellschaft, München

Ing. (grad.) Reiner Moeres, Abteilungsleiter Konstruktion der Maschinenfabrik Reifenhäuser KG, Troisdorf-Sieglar

H.-P. Schweimer, Leitender Berater, Abt. Software-Entwicklung der GMO, Gesellschaft für moderne Organisationsverfahren mbH & Co. KG, Hamburg

Dr.-Ing. Joachim Paul, Entwicklungsleiter der HAKO-Werke, Bad Oldesloe

Ing. (grad.) H.-W. Reimold, Entwicklungsleiter der Kühlerfabrik Längerer & Reich, Stuttgart

Dr. rer. pol., Dipl.-Ing., Dipl.-Wirtsch.-Ing. Jürgen Reinking, Geschäftsführer der Reul, Reinking Programmsysteme GmbH, Berlin

Dipl.-Math. K. Schreiner, Leiter der Software-Abteilung der Firma Roland Berger & Partner GmbH, München

Betriebswirt (staatl. gepr.) Rainer Ulenberg, Leiter der Kapazitäts- und Terminplanung der Firma Kleinewefers GmbH, Krefeld

Ing. (grad.) Ulrich Vetter, Spartenleiter Werkzeugmaschinenbau und Betriebsmittel der Schwäbischen Hüttenwerke GmbH, Aalen – Wasseralfingen

Dipl.-Ing. Nikolaus Wild, Referent für arbeitswirtschaftliche Planungs- und Steuerungssysteme im Zentralbereich Technik der Siemens AG, München

Dr.-Ing. Klaus Georg Wilhelm, Geschäftsführer der Gesellschaft für Industrielle Technik und Organisation (ITO) GmbH, Stuttgart

Literaturhinweise

Kapitel A 1

1) Hichert, R.: Termin-, Kapazitäts- und Kostenplanung in Entwicklung und Konstruktion. In: Moll, H. H.; Warnecke, H. J. (Hrsg.): RKW-Handbuch, Forschung, Entwicklung, Konstruktion. Berlin: Erich Schmidt-Verlag 1976, ff.
2) Ellinger, Th.: Ablaufplanung. Stuttgart: Poeschel-Verlag 1959.
3) Methodenlehre der Planung und Steuerung. Hrsg.: REFA. Teil 1: Grundlagen. München: Hanser-Verlag 1974.
4) Gutenberg, E.: Planung im Betrieb. Zeitschrift für Betriebswirtschaft 12 (1952), S. 669 – 684.
5) Scholz, L.: Definition und Abgrenzung der Begriffe Forschung, Entwicklung, Konstruktion. In: Moll, H. H.; Warnecke, H. J. (Hrsg.): RKW-Handbuch Forschung, Entwicklung, Konstruktion. Berlin: Erich Schmidt-Verlag 1976, ff.
6) Hichert, R.: Stufenweise Ableitung eines praktischen Planungssystems für den Entwicklungsbereich. Mainz: Krausskopf-Verlag 1978.

Kapitel A 2

1) Servan-Schreiber, J.-J.: Die amerikanische Herausforderung. Hamburg: Hoffmann und Campe 1969.
2) Warnecke, H. J.: Einflüsse und Tendenzen in der Produktionstechnik, wt. Z. ind. Fertig. 1961(1971) 11, S. 667 – 671.
3) Computer Aided Design. Hrsg.: Ministry of Technology, England. NEL-Report 242, August 1966.
4) Bullinger, H. J.; Hichert, R.: Rationalisierung im Konstruktions- und Entwicklungsbereich. Organisationsniveau und realisierte Rationalisierungsmaßnahmen. werkzeugmaschine international (1973) 6, S. 33 – 41.

Weiterführende Literatur:

5) Bullinger, H. J.: Direkte und indirekte Rationalisierungsmöglichkeiten im Entwicklungs- und Konstruktionsbereich. Moll, H. H.; Warnecke, H. J. (Hrsg.): RKW-Handbuch Forschung, Entwicklung, Konstruktion. Berlin: Erich Schmidt Verlag 1976 ff.
6) Bullinger, H. J.: Kapazitätsplanungssystem für den Unternehmensbereich Entwicklung und Konstruktion. Universität Stuttgart, Dr.-Ing.-Dissertation 1974.

Kapitel A 3

1) Handbuch der Rationalisierung. Rationalisierungskuratorium der Deutschen Wirtschaft (RKW) (Hrsg.). 1953 – 1975.
2) Kunze, H. H.: Systematisch rationalisieren. Berlin: 1971.
3) Ulich, E. und Grokurth, P., Bruggemann, A.: Neue Formen der Arbeitsgestaltung. Frankfurt/M.: 1973.
4) Eversheim, W.: Rationalisierungsmöglichkeiten im Konstruktions- und Entwicklungsbereich. Vortrag auf der IPA-Fachtagung Rationalisierung 1974. Stuttgart: Institut für Produktionstechnik und Automatisierung 1974.
5) Bullinger, H. J., Hichert, R., Fritz, H. U.: Multimomentstudien als Hilfsmittel zur Schwachstellenanalyse im technischen Büro. AV 12 (1975) 3, S. 83 – 90.
6) Konstruktionsmethodik, Konzipieren technischer Produkte. VDI-Richtlinie 2222, Blatt 1. Berlin: Beuth-Vertrieb 1973.
7) Bullinger, H. J.: Direkte und indirekte Rationalisierungsmöglichkeiten im Entwicklungs- und Konstruktionsbereich. Moll, H. H.; Warnecke, H. J. (Hrsg.): RKW-Handbuch Forschung, Entwicklung und Konstruktion. Berlin: Erich Schmidt-Verlag 1976 ff.
8) Pahl, G. und Beitz, W.: Aufsatzreihe „Für die Konstruktionspraxis". Konstruktion 24 (1972) H. 1, 2, 3, 4, 5, 6 und 9. Roth, Kl, Frank, H.-J. und Simonek, R.: H. 7. Rodenacker, W. G.: H. 8.
9) Rodenacker, W. G.: Methodisches Konstruieren. Berlin 1970.
10) Technisch-wirtschaftlich konstruieren. VDI-Richtlinie 2225. Berlin: Beuth-Verlag 1969.
11) Wertanalyse. Idee-Methode-System. VDI-Taschenbuch T 35. Hrsg.: VDI-Gemeinschaftsausschuß „Wertanalyse". Düsseldorf: VDI-Verlag 1975.
12) Zangemeister, C.: Nutzwertanalyse in der Systemtechnik. München: Wittermanische Buchhandlung 1970.
13) Bullinger, H. J., Hichert, R.: Rationalisierung im Konstruktions- und Entwicklungsbereich. Organisationsniveau und realisierte Rationalisierungsmaßnahmen. werkzeugmaschine international (1973) 6, S. 33 – 41.
14) Bullinger, H. J.: Kapazitätsplanungssystem für den Unternehmensbereich Entwicklung und Konstruktion. Universität Stuttgart, Dr.-Ing.-Dissertation 1974.
15) Hichert, R.: Stufenweise Ableitung eines praktischen Planungssystems für den Entwicklungsbereich. Mainz: Krausskopf Verlag 1978.
16) Bullinger, H.-J., Hichert, R.: Kapazitätsplanung im Konstruktionsbereich, Anforderungen der Praxis – Ergebnisse einer Befragung. werkzeugmaschine international (1974) 2, S. 25 – 29.

Kapitel A 4

1) Eversheim, W., Sander, R.: Verfahren zur Analyse von Benutzerproblemen. Abschlußbericht durch das Kernforschungszentrum Karlsruhe (KfK). Karlsruhe, 1978.
2) N. N.: Rationalisieren in der Konstruktion – Methodik und Hilfsmittel. Seminarunterlagen, TH Aachen, 1975, Lehrstuhl für Produktionssystematik.
3) Eversheim, W., Minolla, W.: Rationalisieren in Konstruktion und Arbeitsvorbereitung, Planung und Produktion, Nr. 1/78, S. 6 – 11.
4) Autorenkollektiv: Datenverarbeitung in der Konstruktion – Analyse des Konstruktionsprozesses im Hinblick auf den EDV-Einsatz. VDI-Richtlinie 2210, VDI-Verlag 1975.
5) Eversheim, W., Sander, R.: Rationalisierungskonzepte für den Konstruktionsbereich, Ind.-Anz. Jg., 100 (1978) Heft 25, S. 23 – 25.

6) Grabowski, H., Butz, H.-W., Farkas, J.: Langfristplanung des EDV-Einsatzes in der Konstruktion. Ind.-Anz. Jg. 96 (1974), Heft 43, S. 949 – 952.
7) Morsek, H.: Systematisches Konstruieren, methodisches Berechnen, Verhältniskosten und Investitionen – dargestellt am Beispiel technischer Systeme für das Behandeln der Stahlbänder. Diss. TH Aachen, 1976.

Kapitel A 5

1) Warnecke, H. J.; Bullinger, H. J.; Dangelmaier, W.: Procedure for implementation of project planning systems in design and development. Fifth internet World Congress, Internet 1976. Birmingham 1976.
2) Dangelmaier, W.: Anpassung und Einführung eines Planungssystems für die Ablaufplanung im Konstruktionsbereich. Mainz: Krausskopf-Verlag 1979.
3) Warnecke, H. J., Dangelmaier, W., Hichert, R.: Beurteilungskriterien für maschinelle Systeme zur Unterstützung der Entwicklungsplanung. International conference on management of research and education. Wroclaw 1975.
4) Bullinger, H. J., Dangelmaier, W., Hichert, R.: Vorgehensweise der Kapazitätsterminierung im Konstruktions- und Entwicklungsbereich. Industrial engineering 3 (1973) Heft 6, S. 399 – 414.

Kapitel A 6

1) Moest, M.: Entwicklung eines Systems von Kenngrößen zur Effizizienzbeurteilung der Entwicklungs- und Konstruktionstätigkeiten. Diplomarbeit am Institut für Industrielle Fertigung und Fabrikbetrieb an der Universität Stuttgart. Stuttgart: 1977.
2) Staehle, W. H.: Kennzahlen und Kennzahlensysteme als Mittel der Organisation und Führung von Unternehmen. Wiesbaden: Gabler-Verlag 1969.
3) Heinen, E.: Zur empirischen Analyse des Zielsystems der Unternehmung durch Kennzahlen. Die Unternehmung 26 (1972) Nr. 1, S. 1 – 13.
4) ZVEI-Kennzahlensystem – ein Instrument zur Unternehmenssteuerung. Frankfurt: Zentralverband der elektrotechnischen Industrie 1970.
5) Hichert, R.: Stufenweise Ableitung eines praktischen Planungssystems für den Entwicklungsbereich. Mainz: Krausskopf-Verlag 1978.
6) Herrich, W.: Rationalisierung im Konstruktionsbüro und technischen Büro. München: Verlag Moderne Industrie 1967.
7) van Laak, H.: Bewertung von technischen Zeichnungen und Zeichnungsarchiven. Darmstadt: Technische Hochschule, Dr.-Ing.-Dissertation 1964.
8) Rylander, G.: Zeitbedarfsermittlung und Planung von Ingenieurarbeiten. Referat gehalten auf der Tagung des schwedischen Rationalisierungsverbandes 1965 (SRF-Konferenz 1965) Deutsche Übersetzung von M. Keller, Siemens AG, Abt. Z 5 ZFA FWO 2, München: 1965.
9) Kesselring, F.: Technische Kompositionslehre. Berlin: Springer-Verlag 1954.
10) McWhorthor, W. F.: A supervisory Tool for Evaluating Design. IEEE Transaction on Engineering Management. Vol. EM-13, No. 2/June 1966.
11) Zangemeister, C.: Nutzwertanalyse in der Systemtechnik. München: Wittemannsche Buchhandlung, 1970.

Kapitel A 7

1) Lücke, W. (Hrsg.): Investitionslexikon. München: Verlag Franz Vahlen 1975.
2) Hichert, R.: Stufenweise Ableitung eines praktischen Planungssystems für den Entwicklungsbereich. Mainz: Krausskopf Verlag 1978.
3) Hichert, R.: Aufgabenplanung in der Konstruktion bei Unternehmen mit auftragsgebundener Fertigung. FhG-Berichte 1 (1977), S. 16 – 22.
4) Kennzahlen aus Entwicklung/Konstruktion 1976 – Erhebungsunterlagen, Ergebnisse (BWZ 72). Hrsg.: Verein Deutscher Maschinenbau-Anstalten, Frankfurt: Maschinenbau-Verlag 1977.
5) Zangemeister, C.: Nutzwertanalyse in der Systemtechnik. München: Wittemannsche Buchhandlung 1970.
6) Frank, J.: Standard-Software – Kriterien und Methoden zur Beurteilung und Auswahl von Software-Produkten. Köln-Braunsfeld: Rudolf Müller 1977.
7) Warnecke/Bullinger/Hichert: Wirtschaftlichkeitsrechnung für Ingenieure. München, Wien: Carl Hanser Verlag 1980.

Kapitel B 1

1) Hichert, R.: Stufenweise Ableitung eines praktischen Planungssystems für den Entwicklungsbereich. Mainz: Krausskopf-Verlag 1978.
2) Multiprojektierminierung mit „Capacity Planning and Operation Sequencing System (CAPOSS)" Programm-/Bedienerhandbuch der IBM Deutschland GmbH (IBM Form SB 10-6192-O). Stuttgart: 1978.
3) Kunerth, W.: Konzeption eines EDV-gestützten Fertigungssteuerungssystems. Berlin: Beuth Verlag, 1976.
4) Zangemeister, C.: Nutzwertanalyse in der Systemtechnik. München: Wittemannsche Buchhandlung 1970.
5) H.-J. Bullinger, W. Dangelmaier, R. Hichert: Wie beurteilt man Software zur Termin-, Kapazitäts- und Kostenplanung. Computer Praxis (1974) Heft 4, S. 96 – 105.

Kapitel B 2

1) Hichert, R.: Praktische Ansätze zur Termin-, Kapazitäts- und Kostenplanung in Entwicklung und Konstruktion. In: Moll, H. H., Warnecke, H. J. (Hrsg.): RKW-Handbuch Forschung, Entwicklung, Konstruktion. Berlin: Erich Schmidt-Verlag 1976 ff.
2) MINIPLAN – Kleinrechnerunterstützte Entwicklungsplanung. Der Bundesminister für Forschung und Technologie (Hrsg.). Abschlußbericht des Fraunhofer-Instituts für Produktionstechnik und Automatisierung, Stuttgart.
3) Hichert, R., Lay, K.: MINIPLAN – Kleinrechnerunterstützte Planung in Entwicklung und Konstruktion. Essen: Giradet, Industrie-Anzeiger 101 (1979) Nr. 88, S. 30 – 31.
4) Hichert, R., Jurczyk, W., Lay, K.: MINIPLAN – Dialogorientierte Entwicklungsplanung. Referat gehalten bei der SYSTEM's 79, München.
5) Bullinger, H.-J., Hichert, R., Lay, K.: Development of a Mini-Computer Dialogue Planning System for R & D by Step-Wise Approximation. Proceedings of the 6th INTERNET-Congress 1979, Vol. 3, P. 63 – 64.
6) MINIPLAN, Termin- und Kapazitätsplanungssystem. Kurzinformation der Firma IBAT-AOP, Essen, 1979.

Kapitel C 1

1) Häuser, J.: Führungssysteme und -modelle. Seminarunterlagen Systemtechnik. Technische Universität Berlin: 1973.
2) Reinking, J.: TERMIKON – Einführungsvorbereitungen. Unterlagen zum TERMIKON-Informationsseminar. Deutsches Maschinenbau-Institut (Hrsg.), Frankfurt/M. 29. – 31.3.1975.
3) Festinger, L.: A Theory of Cognitive Dissonance. New York: 1957.
4) Betriebsverfassungsgesetz vom 15. Januar 1972 (BGBl I S. 13).
5) Betriebsverfassung in Recht und Praxis. Handbuch für Unternehmensleitung, Betriebsrat und Führungskräfte. Freiburg: Rudolf Haufe Verlag 1977 ff.
6) Kennzahlen aus Entwicklung/Konstruktion 1976 – Erhebungsunterlagen, Ergebnisse (BWZ 72). Hrsg.: Verein Deutscher Maschinenbau-Anstalten, Frankfurt. Frankfurt: Maschinenbau-Verlag 1977.
7) Hichert, R.: Termin-Kapazitäts- und Kostenplanung in Entwicklung und Konstruktion. In: Moll, H. H., Warnecke, H. J. (Hrsg.): RKW-Handbuch Forschung, Entwicklung, Konstruktion. Berlin: Erich Schmidt-Verlag 1976 ff.
8) Dangelmaier, W.: Anpassung und Einführung eines Planungssystems für die Ablaufplanung im Konstruktionsbereich. Mainz: Krausskopf Verlag 1979.

Kapitel C 2

1) Kainz, R.: Das erfolgreiche Technische Büro, Kontakt + Studium Band 2. Grafenau 1975.
2) Rylander, G.: The measurement and planning of engineering drawing, office work. Stockholm 1965.

Kapitel C 9

1) Pahl, G. u. W. Beitz: Konstruktionslehre, Berlin, Heidelberg, Springer Verlag, 1977.
2) VDI-Richtlinie 2222, Blatt 1, Konzipieren technischer Produkte, Berlin, Köln, Beuth-Verlag, 1977.

Kapitel C 12

1) Special Collection on Requirement Analysis (mehrere Aufsätze) in: IEEE Transactions on Software Engineering, Vol. SE-3, No. 1, New York, 1977.
2) Nassi, I., Shneidermann, B.: Flowchart Techniques for Structured Programming, in: SIGPLAN Notices, New York, 1973.
3) Nestel, S.: AES Ablauf- und Entscheidungsstruktogramme (SEL-interne Richtlinie), Stuttgart, 1978.

Stichwortverzeichnis

Portal-Langfräsmaschinen

Standard-Bauprogramm

Tischbreiten
von 1000—6000 mm
Fräshöhen
von 1000—6000 mm
Fräslängen
von 2000—20 000 mm
Fräs- und Bohrsupporte
von 40—150 kW

Ausführung mit verfahrbarem Tisch in Ein- oder Doppeltischausführung. Der Schlitten-Frässupport gestattet Rundumbearbeitung des Werkstückes in einer Aufspannung.
Zusatzeinrichtungen für spezielle Fräs-, Bohr- und Gewindeschneidoperationen. Ausrüstbar mit NC für alle Achsen.

Führungsbahnen- und Flächenschleifmaschinen

Standard-Bauprogramm

Tischbreiten von 600—3500 mm
Schleifhöhen von 500—3000 mm
Schleiflängen
von 2000—15 000 mm
Umfangschleifsupport
von 11—37 kW
Universalschleifsupporte
7,5—11 kW

Ausführung:
Portalbauweise mit beweglichem Querbalken, hydrodynamische Schleifspindellagerung, vollautomatische Auswuchteinrichtung, selbstjustierende Tischführung.

Zusatzeinrichtungen zum Schleifen von Schwalbenschwanzführungen, Riffelwalzen für die Papierindustrie, Verzahnungen an großen Pleuelstangen, Scherenmesser mit gekrümmten Schneiden, usw.